高等学校计算机应用规划教材

UG NX 9 基础教程

薛 山 编著

清华大学出版社

北 京

内 容 简 介

本书系统而全面地介绍了中文版 UG NX 9 的基本功能、使用方法和使用技巧。全书共分为 9 章，主要内容包括 UG NX 9 入门知识、二维草图设计、NX 9 建模基础、NX 9 三维建模、NX 9 高级建模、装配、测量与分析、NX 9 工程图等。本书重点介绍了 UG NX 9 建模的各种功能模块，并针对各个知识点安排了多个应用练习与综合实例来帮助读者快速入门和提高应用水平。此外，每章最后还配有习题，帮助读者在学习各章的内容后进行复习。

本书结构清晰、内容翔实，涵盖了中文版 UG NX 9 CAD 设计的大部分功能和建模方法，既可作为各类工科高等院校相关专业的教材，也可作为从事工程设计工作的专业技术人员的自学参考书以及 UG 应用开发人员的参考资料。

本书对应的电子教案和实例源文件可以到 http://www.tupwk.com.cn/downpage/index.asp 网站下载。

本书封面贴有清华大学出版社防伪标签，无标签者不得销售。

版权所有，侵权必究。侵权举报电话：010-62782989　13701121933

图书在版编目(CIP)数据

UG NX 9 基础教程 / 薛山 编著. —北京：清华大学出版社，2014（2019.3重印）
(高等学校计算机应用规划教材)
ISBN 978-7-302-37179-3

Ⅰ. ①U… Ⅱ. ①薛… Ⅲ. ①计算机辅助设计—应用软件—高等学校—教材 Ⅳ. ①TP391.72

中国版本图书馆 CIP 数据核字(2014)第 152047 号

责任编辑：胡辰浩
装帧设计：牛艳敏
责任校对：邱晓玉
责任印制：刘祎淼

出版发行：清华大学出版社
　　　　网　　　址：http://www.tup.com.cn，http://www.wqbook.com
　　　　地　　　址：北京清华大学学研大厦 A 座　　　邮　　编：100084
　　　　社 总 机：010-62770175　　　　　　　　　邮　　购：010-62786544
　　　　投稿与读者服务：010-62776969，c-service@tup.tsinghua.edu.cn
　　　　质 量 反 馈：010-62772015，zhiliang@tup.tsinghua.edu.cn
　　　　课 件 下 载：http://www.tup.com.cn，010-62794504
印 装 者：北京九州迅驰传媒文化有限公司
经　　销：全国新华书店
开　　本：185mm×260mm　　　印　　张：20.25　　　字　　数：468 千字
版　　次：2014 年 8 月第 1 版　　　印　　次：2019 年 3 月第 2 次印刷
定　　价：58.00 元

产品编号：050549-02

前　　言

UG 是由美国 UGS 公司推出的功能强大的三维 CAD/CAM/CAE 软件系统，NX 产品集成了原来 UG、I-deas、Imageware、Nastran 等多个软件的特性，在性能上得到了极大的提高。UG 软件的最新版本 SIEMENS NX 9 内容涵盖了产品从概念设计、工业造型设计、三维模型设计、分析计算、动态模拟与仿真、工程图输出，到生产加工成产品的全过程，应用范围涉及航空航天、汽车、机械、造船、通用机械、数控(NC)加工、医疗器械和电子等诸多领域。该版本在易用性、数字化模拟、知识捕捉、可用性、系统工程、模具设计和数控编程等方面进行了创新，对以前版本进行了数百项以客户应用为中心的改进。为了使广大学生和工程技术人员能够尽快地掌握该软件，本书的作者在多年教学经验与工程实践应用的基础上编写了此书。本书全面翔实地介绍了 UG NX 9 的基本功能及其使用方法，可以使读者快速、全面地掌握 UG NX 9 的基本操作和建模方法，并达到融会贯通，灵活应用的目的。

本书具有以下主要特点。

- 结构清晰，内容翔实。每一章的开始简要概括了本章介绍和需要掌握的内容，使读者有一个系统的学习规划；在介绍每一个 UG NX 9 功能时，通过实际操作学习该命令的功能、执行该命令的方式，并在介绍过程中配有插图给予说明。在各章的最后还配有对应的实例练习和习题，前后呼应，系统性强。
- 学以致用，循序渐进。本书以掌握 UG NX 9 的基本功能模块和建模方法为学习目的，循序渐进地介绍了利用 UG NX 9 进行二维草图设计、三维建模、高级建模、装配和工程制图等的操作步骤和技巧，并在相关章节配有精心选择的应用实例。这些实例既有较强的代表性和实用性，又能综合应用所学习的知识，使读者能够全面、准确地掌握 UG NX 9 基本功能及其使用方法，从而达到举一反三的目的。

本书共分为 9 章。

第 1 章为 UG NX 9 入门。本章介绍了 UG NX 9 的入门知识，包括 UG NX 9 产品的简介、基本模块、安装、个性化设置及简单操作等内容。

第 2 章为二维草图设计。本章介绍了二维草图设计及绘制功能，主要包括草图的创建、草图管理、草图环境的设置、草图绘制、草图约束设置和草图编辑等内容。

第 3 章为 NX 9 建模基础。本章介绍了 NX 9 建模基础——最基本的创建曲线的方法，主要包括各种曲线的建立和操作以及曲线的多种编辑方法。

第 4 章为 NX 9 三维建模。本章介绍了两种 NX 9 三维建模的方法——实体建模和特征建模，主要包括三维建模环境的预设置、实体建模的多个命令和特征建模的基本操作等内容，读者需要掌握这些基本的建模方法，同时灵活地使用这些方法以达到 CAD 设计的目的。

第 5 章为 NX 9 高级建模。本章详细介绍 NX 9 的高级建模功能，主要包括多种特征操作的方法、自由曲面功能和各种特征的编辑方法。通过本章的学习，读者能够进行相应模型的详细设计，以达到实际应用的要求。

第 6 章为装配。本章介绍了 NX 9 在基本装配方面的应用，主要包括 NX 9 的装配环境、NX 9 装配的多种方法、爆炸图的生成、装配序列化、装配排列、装配切割和提升体等内容。读者只有熟练地应用这些装配功能，才能完成大产品的定型设计。

第 7 章为测量与分析。本章介绍了 UG NX 9 中测量与分析工具的应用，主要包括常用测量功能的使用、常用分析工具的使用和测量参数的引用。测量分析得到的参数可以作为"值"直接运用于草图和特征中，为建模提供数据支持。

第 8 章为 NX 9 工程图。本章详细介绍了 NX 9 的制图模块，主要包括 NX 9 工程图的制图方法和工作界面的设置，视图以及各种剖视图的创建和参数设置，视图的编辑，尺寸、形位公差以及注释的标注等。

第 9 章为综合实例。本章综合本书所讲述的有关 UG NX 9 的三维建模功能、高级建模功能和装配建模功能，介绍了 5 个综合实例的应用。通过学习详细的操作步骤，读者可熟悉和掌握整个设计建模的过程，同时加深对 UG NX 9 各种功能的理解，提高应用水平。读者在学习完本书的所有内容后能够熟练地应用强大的 UG NX 9，最终达到本书的学习目的。

本书是集体智慧的结晶，除封面署名的作者外，参加本书编写工作的还有郑艳君、王景兴、金纯、杨珏、裴淑娟、李辉、张宇怀、徐晓明、薛芳、薛继军、岳殿召、陈添荣、侯铁国、刘军勇、李淑萍、尹志亮、宋志辉、朱青等。在本书的编写过程中，参考了一些相关著作和文献，在此向这些著作和文献的作者深表感谢。由于作者水平有限，且创作时间较紧，本书不足之处在所难免，欢迎广大读者与专家批评指正。我们的信箱是 huchenhao@263.net，电话是 010-62796045。

作　者

2014 年 05 月

目　　录

第1章   UG NX 9入门

UG 原是由美国 UGS 公司推出的功能强大的三维 CAD/CAM/CAE 软件系统，本书将介绍由 UG 软件的新东家 SIEMENS 公司推出的最新版本——SIEMENS NX 9.0。其内容涵盖了产品从概念设计、工业造型设计、三维模型设计、分析计算、动态模拟与仿真、工程图输出，到生产加工成产品的全过程，应用范围涉及航空航天、汽车、机械、造船、通用机械、数控(NC)加工、医疗器械和电子等诸多领域。该版本在易用性、数字化模拟、知识捕捉、可用性和系统工程、模具设计和数控编程等方面进行了创新，对以前版本进行了数百项以客户为中心的改进。本章对 NX 9 的特性、安装、个性化设置、模块及基本操作进行简要介绍，以便读者入门。

通过本章的学习，读者需要掌握的内容如下：

- UG NX 9 产品的基本模块
- 如何安装 UG NX 9
- 如何个性化自己的 UG NX 9
- 简单的 UG NX 9 操作

1.1   UG NX 9 简介

本节将介绍 UG NX 9 的产品设计过程和特性。

1.1.1   UG NX 9 的产品设计过程

NX 是 UGS PLM Solutions 业务线的旗舰产品，它可以为工业领域提供技术和问题的解决方案，从消费产品到工具制造、机械、汽车与航天航空等领域。

NX 产品集成了原来 UG、I-deas、Imageware、Nastran 等多个软件的特性，在性能上得到了极大的提高。而其中的 UG 和 I-deas 是两款著名的高端软件，Imageware 是业界应用最为广泛的逆向工程软件，而 Nastran 是世界最著名的 CAE 求解工具。于是 UG NX 9 提供了最先进的 CAX 工具，保证了最准确的信息和最优秀的价值。

CAD 产品设计的过程一般是从概念设计、零部件三维建模到二维工程图。有些对外观要求比较高的产品，在概念设计以后，往往还需要进行工业外观造型设计。在零部件三维建模时或建模完成以后，根据产品的特点和要求，还要进行大量的分析工作，包括运动仿真、结构程序分析、疲劳分析、塑料流动、热分析、公差分析与优化、NC 仿真及优化、动态仿真等。

1.1.2　UG NX 9 特性

在产品全生命周期中，成本、质量以及新产品的创新是由哪些因素决定的呢？UG NX 9 从以下 7 个方面做出了回答。

1．完整统一的解决方案

由于 NX 通过高性能的数字化产品开发解决方案，把从设计到制造流程的各个方面集成到一起，可以完成自产品概念设计、外观造型设计、详细结构设计、数字仿真、工装设计、零件加工的全过程，因此，产品开发的全过程是完整统一的解决方案。

2．可控制的管理开发环境

NX 不是简单地将 CAD、CAE 和 CAM 的应用程序集成到一起，而是以 UGS Teamcenter 软件的工程流程管理功能为动力，形成了一个产品开发解决方案。所有产品开发应用程序都在一个可控制的管理开发环境中相互衔接。产品数据和工程流程管理工具提供了单一的信息源，从而可以协调开发工作的各个阶段，改善协同作业，实现对设计、工程和制造流程的持续改进。

3．知识驱动的自动化

NX 通过新一代知识驱动的智能引擎来实现过程自动化。使用 NX，公司可以获取产品及其设计制造过程的信息，并将其重新应用到自动化开发过程中。NX 自动化工具包括获取过程信息定义和建立过程辅助的向导工具，并在整个开发周期中运用。

4．仿真、验证和优化

集成的数字化仿真可以减少产品的开发费用，用户通过在产品开发流程早期过程中使用数字化仿真技术，核对概念设计与功能要求的差异，来创建满足严格设计标准的产品。在这方面增强的功能包括以下 3 点。

(1) 集成化的、基于知识工程的检查和仿真工具。它可以依据仿真结果自动修改产品的几何外形来改进设计意图。

(2) 新集成的疲劳和寿命分析解算器，使设计师和工程师可以模拟产品的整个设计寿命，包括预期的时效。它成为设计流程中集成的一部分。

(3) 在计算机辅助制造中对机床运动进行模拟仿真分析。

5．系统级建模能力

基于系统的建模允许公司在产品概念设计阶段快速评估可供选择的多个设计方案。NX 9 提供了专门的环境，用于定义产品方案，应用这些方案可以有效地管理产品零部件之间的关系。产品开发人员可以利用 NX 9 创建产品控制结构——高级别的系统模板，在子系统和单个部件之间建立设计参数关联。从上而下的产品模板把开发流程分割为功能子系统，定义子系统和零部件之间的接口就可以建立它们功能之间的联系。

UG NX 9 通过上面的手段，提出了符合精益设计和六西格玛设计的软件思想，在产品开发过程中促进创新、降低成本并消除浪费。

6. 全局相关性

在整个产品开发工程流程中，应用装配建模和部件间链接技术，建立零件之间的相互参照关系，实现各个部件之间的相关性；应用主模型方法，实现集成环境中各个应用模块之间保持完全的相关性。

7. 满足软件的二次开发需要的开放式用户接口

NX 提供了多种二次开发接口。应用 Open UIStyle 开发接口，用户可以开发自己的对话框；应用 Open GRIP 语言，用户也可以进行二次开发；应用 Open API 和 Open++工具，用户可以通过 VB、C++和 Java 语言进行二次开发，而且支持面向对象程序设计的全部技术。

1.2　UG NX 9 的安装

UG NX 9 软件系统可在工作站或个人计算机上运行，下面以在个人计算机上安装为例，讲述安装要求与过程。最新发布的 UG NX 9 软件要求仅支持安装在 Win64 位的操作系统下，这对其安装的软硬件要求相比以前版本都有很大的提高，至少都要满足 Win7 64 位操作系统的安装运行条件。

1.2.1　安装 UG NX 9 的系统要求

1. 硬件要求

- CPU：1GHz 64 位处理器，最好是双核以上。
- 内存：4GB 以上。如果要装配大型部件或产品，进行结构、运动仿真分析或产生数控加工程序，则建议使用 8GB 以上的内存。
- 硬盘：安装 UG NX 9 软件系统的基本模块，需要 10GB 左右的硬盘空间，考虑到软件启动后虚拟内存及获取联机帮助的需要，建议在硬盘上预留 16GB 以上的空间。
- 显示卡：支持 Open_GL 的 3D 图形加速卡，1024×768 以上的分辨率，推荐 512MB 以上的显示缓存。如果显卡性能太低，打开软件后，软件会自动退出。
- 显示器：支持 1024×768 以上的分辨率。
- 光驱：16 速以上的光驱。
- 网卡：以太网卡。
- 其他：根据需要配置的图形输出设备。

2. 软件要求

- 操作系统：安装 Win7 或 Win8 64 位操作系统。
- 硬盘格式：建议采用 NTFS 格式，FAT32 也可以。

● 网络协议：安装 TCP/IP 协议。

● 显示卡驱动程序：配置分辨率为 1024×768 以上的真彩色。

1.2.2　UG NX 9 系统的安装

UG NX 9 安装过程如下。

1. 许可证的安装

(1) 双击 UG NX 9 软件安装文件夹内的 Launch.exe 文件，系统会自动弹出如图 1-1 所示的 NX 9.0 Software Installation 对话框，在此对话框中单击 Install License Server 按钮。

(2) 如图 1-2 所示，系统弹出"选择安装语言"对话框，选择"简体中文"，然后单击"确定"按钮，弹出 License Server 安装对话框，单击"下一步"按钮。

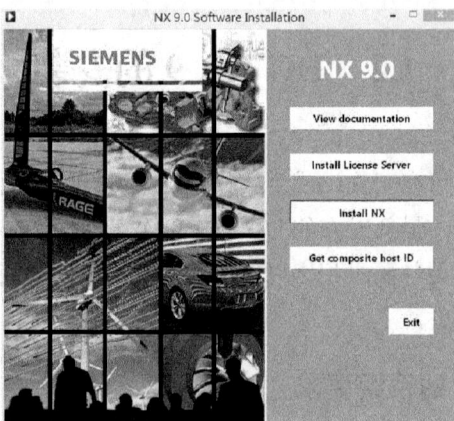

图 1-1　NX 9.0 Software Installation 对话框

图 1-2　"选择安装语言"对话框和 License Server 安装对话框

(3) 在打开的"选择安装文件夹"对话框中选择安装目录或者接受默认的安装路径，单击"下一步"按钮。

(4) 在打开的"选择许可证文件"对话框中单击"浏览"按钮，找到合法获得的 UG NX 9 许可证文件 splm6.lic，单击"下一步"按钮。

(5) 在打开的"已做好安装程序的准备"对话框中单击"安装"按钮。

(6) 系统弹出"正在安装"对话框，并显示安装进度。

（7）进度条消失后，在"InstallShield Wizard 完成"对话框中单击"完成"按钮，完成许可证的安装。

2. 软件主体的安装

（1）在图 1-1 所示的 NX 9.0 Software Installation 对话框中单击 Install NX 按钮，系统弹出"正在准备安装"对话框，然后出现如图 1-3 所示的"欢迎使用"对话框，单击"下一步"按钮。

（2）在"安装类型"对话框中，采用系统默认的安装类型，即选中"典型"单选按钮，然后单击"下一步"按钮。

（3）在打开的"目的地文件夹"对话框中选择安装目录或者接受默认的安装路径，单击"下一步"按钮。

（4）在打开的"许可"对话框确认"输入服务器名或许可证文件"文本框中的 28000@ 后面已经是本机的计算机名称，单击"下一步"按钮。

（5）在"NX 语言选择"对话框中选中"简体中文"单选按钮，然后单击"下一步"按钮。

（6）在系统弹出的"准备安装程序"对话框中单击"安装"按钮。系统弹出"正在安装"对话框，并显示安装进度。

（7）等候片刻后，在系统弹出的"InstallShield Wizard 完成"对话框中单击"完成"按钮，完成安装。此时，系统会退出 UG NX 9 的安装程序。

软件主体安装完成后，双击桌面上的 NX 9.0 快捷方式，或打开"开始"菜单，选择"程序"| Siemens NX 9.0 | NX 9.0 命令，系统将进入 UG NX 9，如图 1-4 所示。此时，用户可在该界面中阅读 NX 帮助或进行其他操作。

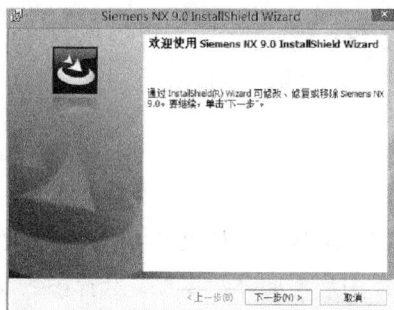

图 1-3　"欢迎使用"对话框　　　　图 1-4　UG NX 9 界面

1.3　UG NX 9 个性化设置

在 UG NX 9 软件安装完成后，用户可以根据需要，对 UG NX 9 的运行环境和参数进行设置。

1.3.1　设置 UG NX 9 环境变量

在 Win7/Win8 中，软件系统的工作路径是由系统注册表和环境变量来设置的。UG NX 9 安装后，会自动建立一些系统环境变量，如 UGII_BASE_DIR、UGII_TMP_DIR 和 UGII_LICENSE_FILE 等。如果用户要添加环境变量，可以打开"计算机"，右击，从弹出的快捷菜单中选择"属性"命令，在打开的窗口中选择"高级系统设置"，打开"系统属性"对话框，在"高级"选项卡中单击"环境变量"按钮，弹出如图 1-5 所示的"环境变量"对话框。

如果要对 UG NX 9 进行中英文界面的切换，可以把变量 UGII_LANG 设为 SIIMPL_CHINESE(简体中文)或者 ENGLISH(英语)。如果服务器的名称更改了可以把 UGII_LICENSE_FILE 设置为"28000@新服务器名称"。

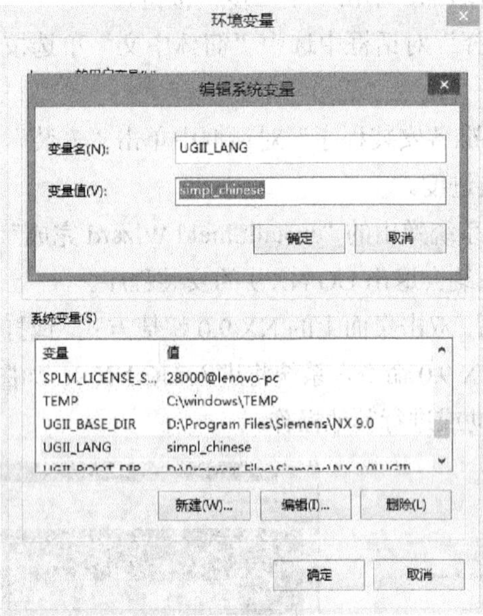

图 1-5　"环境变量"对话框

1.3.2　参数设置

参数设置主要用于设置系统的一些控制参数，通过"首选项"下拉菜单可以进行参数设置，本节将介绍一些常用的设置，包括对象参数设置、用户界面参数设置、选择参数设置和可视化参数设置。

1. 对象参数设置

对象参数设置用于设置曲线或者曲面的类型、颜色、线型、透明度及偏差矢量等默认值。

选择"首选项"|"对象"命令，打开如图 1-6 所示的"对象首选项"对话框，在该对话框中可以进行相关设置。新的设置只对以后创建的对象有效，对之前创建的对象无效。单击"分析"标签可切换到"分析"选项卡。

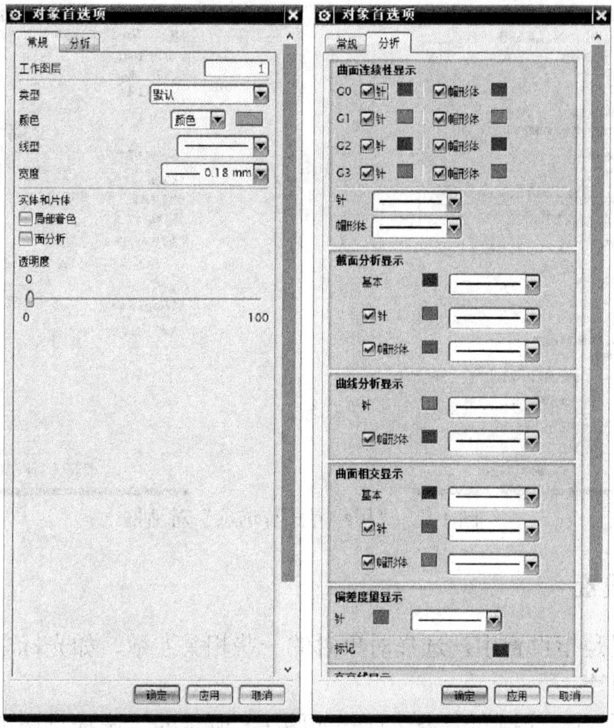

图 1-6　"对象首选项"对话框

在图 1-6 左图所示的"常规"选项卡中，可以设置工作图层、线的类型、线在绘图区的显示颜色、线型和宽度，还可以设置实体或者片体的局部着色、面分析和透明度等参数，只要在相应的选项中选择参数即可。

在图 1-6 右图所示的"分析"选项卡中，可以设置曲面连续性显示的颜色。单击相应复选框后面的颜色小块，系统将打开"颜色"对话框，可以在"颜色"对话框中选择一种颜色作为曲面连续性的显示颜色。此外，还可以在"分析"选项卡中设置截面分析显示、偏差度量显示和高亮线显示的颜色。

2. 用户界面参数设置

用户界面参数设置用于设置对话框中的小数点位数、撤销时是否确认、跟踪条、资源条、日记和用户工具等参数。

选择"首选项"|"用户界面"命令，打开如图 1-7 左图所示的"用户界面首选项"对话框，在该对话框中可以进行参数设置。此时打开的是"常规"选项卡，用户在该选项卡中可以设置已显示对话框中的小数位数、跟踪条的小数位数、信息窗口的小数位数以及主页网址等参数。单击"布局"标签，切换到如图 1-7 右图所示的"布局"选项卡，用户在该选项卡中可以设置"用户界面环境"(下面 1.5 节中有具体应用说明)、"窗口"风格、资源条的显示位置以及页是否自动飞出等参数。该对话框中的"宏"、"操作记录"和"用户工具"选项卡，用户可以自己切换，这里不再逐一介绍。

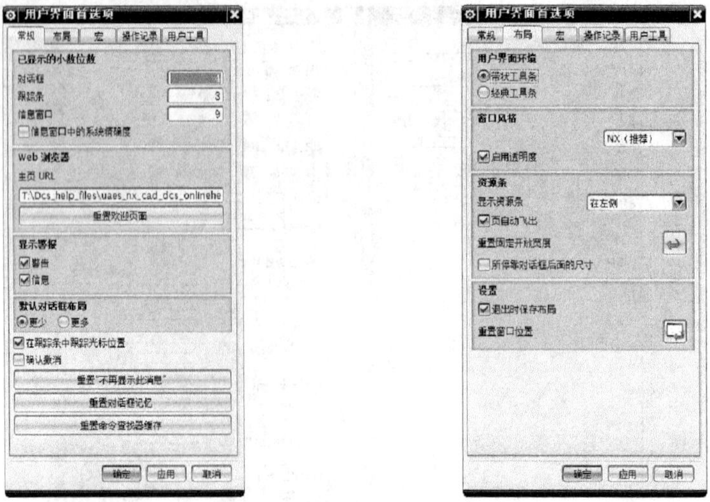

图 1-7　"用户界面首选项"对话框

3. 选择参数设置

选择参数设置是指设置用户选择对象时的一些相关参数，如光标半径、选取方法和矩形方式的选取范围等。

选择"首选项"|"选择"命令，打开如图 1-8 所示的"选择首选项"对话框，在该对话框中可以设置多选的参数、面分析视图和着色视图等高亮显示的参数，延迟和延迟时快速拾取的参数、光标半径(大、中、小)等的光标参数、成链的公差和成链的方法参数等。

4. 可视化参数设置

可视化参数设置是指设置渲染样式、光亮度百分比、直线线型及对象名称显示等参数。

选择"首选项"|"可视化"命令，打开如图 1-9 所示的"可视化首选项"对话框，该对话框包括"可视"、"小平面化"、"颜色/线型"、"名称/边界"、"直线"、"特殊效果"、"视图/屏幕"、"手柄"和"着重"9 个选项卡。用户单击不同的标签即可切换到相应的选项卡并进行相关参数的设置。

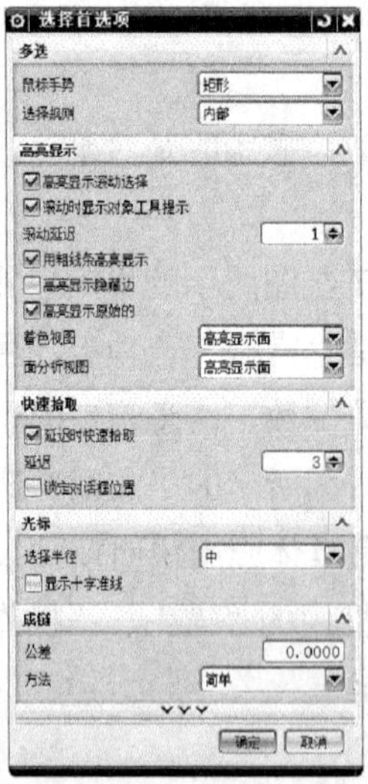

图 1-8　"选择首选项"对话框 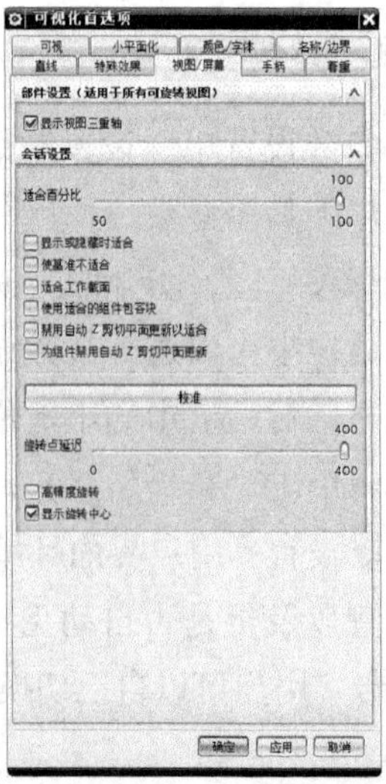　　　图 1-9　"可视化首选项"对话框

1.4　UG NX 9 模块介绍

UG NX 9 提供了一套从概念到制造的统一的解决方案套件,应用程序无缝地集成在一起,在一个可管理的产品开发环境中传播产品和设计制造流程的信息更改。UG NX 9 将数字化产品模型应用到生产制造中,从最初的产品规划到设计制造都有相应的模块覆盖。下面对一些常用的 UG NX 9 功能模块进行简单介绍。

1.4.1　基本环境

该模块是 UG NX 9 软件所有其他模块的基本框架,是启动 UG NX 9 软件时运行的第一个模块。它为其他 UG 模块提供了统一的数据库支持和交互环境。可以执行打开、创建、保存、屏幕布局、视图定义、模型显示、图层管理、绘图、打印队列和浮动权管理等多种功能。

在 UG NX 9 中,通过选择“开始”菜单中的“基本环境”命令,可以在任何时候从其他应用模块回到基本环境。如果用户不知道具体的菜单和图标置于软件何处,可以右击,然后根据弹出的快捷菜单,选择相应的操作;也可以单击“命令查找器”按钮,在弹出的“命令查找器”中进行搜索。

1.4.2　建模模块

该模块可进一步分为实体建模、特征建模、自由形状建模、钣金特征建模和用户自定义特征建模 5 大部分,可以实现各种复杂模型的创建,并且支持各种复合方式建模。

1. 实体建模

这一通用的建模应用子模块支持二维和三维模型的创建、布尔操作以及基本的相关编辑。实体建模是“特征建模”和“自由形状建模”的先决条件。

2. 特征建模

这一基于特征的建模应用子模块支持如孔、槽和腔体、凸台及凸垫等标准设计特征的创建和相关的编辑。该应用允许用户抽空实体模型并创建薄壁对象。一个特征可以相对于任何其他特征或对象来设置,并可以被引用来建立相关的特征集。“实体建模”是该应用子模块的先决条件。

3. 自由形状建模

这一复杂形状的建模应用子模块支持复杂曲面和实体模型的创建。常使用沿曲线的一般扫描;使用 1、2 和 3 轨迹方式按比例地展开形状;使用标准二次曲线方式的放样形状等技术。“实体建模”是该应用子模块的先决条件。

4. 钣金特征建模

该模块是基于特征的建模应用模型，它支持专门的钣金特征，如弯头、肋和裁剪的创建。这些特征可以在 NX 钣金应用模块中被进一步操作，如钣金部件成形和展开等。该模块允许用户在设计阶段将加工信息整合到所设计的部件中。实体建模和 NX 钣金模块是运行此应用模块的先决条件。

5. 用户自定义特征建模

NX 9 允许利用已有的实体模型，通过建立参数间的关系、定义特征变量、设置默认值等工具和方法构建用户常用的特征。用户自定义特征可以通过特征建模应用模块被任何用户访问。

1.4.3 NX 钣金模块

钣金设计模块为专业设计人员提供了一整套工具，以便在材料特性知识和制造过程的基础上智能化地设计和管理钣金零部件。其中，包括一套结合了材料和过程信息的特征和工具，这些信息反映了钣金制造周期的各个阶段，如弯曲、切口以及其他可成型的特征。

1.4.4 外观造型设计模块

外观造型设计模块是为工业设计应用专门提供的设计工具。此模块为工业设计师提供了产品概念设计阶段的设计环境，是一款用于曲面建模和曲面分析的工具，它主要用于概念设计和工业设计，如汽车开发设计早期的概念设计等。外观造型设计模块中包括所有用于概念阶段的基本选项，如创建并且可视化最初的概念设计，也可以逼真地再现产品造型的最初曲面效果图。该模块中不仅包含所有建模模块中的造型功能，而且包括一些较为专业的用于创建和分析曲面的工具。

1.4.5 制图模块

制图应用模块可以帮助用户在建模应用中创建三维模型，或使用内置的曲线/草图工具创建二维设计布局来生成工程图纸。制图模块用于创建模型的各种制图，该模型一般在建模模块中创建。在制图模块中生成制图的最大优点是，图纸都和建模模块中创建的模型完全相关联。当模型发生变化后，该模型的制图也将随之发生变化，包括尺寸标注和消隐等多个参数都可以自动更新。该模块具有自动视图布局、动态捕捉、动态导航和自动明细表等多种功能，充分实现绘图的自动化。目前，它支持 ANSI、ISO、DIN、JIS 以及 GB 等多个标准。同时，全新的图模板技术使用户可以一步生成几乎全部的图纸。

1.4.6 高级仿真模块

高级仿真模块是一种综合性的有限元建模和结果可视化的产品模块，旨在满足资深 CAE 分析师的需要。NX 高级仿真模块包括一整套预处理和后处理工具，并支持多种产品性能评估解法。NX 高级仿真模块提供了对许多业界标准解算器的无缝、透明支持，这样的解算器包括 NX Nastran、MSC Nastran、ANSYS 和 ABAQUS。NX 高级仿真模块提供 NX 设计仿真中可用的所有功能，同时支持高级分析流程的众多其他功能。

1.4.7　运动仿真模块

运动仿真模块可以帮助设计工程师理解、评估和优化设计中的复杂运动行为，使产品功能和性能与开发目标相符。用户在运动仿真模块中可以模拟和评价机械系统的一些特性，如较大的位移、复杂的运动范围、加速度、力、锁止位置、运转能力和运动干涉等。一个机械系统中包括很多运动对象，如铰链、弹簧、阻尼、运动驱动、力和弯矩等。这些运动对象在运动导航器中按等级有序地排列着，反映了它们之间的从属关系。

1.4.8　加工模块

加工模块用于数控加工模拟及自动编程，可以进行一般的 2 轴、2.5 轴铣削，也可以进行 3 轴到 5 轴的加工；可以模拟数控加工的全过程；支持线切割等加工操作；还可以根据加工机床控制器的不同来定制后处理程序，因而生成的指令文件可直接应用于用户的特定数控机床，而无须修改指令，即可进行加工。

1.4.9　装配模块

该模块提供了并行的、自上而下和自下而上的产品开发方法。在该模块生成的装配模型中，零件数据是对零件本身的链接镜像，保证了装配模型和零件设计的完全双向相关，即对于零件设计中的任何改动，都会反映到装配模型中，反之在装配上进行的修改也会传递到零件上。该模块改进了软件操作性，减少了对存储空间的要求。UG NX 9 支持对齐、贴合、相切以及偏移等多种方式的定位关系；还支持变形零件、不同位置零件的装配。同时，通过引用集、小平面模型以及重量控制等多种手段可以进行真正的大装配。

1.5　UG NX 9 基本操作

1.5.1　UG NX 9 新功能之全新 Ribbon 界面

2013 年 10 月份，西门子公司发布了 UG NX 9 正式版软件，此版软件除了前面所说的开始仅支持 64 位操作系统以外，还更新了许多功能，最主要的是采用了如同微软 Office 2007 和 office 2010 的用户界面一样的 Ribbon(带状工具条)功能区型界面，如图 1-10 所示。图中各组件功能如表 1-1 所示。

Ribbon(带状工具条)功能区是用户界面的一部分。在仪表板设计器中，功能区包含一些用于创建、编辑和导出仪表板及其元素的上下文工具。它是一个收藏了命令按钮和图示的面板。它把命令组织成一组"标签"，每一组包含了相关的命令。每一个应用程序都有一个不同的标签组，展示了程序所提供的功能。在每个标签里，各种相关选项被组在一起。

跟传统的菜单式用户界面相比较，Ribbon 界面的优势主要体现在如下几个方面：

- 所有功能有组织地集中存放，不再需要查找级联菜单、工具栏等；
- 更好地在每个应用程序中组织命令；
- 提供足够显示更多命令的空间；
- 丰富的命令布局可以帮助用户更容易地找到重要的、常用的功能；
- 可以显示图示，对命令的效果进行预览，例如改变文本的格式等；
- 更加适合触摸屏操作；
- 减少鼠标点击次数。

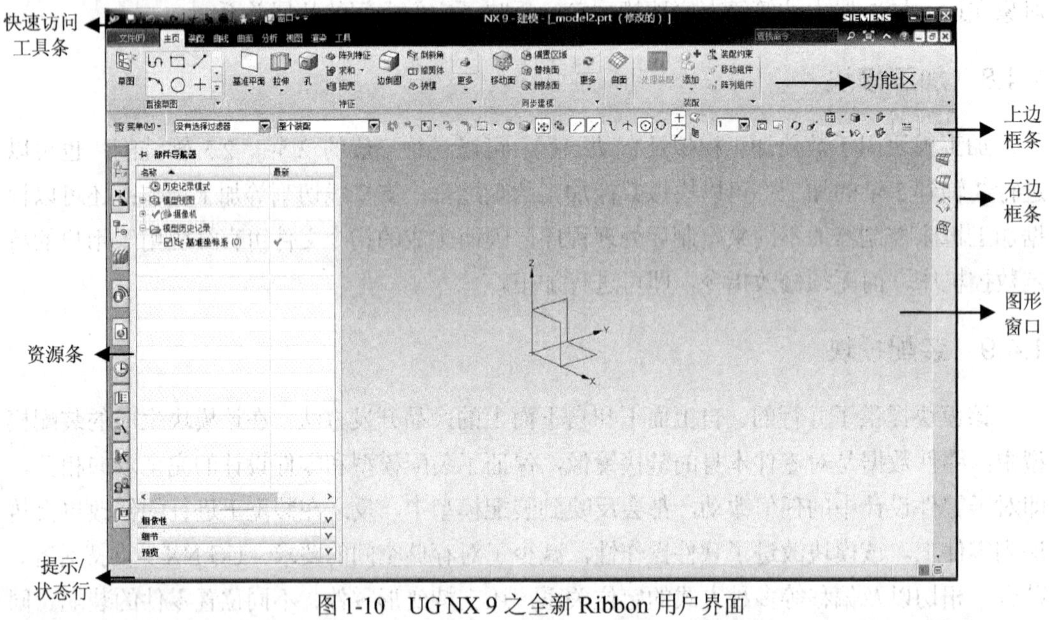

图 1-10　UG NX 9 之全新 Ribbon 用户界面

表 1-1　Ribbon 功能区型界面中各组件的功能

组　件	描　述
快速访问工具条	包含常用命令，例如保存和撤销
功能区	将每个应用程序中的命令组织为选项卡和组
上边框条	包含菜单、选项组、视图组和实用工具组命令
资源条	包含导航和资源板，包括部件导航和角色选项卡
图形窗口	建模、可视化并分析模型
右边框条	显示用户添加的命令
提示/状态行	提示用户下一个动作并显示消息

　　虽然从菜单式界面到 Ribbon 界面要有一个漫长的熟悉过程，但是一个不争的事实是，Ribbon 界面正在被越来越多的人接受，相应地，越来越多的软件开发商开始抛弃传统的菜单式界面，转而采用 Ribbon 界面。

　　在如图 1-11 所示的带状工具条界面中，只要单击鼠标，就可以访问常用命令，同时保持最大的图形窗口区域。它将高级角色的功能与基本角色的可发现性相结合。带状工具条上的选项卡和组按逻辑方式组织命令，并将图标大小与信息文本相结合。用户可以根据工作流定制此界面，例如通过解除选项卡停靠或将常用命令添加到边框条中。命令查找器嵌入到带状工具条上，可提供以下附加功能：显示隐藏的命令；启动其他应用模块；让用户轻松将命令添加到选项卡、边框条或快速访问工具条中。

带状工具条各组件功能如表 1-2 所示。

用户通过 Ribbon 界面环境进行 UG NX 操作有个逐步渐进的过程，更多 Ribbon 界面下的操作说明可参看 NX 帮助文件。本书对 UG NX 9 的 Ribbon 界面仅作简单介绍，全书主要操作仍采用经典界面来进行。要切换到经典界面，可选择"首选项"|"用户界面"命令，打开如图 1-12 所示的"用户界面首选项"对话框，在"布局"选项卡的"用户界面环境"选项区域中选中"经典工具条"单选按钮即可。读者可按照习惯进行界面环境的选择。

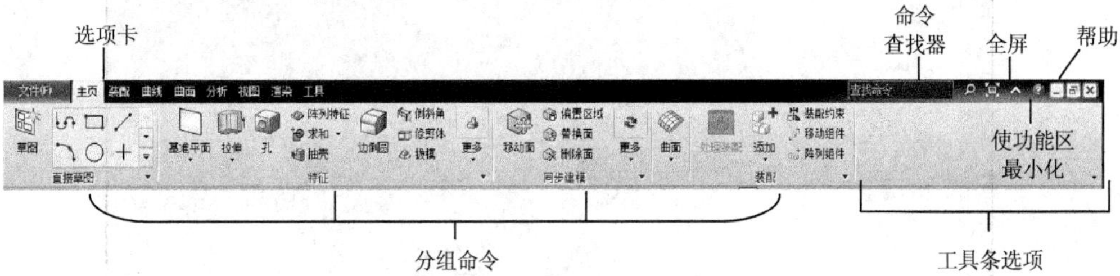

图 1-11　NX 带状工具条

表 1-2　带状工具条各组件功能

组　　件	描　　述
选项卡	将每个应用程序中有相关功能的命令组织为组
分组命令	通过每个选项卡上的功能组织命令，相关的命令出现在列表与库中
命令查找器	查找命令
全屏	使屏幕间距最大化
使功能区最小化	在功能区选项卡上折叠组
帮助	在上下文帮助上显示(F1)
工具条选项	打开或关闭每组中的命令

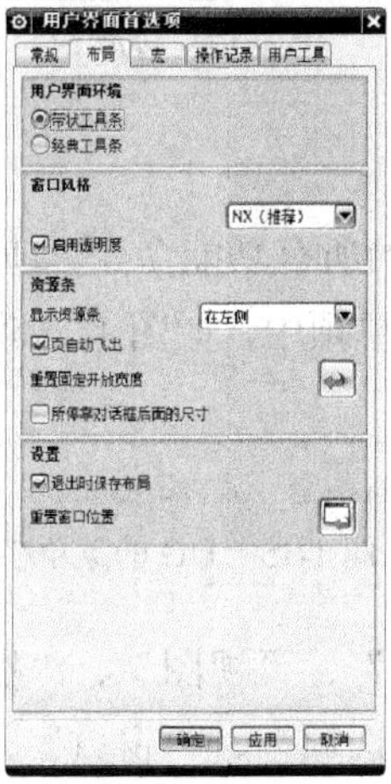

图 1-12　"用户界面首选项"对话框

1.5.2　UG NX 9 经典界面介绍

UG NX 9 的经典用户界面如图 1-13 所示。该界面主要由标题栏、菜单栏、顶部工具条按钮区、消息区、资源工具条、导航器区、绘图工作区和底部工具条按钮区组成。下面将简要介绍各组件的主要功能。

图 1-13　UG NX 9 经典用户界面

1. 标题栏

标题栏用来显示 UG 的版本、进入的功能模块名称和用户当前正在使用的文件名。例如，如图 1-14 所示的标题栏显示的 UG 版本为 NX 9，进入的功能模块是"建模"模块，用户当前使用的文件名是 9-1.prt。

图 1-14　标题栏

2. 菜单栏

菜单栏包含了 UG NX 9 软件的所有功能命令。UG NX 9 系统将所有的命令或设置选项进行分类，分别放置在不同的菜单项中，如图 1-15 所示，用户可以根据需要打开不同的菜单，选择具体的命令。

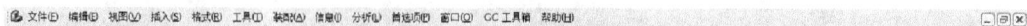

图 1-15　UG 的菜单栏

菜单栏包括"文件"、"编辑"、"视图"、"插入"、"格式"、"工具"、"装配"、"信息"、"分析"、"首选项"、"窗口"、"GC 工具箱"和"帮助"。当用户单击其中的任何一个菜单选项时，系统都会展开相应的下拉菜单。

3. 工具条按钮区

顶部工具条按钮区如图 1-16 所示，底部工具条按钮区如图 1-17 所示。工具条中的命令按钮便于用户快速选择命令及设置工作环境。用户可以根据具体情况定制工具条。

注意：

用户可能会看到有些菜单命令和按钮处于非激活状态(灰色显示)，这是因为它们目前没有处于能发挥功能的环境。一旦它们进入有关的环境，就会自动激活。

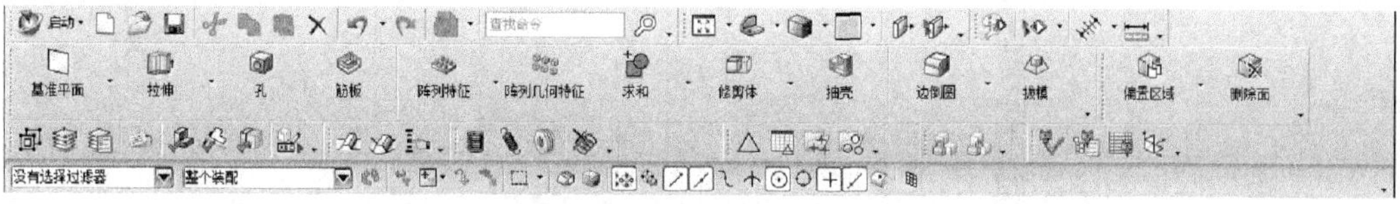

图 1-16　顶部工具条按钮区

图 1-17　底部工具条按钮区

用户可以根据工作需要，设置在界面中显示的工具条按钮以方便操作。设置时，只需在工具条按钮区右击，在弹出的快捷菜单中选择需要的命令，使其前面出现一个对号即可。要取消设置，使某个工具条按钮在界面上隐藏，只需在右键快捷菜单中再次选择该命令，使该命令前面的对号消失即可。

每一个工具条按钮中的按钮都和菜单栏上相同命令前的按钮一致。用户可以通过菜单栏执行操作，也可以通过工具条按钮上的按钮执行操作。但有些特殊命令只能在菜单中找到。

4. 消息区

执行有关操作时，与该操作有关的系统提示信息都会显示在消息区，如图 1-18 所示。该区域中间有一个可见的连线，左侧是提示栏，右侧是状态栏。执行任何一个命令时，系统都会在提示栏中显示用户必须执行的动作，或者提示用户下一步操作如何进行；在状态栏显示系统及操作对象的当前状态，如显示选取结果信息等。对于初学者来说，需要经常关注提示栏和状态栏的信息，便于熟悉操作和积累经验。

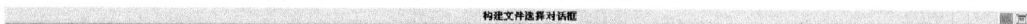

图 1-18　提示栏与状态栏

5. 资源工具条和导航器区

UG NX 9 在软件的左侧显示如图 1-19 所示的资源工具条和如图 1-20 所示的导航器区。在资源工具条单击相应的按钮可以进行各种导航工具的切换显示，包括"装配导航器"、"约束导航器"、"部件导航器"、"重用库"、"HD3D 工具"、Internet Explorer、"历史记录"、"系统材料"、Process Studio、"加工向导"、"角色"和"系统场景"。各导航工具均在导航器区显示。对于每一种导航器，都可以直接在其相应的条目上右击，通过弹出的快捷菜单快速地进行各种操作。

图 1-19　资源工具条 　　　　　　　图 1-20　导航器区

　　"装配导航器"显示装配的层次关系。"约束导航器"显示装配的约束关系。"部件导航器"显示建模的先后顺序和父子关系。父对象(活动零件或组件)显示在模型树的顶部,其子对象(零件或特征)位于父对象之下。"部件导航器"还有如图 1-21 所示的"相依性"、"细节"和"预览"3 个附加窗口。借助这 3 个窗口,用户可以很方便地修改相应的尺寸和父子关系,还可以预览相应的效果。Internet Explorer 可以直接浏览网站。"历史记录"中可以显示曾经打开过的部件。"系统材料"中可以设定模型的材料。

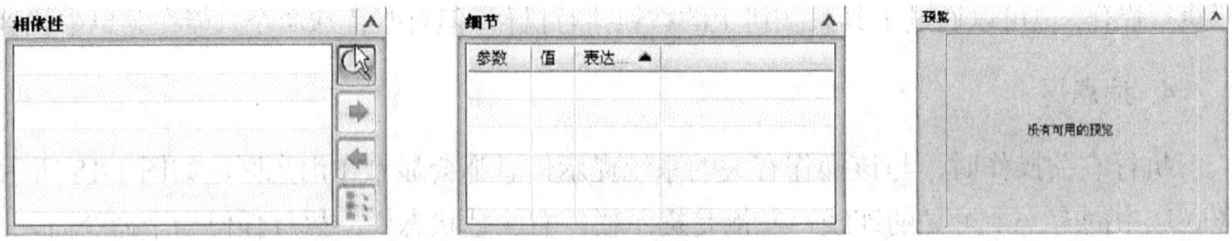

图 1-21　附加窗口

6. 绘图工作区

　　绘图工作区是 UG NX 9 的主要工作区域,如图 1-22 所示。建模的主要过程、绘制前后的零件图形、分析结果和模拟仿真过程等都在该区域内完成。

图 1-22　绘图工作区

同时在 UG NX 9 中还可以选择多种视图操作方式。

(1) 右击绘图工作区，弹出如图 1-23 所示的快捷菜单，在其中可以选择多种视图操作方式。

(2) 在绘图工作区按住鼠标右键不放，将弹出如图 1-24 所示的挤出式菜单，在该菜单中同样可以选择多种视图操作方式。

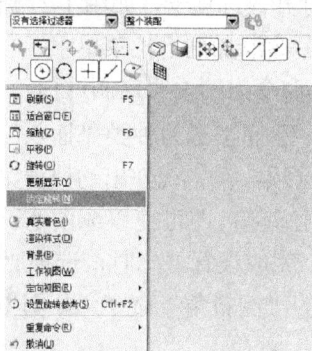

图 1-23　绘图工作区的右键快捷菜单　　　　图 1-24　挤出式菜单

1.5.3　用户界面的定制

在 UG NX 9 系统的建模环境下选择"工具"|"定制"菜单命令，系统会弹出如图 1-25 所示的"定制"对话框，用户可在该对话框中对用户界面进行定制。

1. 工具条设置

在"定制"对话框中，单击"工具条"标签，即可打开"工具条"定制选项卡。通过此选项卡可改变工具条的布局，可以将各类工具条按钮置于屏幕的顶部、左侧或下侧。如果选中相关选项前的复选框，使其处于选中状态☑，该类命令按钮即可出现在界面上；如果取消相关选项前的复选框，使其处于未选中状态□，相关类型的命令按钮就会在界面上消失。单击"定制"对话框的"关闭"按钮，即可在界面中显示所有选中的工具条。

单击每个工具条最右侧的下方带▼符号的按钮，将鼠标移到弹出的工具条中的"添加或移除按钮"按钮上，将弹出如图 1-26 所示的下拉列表，把鼠标移到相应的列表项上，会在后面显示出相应工具条包含的工具按钮，单击相应选项，可对按钮进行显示或隐藏操作。

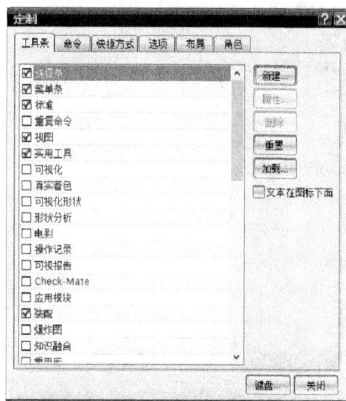

图 1-25　"定制"对话框　　　　图 1-26　"添加或移除按钮"的下拉列表

　　另外，将鼠标移至工具条上，当鼠标变为十字箭头形状时，按住鼠标左键不放进行拖动，即可移动工具条，将工具条拖放至合适的位置后，释放鼠标左键，完成设置。

2. 在下拉菜单中定制命令

　　在"定制"对话框中单击"命令"标签，打开该选项卡，如图 1-27 所示。在此选项卡中，可以改变下拉菜单的布局，还可以将各类命令添加到下拉菜单中。

　　下面以"插入"|"曲线"|"倒斜角"菜单命令为例说明定制过程。

　　(1) 在"命令"选项卡的"类别"列表框中选择按钮的种类"插入"，在"命令"选项组中出现该种类的所有按钮。右击"曲线"选项，在系统弹出的快捷菜单中选择"添加或移除按钮"中的"倒斜角"命令，使其前面出现☑，即可使该选项处于选中状态。

　　(2) 单击"定制"对话框的"关闭"按钮，完成设置。此时，选择"插入"|"曲线"菜单命令，在出现的子菜单中可以看到已添加的"倒斜角"命令，如图 1-28 所示。

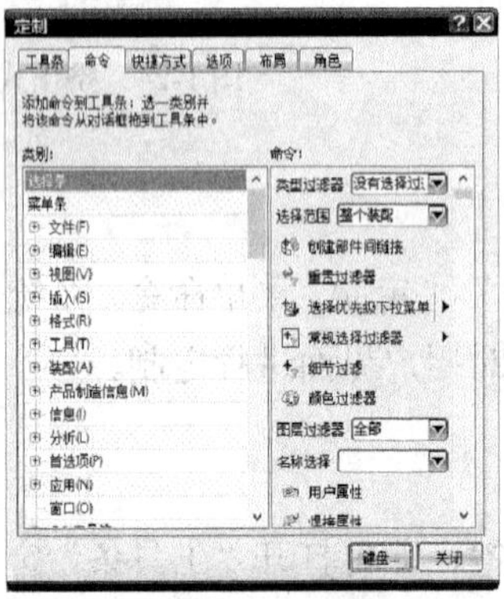

图 1-27　"命令"选项卡 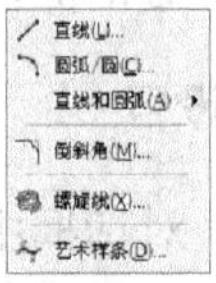　　　　　　　图 1-28　已添加的"倒斜角"命令

　　另外，还可以将下拉菜单中的命令添加到工具条中成为按钮，即在"定制"对话框中单击下拉菜单的某个命令，并按住鼠标左键不放，将鼠标指针拖到屏幕的工具条中。

3. 选项设置

　　在"定制"对话框中单击"快捷方式"标签，打开该选项卡，如图 1-29 所示。在此选项卡中，可以在图形窗口或导航器中选择对象，以定制其快捷方式工具条或推断式工具条。

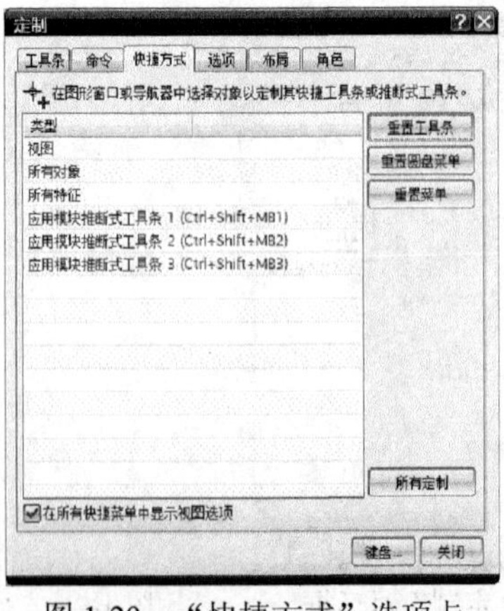

图 1-29　"快捷方式"选项卡

4. 选项设置

在"定制"对话框中单击"选项"标签，打开该选项卡，如图 1-30 所示。在此选项卡中，可以对菜单的显示、工具条图标大小以及菜单图标大小进行设置。

5. 布局设置

在"定制"对话框中单击"布局"标签，打开该选项卡，如图 1-31 所示。在此选项卡中，可以保存和恢复菜单、工具条的布局，还可以设置提示/状态的位置以及窗口融合优先级。

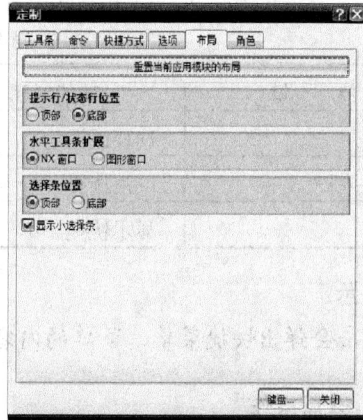

图 1-30　"选项"选项卡　　　　　　　　图 1-31　"布局"选项卡

6. 角色设置

在"定制"对话框中单击"角色"标签，打开"角色"选项卡，如图 1-32 所示。在此选项卡中，可以载入和创建角色(角色是满足用户需求的工作界面)。

7. 图标下面的文本

在"定制"对话框的列表框中，单击其中任何一个选项，即可激活"文本在图标下面"复选框 ☑文本在图标下面 。选中该复选框，可以显示工具条中的文本。文本的未显示和显示状态对比如图 1-33 所示。

图 1-32　"角色"选项卡　　　　　图 1-33　图标下面的文本未显示和显示状态

1.5.4 鼠标和键盘的操作

鼠标主要用来选择命令或对象，而键盘主要用于输入参数或者使用组合键执行某些命令。

1. 鼠标操作

对于设计者来说，建议使用应用最广泛的三键滚轮鼠标。使用鼠标结合键盘上的 Ctrl、Shift 和 Alt 功能键来实现某些特殊功能，可以大大提高设计的效率。鼠标按键功能如表 1-3 所示。

表 1-3　鼠标按键功能

热　　键	功能说明	热　　键	功能说明
左键	选择或拖动	中键，按下	确定或旋转提示
Shift+左键	取消选择	中键，滚动	放大或缩小显示
右键	显示快捷菜单	Alt+中键	取消所执行的指令

提示：

右击会弹出快捷菜单，菜单的内容随鼠标右击位置的不同而不同。

2. 键盘操作

除了使用鼠标操作外，还可以利用键盘中的某些按键进行设计，这些键即为快捷键。对于选项的设置，一般需要将鼠标移至所要设置的选项处。另一方面，可以利用键盘中的某些键来进行设置，利用它们可以和 NX 系统进行很好的人机交流。键盘除了用于输入建模过程中的特征参数外，还可以使用热键配合操作过程，提高操作速度。UG NX 9 常用的热键及功能如表 1-4 所示。

表 1-4　常用热键及功能

热　　键	功能说明	热　　键	功能说明
Ctrl+N	新建部件文件	Ctrl+Z	撤销
Ctrl+O	打开部件文件	F5	刷新
Ctrl+B	隐藏对象	F6	放大显示
Ctrl+Shift+B	互换隐藏对象	F7	旋转显示
Ctrl+I	列出对象信息	Tab	将光标在对话框中的选项间切换
Ctrl+L	设置图层	Shift+Tab	回到上一个文本框
Ctrl+F	显示部件适合窗口	Enter	相当于对话框中的"确定"按钮

1.5.5 文件管理操作

文件管理包括新建文件、打开文件、保存文件、关闭文件、查看文件属性、打印文件、导入文件、导出文件和退出系统等操作。

1. 新建文件

选择"文件"|"新建"命令，或者在"标准"工具条中单击"新建"按钮，都可以打开如图 1-34 所示的"新建"对话框。该对话框由"模型"、"图纸"、"仿真"、"加工"、"检测"、"机电概念设计"和"船舶结构"7 个选项卡组成。各个选项卡的"模板"列表框中列出了 UG NX 9 中可用的现存模板。用户只要从该列表框中选择一个模板，UG NX 9 便会自动地复制模板文件创建新的 UG NX 9 文件，而且新建的 UG NX 9 文件会自动继承模板文件的属性和设置。

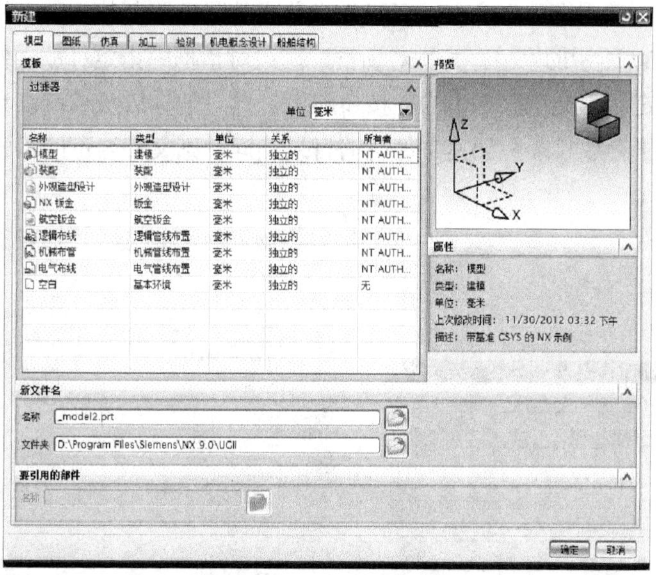

图 1-34　"新建"对话框

2. 打开文件

选择"文件"|"打开"命令，或者在"标准"工具条中单击"打开"按钮，都可以弹出"打开"对话框，如图 1-35 所示。在该对话框中可以进行打开文件的操作。

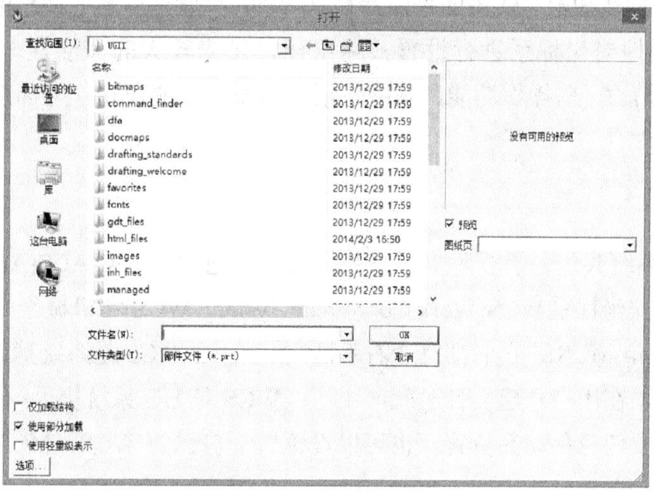

图 1-35　"打开"对话框

3. 保存文件

保存文件的方式有两种：直接保存和另存为其他文件。

选择"文件"|"保存"命令，或者在"标准"工具条中单击"保存"按钮 ，都可以实现直接保存。执行该命令后，如果文件没有进行过命名，将弹出如图 1-36 所示的"命名部件"对话框，在该对话框中设置文件名称和保存位置后，单击"确定"按钮，即可保存文件；如果文件为已命名过的文件，系统将不打开任何对话框，文件自动保存在创建该文件的保存目录下，文件名称和创建时的名称相同。

选择"文件"|"另存为"命令，可以将当前文件另存为其他文件。执行该命令后，系统将打开如图 1-37 所示的"另存为"对话框。在该对话框中指定存放文件的目录，然后输入文件名称并指定保存类型后单击 OK 按钮即可。此时的存放目录可以和创建文件时的目录相同，但是如果存放目录和创建文件时的目录相同，则文件名不能相同，否则不能保存文件。

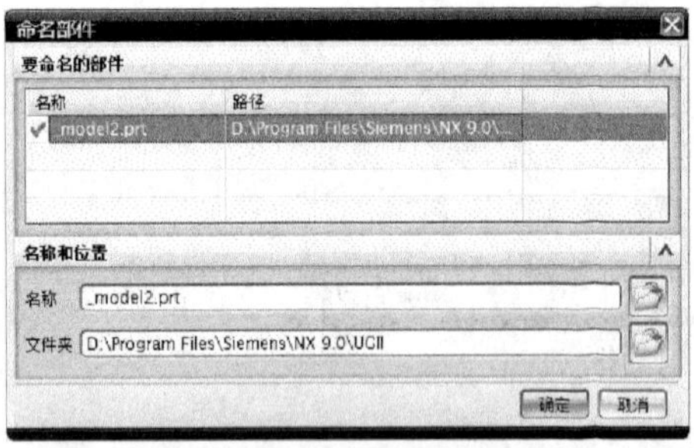

图 1-36　"命名部件"对话框 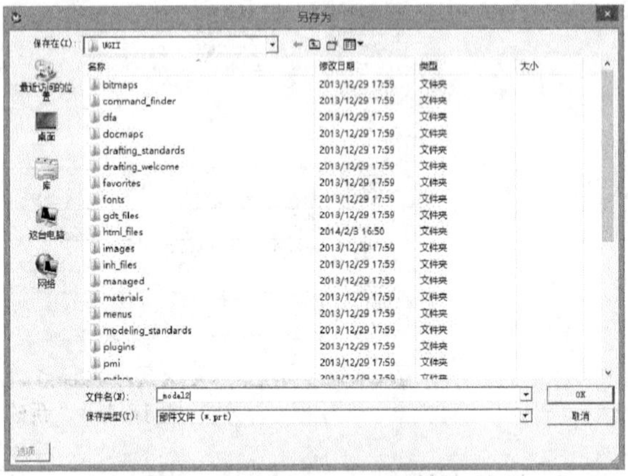　　　　　　图 1-37　"另存为"对话框

1.5.6　坐标系操作

UG NX 9 中默认的建立线条的平面都是 X-Y 面，因此熟练地变换坐标系是所有建模的基础。同时灵活地对坐标系进行设置，将给建模带来较大的灵活性。本节将介绍有关 WCS(工作坐标系)的一些操作功能，其中包括坐标系原点的设置、坐标系的选装、定位、显示和存储等操作。

1. 基本概念

UG NX 9 系统共包含了 3 种坐标系统，分别是绝对坐标系 ACS(Absolute Coordinate System，ACS)、工作坐标系 WCS(Work Coordinate System，WCS)和机械坐标系 MCS(Machine Coordinate System，MCS)，它们都符合右手法则。其中，ACS 是系统默认的坐标系，其原点位置永远不变，在用户新建文件时就产生了；WCS 是 UG 系统提供给用户的坐标系统，用户可以根据需要任意移动其位置，也可以设置属于自己的 WCS；MCS 一般用于模具设计、加工和配线等向导操作中。

下面介绍 UG NX 9 中关于 WCS 坐标系的操作功能。

在 UG NX 9 中，关于 WCS 的操作功能都集中在"格式"｜WCS 菜单命令下。如图 1-38 所示即为 WCS 菜单下的各命令选项。

在一个 NX 9 文件中，可以存在多个坐标系。然而，它们中只有一个是工作坐标系。NX 9 允许用户利用 WCS 下拉菜单中的"保存"命令保存坐标系，这样可以记录下每次操作时坐标系的位置，以后在需要的位置进行操作时，可以使用"原点"命令移动 WCS 到相应的位置，如图 1-39 所示。

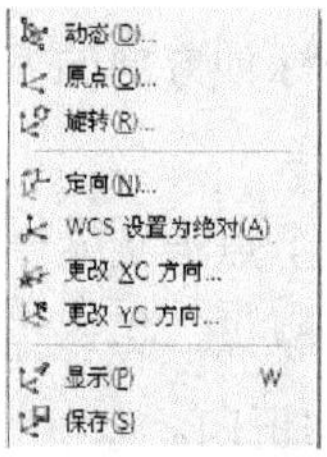

图 1-38　WCS 菜单 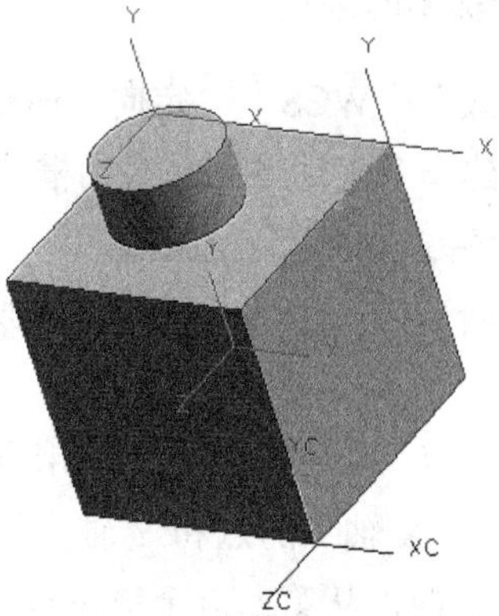　　　　　　　图 1-39　保存 WCS

2. 坐标系的变换

选择"格式"｜WCS｜"动态"、"格式"｜WCS｜"原点"或"格式"｜WCS｜"旋转"命令，都可以进行坐标系的变换，以产生新的坐标系。

"动态"命令能通过步进的方式移动或旋转当前的 WCS。用户可以在绘图工作区中拖动坐标系到指定的位置，也可以设置步进参数使坐标系逐步移动指定的距离参数。

"原点"命令通过定义当前 WCS 的原点来移动坐标系的位置。但该命令仅仅移动 WCS 的位置，而不改变各坐标轴的方向，即移动后坐标系的各坐标轴与原坐标系相应的坐标轴是平行的。

"旋转"命令通过将当前的 WCS 绕其某一坐标轴旋转一定的角度，来定义一个新的 WCS。选择该命令后，系统弹出如图 1-40 所示的"旋转 WCS"对话框。通过该对话框可以选择绕哪个轴旋转，同时从一个轴转向另外一个轴。在"角度"文本框中输入需要旋转的角度，角度可以为负值。

另外，在 UG NX 9 中还可以直接对 WCS 进行动态移动。双击 WCS，这时 WCS 就变为激活状态，如图 1-41 所示。

用鼠标拖动原点处的方块，可以在 X、Y、Z 方向任意移动坐标。用鼠标分别拖动 XC、YC、ZC 轴上的箭头，可以只在相应的方向移动 WCS，当然也可以输入相应的数值。用鼠标拖动分别位于 XY、YZ、ZX 平面上的圆点，可以使得 WCS 分别绕 Z、X、Y 轴旋转，也可以输入数值，进行精确定位。

图 1-40　"旋转 WCS"对话框　　　　　　　　图 1-41　动态移动

3. 工作坐标系的创建

选择"格式"｜WCS｜"定向"命令，系统弹出如图 1-42 所示的 CSYS 对话框。该对话框用于创建一个坐标系。在对话框上方的"类型"列表框中可以选择坐标系的创建方法，下面介绍各方法的含义及用法。

"自动判断"方式通过选择的对象或输入沿 X、Y、Z 坐标轴方向的偏置值来定义一个坐标系。

"原点，X 点，Y 点"方式是利用点创建功能先后指定 3 个点来定义一个坐标系。这 3 点分别是原点、X 轴上的点和 Y 轴上的点。设置的第一点为原点，第一点指向第二点的方向为 X 轴的正向，从第二点至第三点按右手定则来确定 Z 轴正向。

"X 轴，Y 轴"方式利用矢量创建功能选择或定义两个矢量来定义一个坐标系。该坐标系的原点为第一矢量与第二矢量的交点；XOY 平面为第一矢量与第二矢量所确定的平面；X 轴正向为第一矢量方向。然后从第一矢量至第二矢量按右手定则可确定 Z 轴的正向。

"X 轴，Y 轴，原点"方式利用点创建功能指定一个点作为坐标系原点，再利用矢量创建功能先后选择或定义两个矢量，这样就定义了一个坐标系。坐标系 X 轴的正向平行于第一矢量的方向，XOY 平面平行于第一矢量及第二矢量所在的平面，Z 轴正向由从第一矢量在 XOY 平面上的投影矢量至第二矢量在 XOY 平面上的投影矢量按右手定则确定。如图 1-43 所示即为利用该方式创建坐标系的图例。

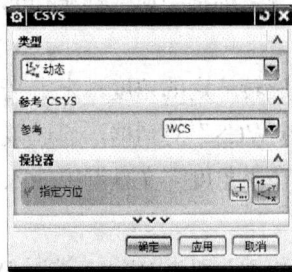

图 1-42　CSYS 对话框　　　　　　　　图 1-43　"X 轴，Y 轴，原点"方式

"Z 轴，X 点"方式先利用矢量创建功能选择或定义一个矢量，再利用点创建功能指定一个点来定义一个坐标系。坐标系 Z 轴的正向为定义的矢量方向，X 轴正向为沿点和定义矢量的垂线指向定义点的方向，Y 轴正向由从 Z 轴至 X 轴矢量按右手定则确定，坐标原点为 3 个矢量的交点。

"对象的 CSYS"方式由选择的平面曲线、平面或实体的坐标系来定义一个新的坐标系，XOY 平面为选择对象所在的平面。如图 1-44 所示即为利用该方式创建坐标系的图例。

"点，垂直于曲线"方式利用所选曲线的切线和一个指定点的方法创建一个坐标系。曲线切线的方向即为 Z 轴矢量；X 轴方向为沿点到切线的垂线指向点的方向；Y 轴正向由从 Z 轴至 X 轴矢量按右手定则确定，切点即为原点。如图 1-45 所示即为利用该方式创建坐标系的图例。

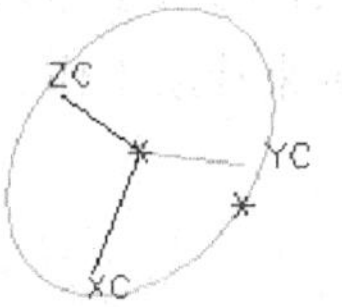

图 1-44　"对象的 CSYS"方式 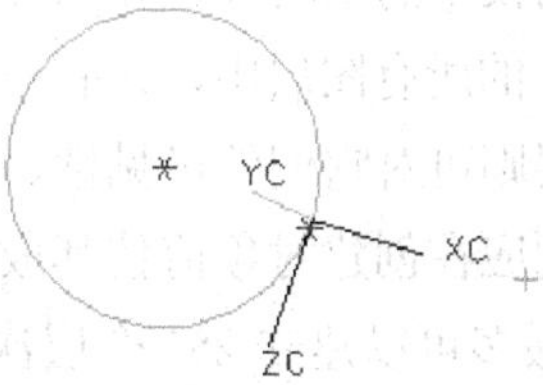　　　　图 1-45　"点，垂直于曲线"方式

"平面和矢量"方式通过先后选择一个平面，然后设定一个矢量来定义一个坐标系。X 轴为平面的法线方向；Y 轴为指定矢量在平面上的投影；原点为指定矢量与平面的交点。

"三平面"方式通过先后选择 3 个平面来定义一个坐标系。3 个平面的交点为坐标系的原点，第一个面的法向为 X 轴，第一个面与第二个面的交线方向为 Z 轴。如图 1-46 所示的就是利用这种方式创建坐标系的图例。

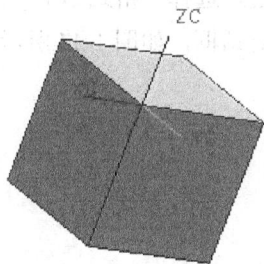

图 1-46　三平面方式

"偏置 CSYS"方式通过输入沿 X、Y、Z 坐标轴方向相对于选择坐标系的偏距来定义一个新的坐标系。

"绝对 CSYS"方式在绝对坐标的(0,0,0)点处定义一个新的坐标系。

"当前视图的 CSYS"方式用当前视图定义一个新的坐标系。XOY 平面为当前视图的所在平面。

注释:

如果用户不太熟悉以上各种具体方式，可以采用"自动判断"方式代替后面的方式，系统会根据实际情况自动推断创建方式。

4. 坐标系的显示

选择"格式"│WCS│"显示"命令时，则系统会显示或隐藏当前工作坐标系按钮。当菜单前方的按钮按下时，则显示工作坐标系，否则隐藏工作坐标系。

1.5.7　图层操作

本节将介绍 NX 9 工作图层设置的有关功能，这些操作命令全包含在 UG 系统的"格式"菜单下。

UG 图层最主要的作用是在复杂建模时可以控制对象的显示、编辑和状态。对同类的对象执行同一种操作非常方便。例如，在建模阶段不需要的辅助曲线可能妨碍用户的视线和选择，这时可以将它移动到另外一层，并隐藏相应的图层。

1．基本概念

图层是在空间使用不同的层次来放置几何体。可以这样理解：这些层次都是虚拟的，只是用来更加详细地管理用户的模型。用户可以让这些层次显示或隐藏、可操作或不可操作，都不会影响模型的空间位置和相互关系。

在一个组件的所有图层中，只有一个图层是当前工作层，所有工作只能在工作层上进行。而其他图层则可对它们的可见性、可选择性等进行设置来辅助工作。如果要在某图层中创建对象，则应在创建对象前使其成为当前工作层。

UG NX 9 最多可以建立 256 个层次。

2．图层的类别设置

在 UG NX 9 中，可对相关的图层进行分类管理，以提高操作效率。图层的类别设置可以通过选择"格式"｜"图层类别"命令来实现，选择该命令后，系统会弹出"图层类别"对话框，如图 1-47 所示。

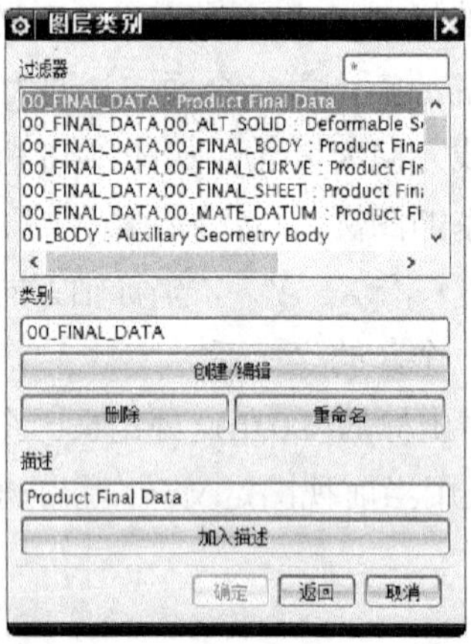

图 1-47　"图层类别"对话框

"过滤器"文本框主要用于输入已存在的图层类别的名称来进行筛选。该选项下方的列表框用于显示已存在的图层类别或筛选后的图层类别。用户可以在列表框中直接选取需要进行编辑的图层类别。

"类别"文本框主要用于输入图层类别的名称。用户可以输入新的类别名称来建立新的图层类别，或输入已存在的名称进行该图层的编辑操作。

"创建/编辑"按钮主要用于创建和编辑图层类别。单击该按钮之前，必须要在"类别"文本框中输入类别的名称。如果用户输入的名称是已存在的类别名称，则可进行图层类别的编辑操作；如果所输入的名称不存在，则可以创建新的图层类别。

"删除"和"重命名"按钮主要用于图层类别的编辑操作。"删除"按钮用于删除选中的图层类别，"重命名"按钮用于对已存在的图层类别进行重命名。

"描述"文本框用于输入某图层类别相应的描述文字，即用于解释该图层类别含义的文字。当输入的文字长度超出文本框的规定长度时，系统会自动进行延长匹配，所以使用该文本框时用户可以输入比较长的描述语句。

3. 图层的设置

在 UG NX 9 中用户可以编辑任何一个或一群图层，设置该图层是否显示和选择是否变换工作图层等。

选择"格式"|"图层设置"命令时，系统弹出"图层设置"对话框，如图 1-48 所示。利用该对话框，用户可以对组件中的所有图层或任意一个图层进行可选取性和可见性等设置，并可以进行层的信息查询，同时也可以对层所属的种类进行编辑。下面介绍该对话框中各选项的用法。

"工作图层"文本框主要用于输入需要设置为当前工作图层的图层号。在该文本框中输入某图层号后，系统会自动将该图层设置为当前工作层。

"按范围/类别选择图层"文本框用于输入范围或图层类别的名称，以便进行筛选操作。输入类别的名称并确定后，系统会自动将所有属于该类别的图层选中，并自动改变其状态。

选中"类别显示"复选框，将激活"类别过滤器"文本框，此时文本框中为系统默认值"*"，其下的列表框将显示所有的图层类别。在列表框中的图层类别上右击，在弹出的快捷菜单中选择"编辑"命令，打开如图 1-49 所示的"图层类别"对话框，在该对话框中用户可以对所选择的图层类别进行编辑操作。单击"信息"按钮，系统将打开"信息"对话框，该对话框能够显示此零件文件的所有图层和所属类别的相关信息，如图层编号、图层状态和图层类别等。

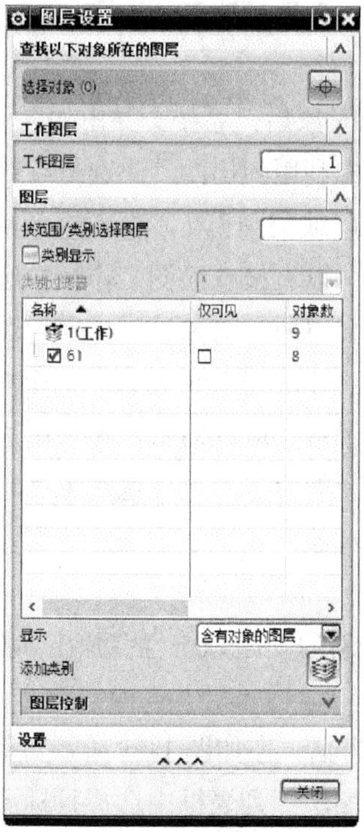

图 1-48　"图层设置"对话框 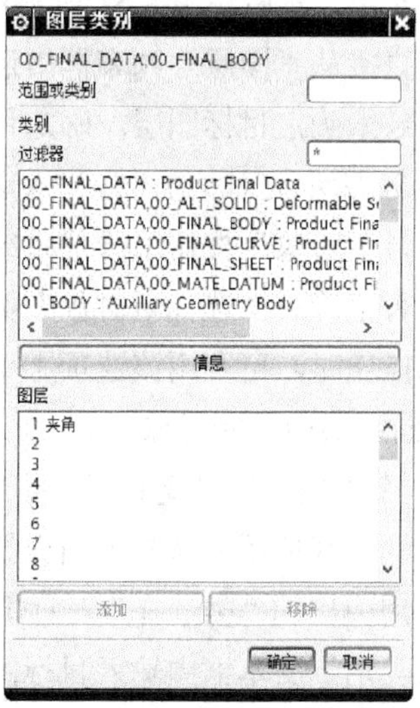　　　　　　　　图 1-49　"图层类别"对话框

"显示"下拉列表框用于控制其上列表框中图层的显示情况。该下拉列表框包含 4 个选项: "所有图层"(图层状态列表框中显示所有的图层)、"含有对象的图层"(图层状态列表框中仅显示含有对象的图层)、"所有可选图层"(图层状态列表框中仅显示可选择的图层)和"所有可见图层"(图层状态列表框中仅显示可见的图层)。

注意:

当前的工作图层在以上情况下,都会在图层列表框中显示。

"添加类别"按钮用于在图层状态列表框中添加新的图层类别。

另外,在"图层设置"对话框中单击打开"图层控制"延展列表,"设为可选"按钮可以将被隐藏的图层设置为可选,"设为工作图层"按钮可以将选中的图层设置为工作图层,"设为仅可见"按钮可以将选中的图层设为可见,"设为不可见"按钮可以将选中的图层设为不可见,"信息"按钮可以打开"信息"对话框。

单击打开"设置"延展列表,选中该列表中的"显示前全部适合"复选框时,模型将充满整个图形区。

4. 图层的其他操作

(1) 视图中层的可见性设置

当选择"格式"|"视图中可见图层"命令后,系统打开如图 1-50 所示的"视图中可见图层"对话框。首先在对话框的"视图"列表框中选择要操作的视图,单击"确定"按钮后,弹出"可见性设置"对话框。在"可见性设置"对话框的"图层状态"列表框中选择要设置可见性的图层,然后选择"可见"或"不可见"选项即可。

(2) 向图层中移动对象

当选择"格式"|"移动至图层"命令并选取某个对象后,系统会弹出如图 1-51 所示的"图层移动"对话框。进入此功能操作时,用户需先利用弹出的"类选择"对话框选择要移动的对象,然后在图 1-51 所示对话框的"目标图层或类别"文本框中输入目标图层的名称,或直接从"图层"列表框中选择目标图层,也可以直接在绘图工作区中选取目标图层上的对象来确定目标图层。确定目标图层后,系统会将所选对象移到指定的图层上。

图 1-51 所示的对话框中有"重新高亮度显示对象"和"选择新对象"两个按钮。"重新高亮度显示对象"按钮用于使系统重新高亮度地显示被选取的对象,便于用户确定对象的选取是否正确。"选择新对象"按钮用于重新选取新的对象,当所选对象不正确或继续进行移动操作时,可利用该选项来重新指定新的移动对象。

(3) 向图层中复制对象

当选择"格式"|"复制至图层"命令并选择某个对象后,系统也会弹出如图 1-51 所示的对话框。其使用方法与上面介绍的相同。

当利用弹出的"类选择"对话框选择要复制的对象后,在如图 1-51 所示对话框的"目标图层或类别"文本框中输入目标图层名称,或从"图层"列表框中选择目标图层,或直接在绘图工作区中选取目标图层上的对象来确定目标图层,确定目标图层后,系统会将所选对象复制到目标图层上。

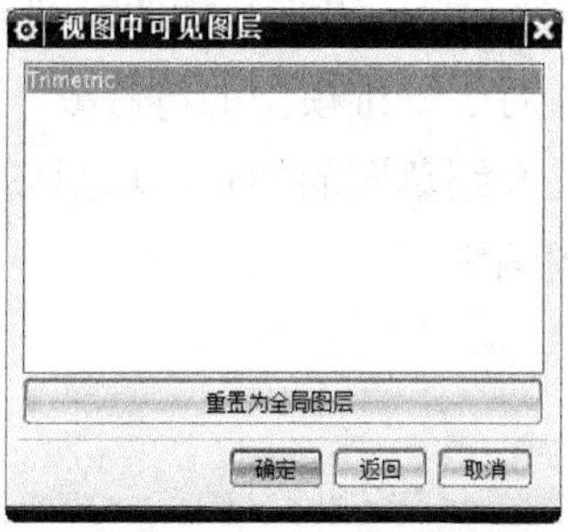

图 1-50　"视图中可见图层"对话框

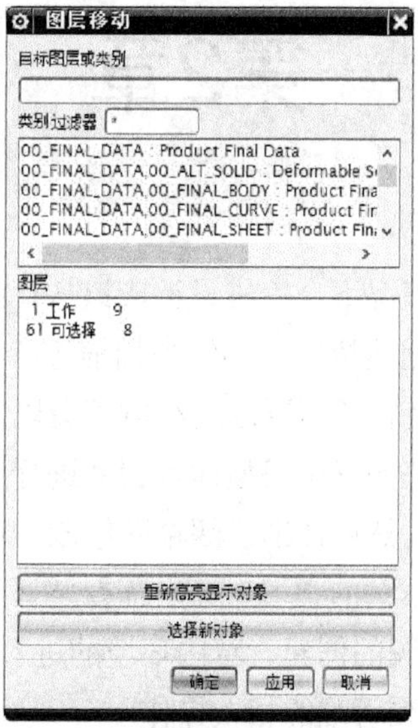

图 1-51　"图层移动"对话框

1.6　习题

1. UG NX 9 的主要功能有哪些？
2. UG NX 9 的基本模块包括哪几个部分？
3. 简述 UG NX 9 的一般设计过程。
4. UG NX 9 之全新 Ribbon 界面相比传统界面来说有何特点，它们是如何相互切换的？
5. UG NX 9 的图层是如何分类的？使用图层进行分类有什么意义？

第2章 二维草图设计

通常情况下，三维设计应该从草图设计开始。二维草图设计是创建许多特征的基础。例如，在创建拉伸、回转和扫描等特征时，都需要先绘制所建特征的剖面(截面)形状，其中的扫描特征还需要通过绘制草图以定义扫描轨迹。对于三维模型的再修改，可以只修改草图，相关的三维模型即可自动进行更新。本章首先介绍草图的创建、草图环境和草图平面的设定，然后详细讲解草图绘制、草图约束和草图编辑。

通过本章的学习，读者需要掌握的内容如下：

- 草图的创建、草图环境的进入与退出
- 草图管理的相关操作
- 草图环境的设置
- 草图绘制
- 草图约束设置
- 草图编辑

2.1 草图基础

2.1.1 进入草图环境

在"建模"模块中，选择"插入"｜"任务环境中的草图"命令，系统打开如图 2-1 所示的"创建草图"对话框，选择一个草图平面后，单击"确定"按钮，系统进入草图环境，该环境为"任务环境中的草图"环境，如图 2-2 所示。

图 2-1 "创建草图"对话框

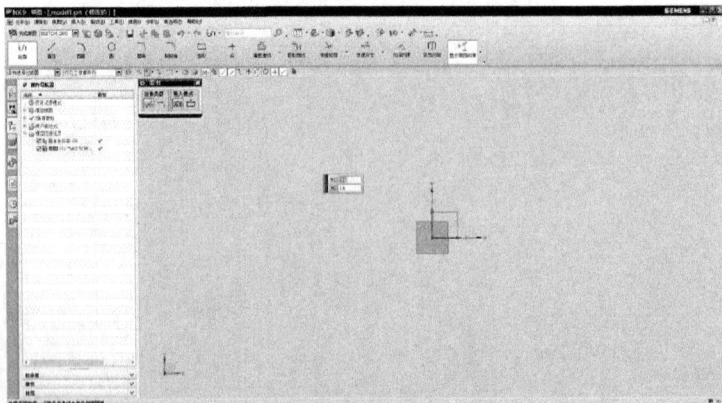

图 2-2 草图环境

2.1.2 选择草图平面

进入草图工作环境以后，在创建新草图之前，一个特别重要的工作是选择草图平面，也就是确定新草图在三维空间的放置位置。草图平面可以是基准平面，也可以是实体的某个表面。

"创建草图"对话框是用于选择草图平面，下面对该对话框进行简要介绍。

"类型"下拉列表有 3 个选项："在平面上"、"基于路径"和"显示快捷键"。"在平面上"选项为系统默认选项。选择"在平面上"选项后，用户可以在绘图区选择任意平面为草图平面。选择"基于路径"选项后，系统在用户指定的曲线上建立一个与该曲线垂直的平面，作为草图平面。选择"显示快捷键"选项后，"在平面上"和"基于路径"两个选项将以按钮形式显示。

注意：

其他命令的下拉列表中也会有"显示快捷键"选项，其后不再赘述。

"草图平面"卷展栏中的"平面方法"下拉列表中有 4 个选项："自动判断"、"现有平面"、"创建平面"和"创建基准坐标系"。系统默认选项为"自动判断"，该选项会根据用户的操作进行判断。选择"现有平面"选项，用户可以选择基准面或者图形中现有的平面作为草图平面。选择"创建平面"选项，用户可以通过单击"平面"按钮，在弹出的"平面"对话框中进行设置，选择一个基准平面作为草图平面。选择"创建基准坐标系"选项后，可创建一个坐标系，选取该坐标系中的基准平面作为草图平面。"反向"按钮用于切换基准轴法线的方向。

"草图方向"卷展栏用于定义参考平面与草图平面的位置关系。在"参考"下拉列表中有两个选项："水平"和"竖直"。选择"水平"选项，可定义参考平面与草图平面的位置关系为水平。选择"竖直"选项，可定义参考平面与草图平面的位置关系为竖直。

2.1.3 退出草图环境

当完成草图的创建后，可以单击"完成草图"按钮，退出草图环境回到基本建模环境。

2.1.4 直接草图工具

直接草图工具栏如图 2-3 所示。单击该工具栏中的"草图"按钮，系统弹出如图 2-1 所示的"创建草图"对话框，选择一个草图平面后，单击"确定"按钮，系统也可以创建草图，此时进入的是"直接草图"环境。在该环境中，系统不会自动将草图平面与屏幕对齐，需要将草图平面旋转到大致与屏幕对齐的位置，然后使用快捷键 F8 对齐草图平面。另外，在三维建模环境下，双击已绘制的图形即可进入直接草图环境。

通过"直接草图"环境创建的草图，本质上与"任务环境中的草图"没有区别，只是实现方式比较"直接"。通过单击"直接草图"工具栏中的"在草图任务环境中打开"按钮, 系统即可进入"任务环境中的草图"环境。

图 2-3　　"直接草图"工具栏

注意:

为保证内容的一致性, 本书中的草图均以"任务环境中的草图"环境来创建。

2.2　草图管理

2.2.1　草图重新附着

在创建草图以后, 如果需要更改草图所依附的平面, 可以单击"重新附着"按钮来重新寻找草图平面。该按钮有 3 个功能: 移动草图到不同的平面、基准平面或路径; 切换原位上的草图到路径上的草图(或切换路径上的草图到原位上的草图); 沿着所附着的路径, 更改路径上的草图的位置。

注意:

目标平面、基准平面或路径必须要有比草图更早的时间戳记, 即在草图前创建。对于原位上的草图, 重新附着也会显示任意的定位尺寸, 并重新定义它们参考的几何体。

2.2.2　定向视图到草图

"定向视图到草图"按钮用于使草图平面与屏幕平行, 方便草图的绘制。

2.2.3　定向视图到模型

"定向视图到模型"按钮用于将视图定向到当前的建模视图, 即在进入草图环境之前显示的视图。

2.2.4　创建定位尺寸

利用"创建定位尺寸"下拉按钮 中的各按钮, 可以创建、编辑、删除或重定义草图定位尺寸, 并且相对于已存在几何体(边缘、基准轴和基准平面)定位草图。这些按钮分别是"创建定位尺寸"、"编辑定位尺寸"、"删除定位尺寸"和"重新定义定位尺寸"按钮。相关操作将在 2.5.4 节详细讲解。

注意:

定位尺寸主要用于定位草图在具体模型中的位置, 对单独的草图对象不起作用。

2.2.5　延迟评估与评估草图

单击"延迟评估"按钮, 系统将延迟草图约束的评估(即创建曲线时, 系统不显示约束；指定约束时，系统不会更新几何体），直到单击"评估草图"按钮 后可查看草图自动更新的情况。

2.2.6 更新模型

"更新模型"按钮 用于模型的更新，以反映草图所作的更改。如果存在要进行的更新，并且退出了草图环境，则系统会自动更新模型。

2.3 草图环境的设置

进入草图环境后，选择"首选项"|"草图"命令，系统弹出"草图首选项"对话框。利用该对话框，用户可以设置草图的显示参数和默认名称前缀等参数。

该对话框有 3 个选项卡："草图设置"、"会话设置"和"部件设置"选项卡，如图 2-4 所示。

图 2-4 "草图首选项"对话框

2.3.1 "草图设置"选项卡

"尺寸标签"下拉列表用于控制草图标注文本的显示方式。

"文本高度"文本框用于控制草图尺寸数值的文本高度。在标注尺寸时，可以利用该对话框根据图形大小适当控制文本高度，以便于观察。

"连续自动标注尺寸"复选框，在默认情况下处于选中状态，此时，系统可自动为绘制的草图添加尺寸标注。例如，在草图环境中任意绘制一个矩形，此时系统会自动为矩形添加所需要的定型和定位尺寸，使矩形全约束，如图 2-5 所示。由于系统自动标注的尺寸比较凌乱，而且当草图比较复杂时，有些标注可能不符合用户需要的标注要求，所以在绘制草图时，建议不使用自动标注尺寸功能，即取消"连续自动标注尺寸"复选框的选中状态。

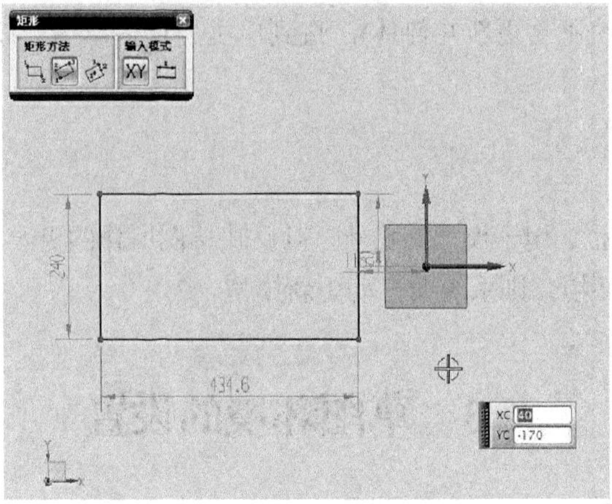

图 2-5　自动标注尺寸的矩形

2.3.2　"会话设置"选项卡

绘制直线时，如果起点与光标位置连线接近水平或垂直，捕捉功能会自动捕捉到水平或垂直位置。在"捕捉角"文本框中可以设置自动捕捉的最大角度。例如，设置"捕捉角"文本框中的值为 5，则当起点与光标位置连线同 XC 轴或 YC 轴夹角小于 5 时，系统会自动捕捉到水平或垂直位置。

当选中"更改视图方位"复选框后，由建模工作环境转换到草图绘制环境，单击"确定"按钮时，或者由草图绘制环境转换到建模工作环境时，视图方向会自动切换到垂直于绘图平面方向。

当选中"保持图层状态"复选框后，进入某一草图对象时，该草图所在图层自动设置为当前工作图层，退出时恢复原图层为当前工作图层。

当选中"显示自由度箭头"复选框后，进行尺寸标注时，在草图曲线端点处用箭头显示自由度。

当选中"动态约束显示"复选框后，若相关几何体很小，则不会显示约束符号。如果要忽略相关几何体的尺寸查看约束，则可以取消该复选框的选中状态。

2.3.3　"部件设置"选项卡

该选项卡包括了曲线、尺寸和参考曲线等的颜色设置，这些设置与用户默认设置中的草图生成器的颜色相同。一般情况下，采用系统的默认设置即可。

2.4　草图绘制

进入草图环境后，系统会自动显示"草图工具"工具栏，如图 2-6 所示。下面将介绍相关的绘制命令。

图2-6 "草图工具"工具栏

2.4.1 绘制轮廓线

选择"插入"|"曲线"|"轮廓"命令，或单击按钮，系统弹出如图2-7所示的"轮廓"工具条。绘制轮廓线可以连续绘制直线和圆弧。单击鼠标中键，即可结束绘制。

按钮在默认状态下处于选中状态，此时绘制的是直线。单击⌒按钮，即可切换为绘制圆弧。另外，在绘制过程中按住鼠标左键不放，也可以在直线和圆弧之间切换，如图2-8所示。

图2-7 "轮廓"工具条

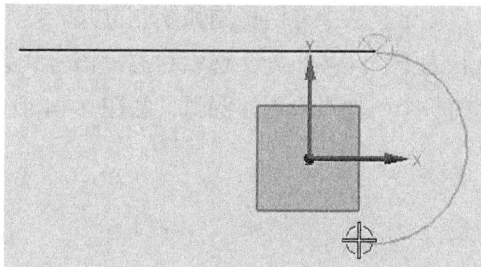

图2-8 绘制轮廓线

XY按钮在默认状态下处于选中状态，系统出现如图2-9所示的动态输入框，可以通过输入XC和YC的坐标值来精确绘制轮廓，坐标值以工作坐标系(WCS)为参照。要在动态输入框的选项之间切换，可以按Tab键。在文本框内输入数值后，按Enter键即可实现数值的输入。单击⌐按钮，系统出现如图2-10所示的动态输入框，通过该输入框可以输入长度值和角度值来绘制轮廓。

图2-9 动态输入框(1)

图2-10 动态输入框(2)

注意：

(1) 轮廓线的绘制可通过单击鼠标中键来结束绘制，其他曲线的绘制也可以这样。

(2) 轮廓线的精确绘制通过动态输入框来实现，其他曲线的精确绘制也可使用同样的操作方法。

(3) 在绘制或编辑草图时，可以通过单击"标准"工具条上的⌒按钮撤销上一个操作，也可以通过单击⌒按钮重新执行被撤销的操作。

2.4.2 绘制直线

选择"插入"|"曲线"|"直线"命令，或单击按钮，系统弹出如图2-11所示的"直线"工具条。单击选择直线的起点和终点，即可进行直线绘制，如图2-12所示。

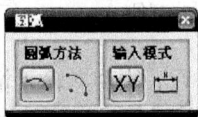

图 2-11　"直线"工具条　　　　　　　　图 2-12　直线绘制过程

2.4.3　绘制圆弧

选择"插入"|"曲线"|"圆弧"命令，或单击按钮，系统弹出如图 2-13 所示的"圆弧"工具条。该工具条中有两种圆弧绘制方式。

在默认状态下，按钮处于选中状态，该方式为三点绘制圆弧，通过确定圆弧的两个端点和弧上的一个附加点来创建圆弧，如图 2-14 所示。

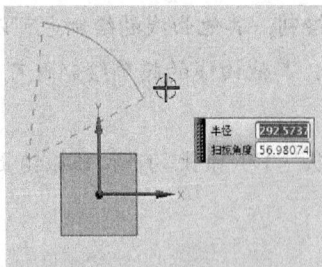

图 2-13　"圆弧"工具条　　　　　　　图 2-14　三点绘制圆弧方式

单击按钮，使其处于选中状态，此时系统切换至中心点和端点绘制圆弧方式，此方式通过先确定圆弧的中心点，然后确定圆弧的起点和终点来创建圆弧，如图 2-15 所示。

2.4.4　绘制圆

选择"插入"|"曲线"|"圆"命令，或单击按钮，系统弹出如图 2-16 所示的"圆"工具条。该工具条中有两种绘制圆的方法。

图 2-15　中心点和端点绘制圆弧方式　　　　　　图 2-16　"圆"工具条

在默认状态下，按钮处于选中状态，该方式为中心和半径画圆方式，通过选取中心点和圆上的一点来创建圆，如图 2-17 所示。

单击按钮使其处于选中状态，此时系统切换至三点画圆方式，通过确定圆上的 3 个点来创建圆，如图 2-18 所示。

图 2-17 中心和半径画圆方式

图 2-18 三点画圆方式

2.4.5 绘制圆角

选择"插入"|"曲线"|"圆角"命令，或单击🔲按钮，系统弹出如图 2-19 所示的"圆角"工具条。该工具条包括 4 个按钮，分别是"修剪"按钮🔲、"取消修剪"按钮🔲、"删除第三条曲线"按钮🔲和"创建备选圆角"按钮🔲。

在默认状态下，"修剪"按钮处于选中状态，在选择了要修圆角的两条直线之后，拖动鼠标至适当位置，单击确定圆角的大小，或者在动态输入框里输入圆角半径，以确定圆角的大小。如图 2-20 上半部分的圆角所示为该方式形成的圆角。

单击"取消修剪"按钮，使其处于选中状态，此时绘制出的圆角如图 2-20 的下半部分的圆角所示。

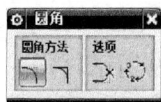

图 2-19 "圆角"工具条

图 2-20 两种方式形成的圆角

单击"创建备选圆角"按钮，使其处于选中状态，此时可以生成每一种可能的圆角，如图 2-21 所示，用户可以根据需要选择圆角。

图 2-21 "创建备选圆角"方式可以生成各种圆角

2.4.6 绘制倒斜角

选择"插入"|"曲线"|"倒斜角"命令，或单击🔲按钮，弹出如图 2-22 所示的"倒斜角"对话框。选取要倒斜角的曲线，在"偏置"卷展栏的"倒斜角"下拉列表中选择需要的选项以定义偏置类型，在"距离"文本框中输入数值以设置倒斜角的尺寸，单击鼠标或按 Enter 键即可创建倒斜角。

倒斜角包括 3 种类型，即"倒斜角"下拉列表中的 3 个选项："对称"、"非对称"

和"偏置和角度"。"对称"方式只设置一个距离值来定义倒斜角大小，如图 2-23 所示；"非对称"方式可以指定两个距离值来定义倒斜角大小，如图 2-24 所示；"偏置和角度"方式可以指定一个偏距值和一个角度值定义倒斜角大小，如图 2-25 所示。

图 2-22 "倒斜角"对话框　　　　图 2-23 "对称"方式倒斜角

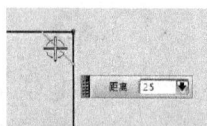

图 2-24 "非对称"方式倒斜角　　　图 2-25 "偏置和角度"方式倒斜角

2.4.7　绘制矩形

选择"插入"|"曲线"|"矩形"命令，或单击 按钮，弹出如图 2-26 所示的"矩形"工具条。该工具条中共有 3 种绘制矩形的方法，分别是"两点"方式、"三点"方式和"中心点"方式。3 种绘制矩形方式如图 2-27 至图 2-29 所示。

图 2-26 "矩形"工具条　　　图 2-27 "两点"方式绘制矩形

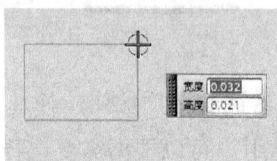

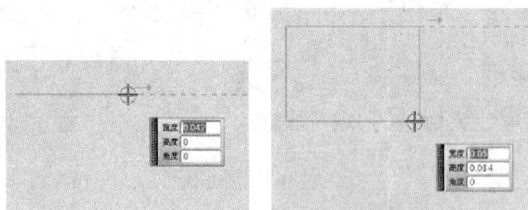

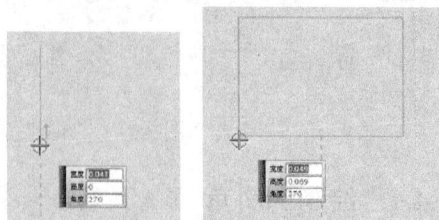

图 2-28 "三点"方式绘制矩形　　　图 2-29 "中心点"方式绘制矩形

2.4.8　绘制点

选择"插入"|"基准/点"|"点"命令，或单击 按钮，弹出如图 2-30 所示的"草图点"对话框。单击其中的 按钮，系统弹出如图 2-31 所示的"点"对话框。

图 2-30　"草图点"对话框　　　　图 2-31　"点"对话框

1. 直接输入坐标值确定点

在"点"对话框中，"输出坐标"选项组中的"参考"下拉列表用于设置点基于的坐标位置。当用户选中 WCS 选项时，坐标文本框的标识显示为 XC、YC 和 ZC，此时文本框中输入的坐标值是相对于工作坐标系的，该坐标系是系统提供的一种坐标功能，可以任意移动和旋转，而点的位置和当前的工作坐标相关。当用户选中"绝对-工作部件"或"绝对-显示部件"选项时，坐标文本框的标识变为 X、Y、Z，此时输入的坐标值为绝对坐标值，它是相对于绝对坐标系的。

2. 利用对话框中的捕捉按钮捕捉一个点

该方式就是利用选取的点捕捉功能，捕捉所选对象的相关点来创建新点。由于方法简单，这里不再赘述。

3. 利用"偏置"方式创建点

该方法是通过指定偏置参数的方式来确定点的位置。在操作过程中，用户首先利用点的捕捉方式确定偏置的参考点，再输入相对于参考点的偏置参数来创建点。

"点"对话框的"偏置"选项组中的"偏置选项"下拉列表框可用于设置偏置的方式。UG NX 9 系统提供了 5 种偏置方式："直角坐标系"、"圆柱坐标系"、"球坐标系"、"沿矢量"和"沿曲线"。选择了偏置方式之后，该选项组会出现相关选项，此类选项对点的位置均有一定的影响。

(1) 直角坐标系

直角坐标系方式是利用直角坐标系进行偏置设置的，偏置点的位置相对于所选参考点的偏置值由直角坐标值确定。在捕捉参考点后，分别在"偏置"选项组的文本框中输入偏置点在 X、Y、Z 方向上相对于参考点的偏置值，这样就确定了偏置点的位置。

(2) 圆柱坐标系

圆柱坐标系偏置方式是利用圆柱坐标系进行偏置设置的，偏置点的位置相对于所选参考点的偏置值由柱面坐标值确定。在捕捉参考点后，分别在"偏置"选项组的文本框中输入偏置点在"半径"、"角度"、"Z 增量"方向上相对于参考点的偏置值，即可确定偏置点的位置。所有方向和距离的约定和空间几何学中圆柱坐标系的规定是一致的。

(3) 球坐标系

球坐标系偏置方式是利用球坐标系进行偏置设置的，偏置点的位置相对于所选参考点的偏置值由球坐标值确定。在捕捉参考点后，分别在"偏置"选项组的文本框中输入偏置点在"半径"、"角度1"、"角度2"方向上相对于参考点的偏置值，即可确定偏置点的位置。所有方向和距离的约定和空间几何学中球坐标系的规定是一致的。

(4) 沿矢量

沿矢量偏置方式是利用矢量法则进行偏置设置的，偏置点相对于所选参考点的偏置由矢量方向和偏置距离确定。在捕捉参考点后，还需要选择一条直线来确定矢量的方向，然后在"偏置"选项组的"距离"文本框中输入偏置点在矢量方向上相对于参考点的偏置距离，这样就确定了偏置点的位置。

(5) 沿曲线

沿曲线偏置方式是沿所选取的曲线进行偏置设置的，偏置点相对于所选参考点的偏置值由偏置弧长或曲线总长的百分比来确定。在捕捉参考点后，还需要再选择曲线上的另一点，这样参考点至后一点的曲线路径方向就是偏置方向。在设置完偏置方向后，系统提供了两种确定偏置距离的方式：当选中"弧长"单选按钮时，可以在"弧长"文本框中输入偏置点沿曲线的偏置弧长；当选中"百分比"单选按钮时，可以在"百分比"文本框中输入偏置点的偏置弧长占曲线总长的百分比。这和建立基准面、基准轴的方法一致。

4. 类型设置

"点"对话框的"类型"下拉列表如图 2-32 所示。下面对各选项进行说明。

- 自动判断的点：根据光标的位置自动判断所选的点，它包括下面介绍的所有点的选择方式。
- 光标位置：将鼠标光标移至图形区某位置并单击，系统则在单击的位置处创建一个点。如果创建点是在一个草图中进行，则创建的点位于当前草图平面上。
- 现有点：在图形区选择已经存在的点。
- 终点：通过选取已存在曲线的端点创建一个点。在选取端点时，光标的位置对端点的选取有很大的影响，一般系统会选取曲线上离光标最近的端点。
- 控制点：通过选取曲线的控制点创建一个点。控制点与曲线类型有关，可以是存在点、线段的中点或端点，开口圆弧的端点、中点或中心点，二次曲线的端点和样条曲线的定义点或控制点。
- 交点：通过选取两条曲线、一条曲线和一个曲面、一条曲线和一个平面的交点创建一个点。在选取交点时，若两个对象的交点多于一个，系统会在靠近第二个对象的交点处创建一个点；若两段曲线并未实际相交，则系统会选取两者延长线上的相交点；若选取的两段空间曲线并未实际相交，则系统会选取最靠近第一个对象处创建一个点或规定新点的位置。
- 圆弧中心/椭圆中心/球心：通过选取圆、圆弧、椭圆或球的中心点创建一个点。

- 圆弧/椭圆上的角度：沿圆弧或椭圆的一个角度(与坐标轴 XC 正向所成的角度)位置上创建一个点。
- 象限点：通过选取圆弧或椭圆弧的象限点，即四分点创建一个点。创建的象限点是离光标最近的四分点。
- 点在曲线/边上：通过选取曲线或物体边缘上的点创建一个点。
- 两点之间：在两点之间指定一个位置创建点。
- 按表达式：使用点类型的表达式指定点。

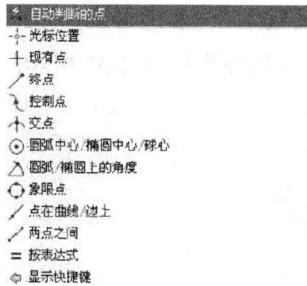

图 2-32　"类型"下拉列表

2.4.9　绘制多边形

选择"插入"|"曲线"|"多边形"命令，或单击 按钮(该按钮使用"添加或删除按钮"功能来显示)，依次弹出如图 2-33(a)~(d)所示的"多边形"绘制过程中的各对话框，以便完成多边形的绘制，具体各对话框说明如下。

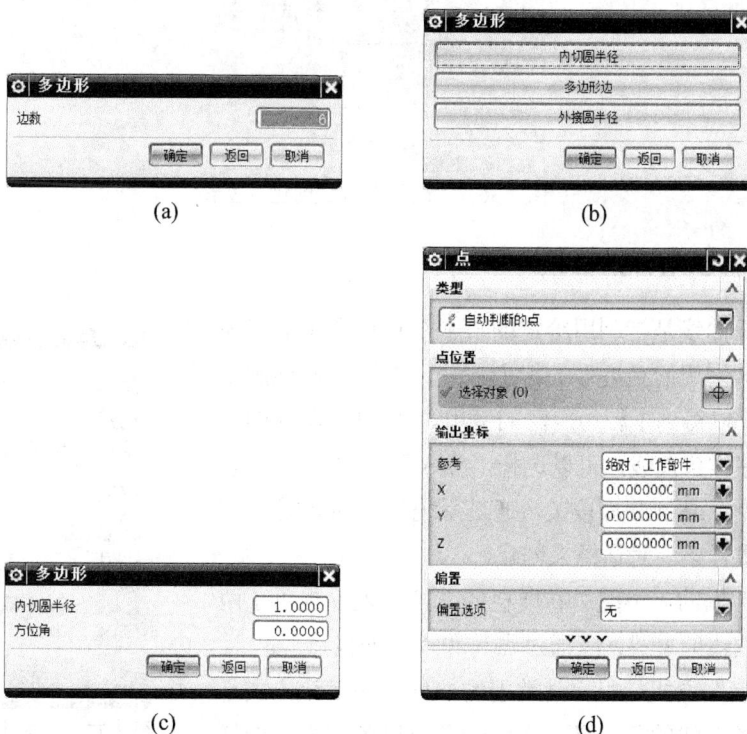

(a)

(b)

(c)

(d)

图 2-33　"多边形"绘制过程

"边数"文本框用来指定多边形的边数，如图 2-33(a)所示。

在图 2-33(b)中，系统为用户绘制多边形提供了 3 种半径定义的方式："内切圆半径"、"外接圆半径"和"多边形边"。下面以"内切圆半径"方法详细讲解创建过程。

"内切圆半径"方法使用内切圆创建多边形，分别在如图 2-33(c)所示的 "半径"和"方位角"文本框中输入内切圆半径及方位角度数后，单击"确定"按钮，弹出如图 2-33(d)所示的"点"对话框，可以通过"点"对话框指定多边形的中心点，再单击"确定"按钮即可创建多边形。创建效果如图 2-34 所示。

"外接圆半径"方法使用外接圆创建多边形，分别在"半径"和"方位角"文本框中输入外切圆半径及方位角度数，创建效果如图 2-35 所示。

图 2-34 "内切圆半径"方法创建多边形　　　　　图 2-35 "外接圆半径"方法创建多边形

"多边形边"方法指定多边形边长创建多边形，分别在"长度"和"方位角"文本框中输入正多边形的边长及方位角度数，创建效果如图 2-36 所示。

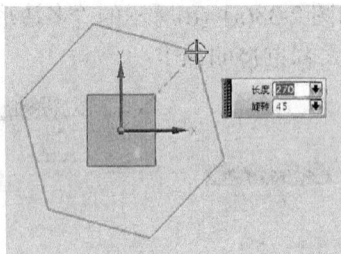

图 2-36 "边长"方法创建多边形

2.4.10　绘制艺术样条曲线

艺术样条曲线是指利用给定的若干个点拟合出的多项式曲线，因其采用的是近似的拟合方法，能够很好地满足工程需求，所以得到了较为广泛的应用。在 UG NX 9 的草图环境中创建样条曲线，可以选择"插入"|"曲线"|"艺术样条"命令，或单击　按钮，通过系统弹出的如图 2-37 所示的"艺术样条"对话框来创建。

在该对话框的"类型"卷展栏的下拉列表中提供了两种创建样条曲线的方式："通过点"和"根据极点"。

"通过点"方式是用户最常用的一种方法。该方式是通过设置样条曲线的各定义点生成一条通过各定义点的样

图 2-37 "艺术样条"对话框

条曲线，如图 2-38(a)所示。

"根据极点"方式根据所指定的点自动计算出与点相切的样条曲线，如图 2-38(b)所示。

(a) 通过点　　　　　　　　　　　　　　(b) 根据极点

图 2-38　绘制样条曲线的两种方法

在"点位置"卷展栏，可以通过单击 ⊞ 按钮，在弹出的"点"对话框中进行点的设置；也可以直接在绘图区域单击来选择相应的点。

"参数化"卷展栏中的"度"数字微调框用于控制曲线的曲率变化程度，最大度值为24。例如，同样的 5 个指定点，单击"度"数字微调框右下角的三角形按钮 ⬦，设置不同的度值，绘制出的曲线曲率也不同，如图 2-39 所示。选中"匹配的结点位置"复选框，系统将根据结点改变曲线。选中"封闭的"复选框，系统自动将曲线闭合，如图 2-40 所示。

1 度　　　　　　　　　　2 度　　　　　　　　　　3 度

图 2-39　设置不同度值的艺术样条

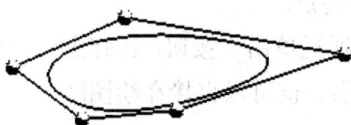

图 2-40　"封闭"曲线

2.4.11　绘制椭圆

选择"插入"|"曲线"|"椭圆"命令，或单击 ⊙ 按钮，先弹出"点"对话框，让用户确定椭圆的位置，然后弹出如图 2-41 所示的"椭圆"对话框，可以用该对话框来创建椭圆图形。

"长半轴"和"短半轴"输入框分别用来设置椭圆的长半轴和短半轴的数值。

"起始角"和"终止角"输入框分别用于指定椭圆轮廓线的起点和终点位置，如图 2-42 所示。

椭圆	
长半轴	2.0000
短半轴	1.0000
起始角	0.0000
终止角	360.0000
旋转角度	0.0000

确定　返回　取消

图 2-41　"椭圆"对话框

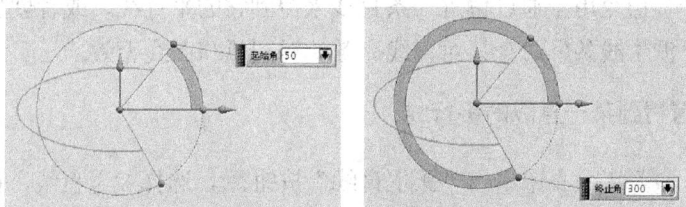

图 2-42　起始角和终止角

"旋转角度"输入框用于输入长半轴偏离 XC 轴的角度，如图 2-43 所示。

图 2-43　"旋转角度"输入框中设置不同值的椭圆效果

2.4.12　绘制二次曲线

"二次曲线"是通过使用各种放样二次曲线或者一般二次曲线方程来创建二次曲线截面。选择"插入"|"曲线"|"二次曲线"命令，或单击 按钮，系统弹出如图 2-44 所示的"二次曲线"对话框，可以用该对话框来创建二次曲线。

"限制"卷展栏，可以通过单击 按钮，在弹出的"点"对话框中进行点的设置；也可以直接在绘图区域单击来指定二次曲线的起点和终点。

"控制点"卷展栏，可以通过单击 按钮，在弹出的"点"对话框中进行点的设置，也可以直接在绘图区域单击来指定二次曲线的控制点。

图 2-44　"二次曲线"对话框

Rho 卷展栏，通过定义 Rho 参数值来设置二次曲线的过渡平坦程度。其值介于 0 和 1 之间，值越小，曲线就越平坦；值越大，曲线就越饱满。如图 2-45 所示。

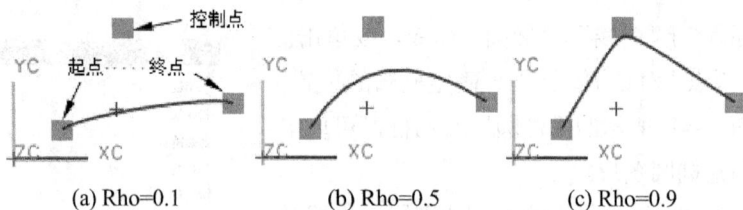

(a) Rho=0.1　　　　(b) Rho=0.5　　　　(c) Rho=0.9

图 2-45　不同 Rho 值的二次曲线

2.4.13　绘制派生直线

"派生直线"命令用于通过偏置一条直线来得到它的平行线，或者创建两条直线的一条二等分线。"派生线条"命令只对直线有效，对圆弧和曲线无效。

1. 通过偏置得到某一直线的平行线

在"草图工具"工具条中单击"派生直线"按钮 ，选择参考直线，在"偏置"文本框中输入 50，如图 2-46 左图所示。按 Enter 键完成偏置，结果如图 2-46 右图所示。

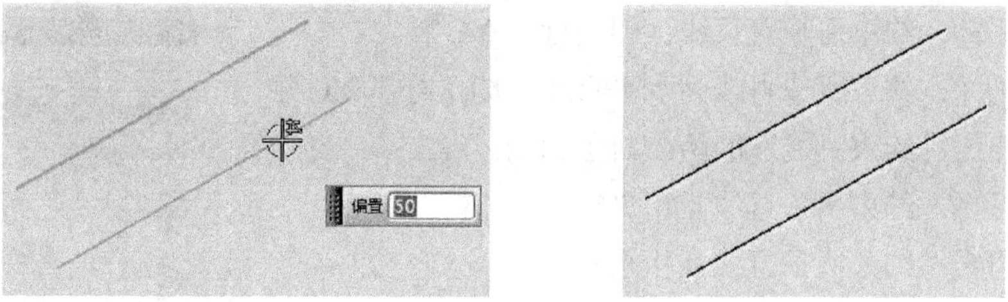

图 2-46　派生直线

2. 生成两条直线的二等分线

分别选择两条直线，系统自动以这两条直线为参考，生成这两条直线的二等分线，如图 2-47 所示。如果选的是两条平行线，则生成中心线；如果两条线不平行，则生成角平分线，起点为两直线的交点。

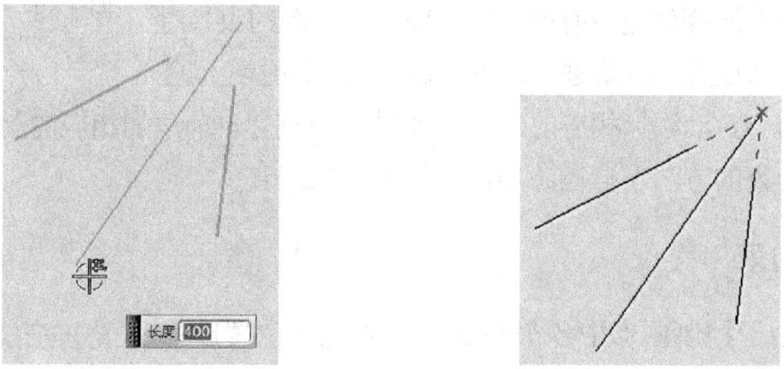

图 2-47　产生角平分线

2.5　草图约束

UG NX 9 的草图约束分为尺寸约束和几何约束。所谓尺寸约束，就是对草图线条标注详细的尺寸约束，通过尺寸来驱动线条变化。所谓几何约束，就是对线条之间施加平行、垂直、相切等约束充分固定线条之间的相对位置。一般来说，约束图素时通常是两种约束混合使用。

草图约束的相关按钮也在如图 2-6 所示的"草图工具"工具栏中。

2.5.1　自动约束

单击 按钮，弹出如图 2-48 所示的"自动约束"对话框，可以在该对话框中设定自动约束类型。

建立草图尺寸约束是限制草图几何对象的大小和形状，也就是在草图上标注草图尺寸，并设置尺寸标注线的形式与尺寸。在草图模式中进行尺寸标注，即将约束限制条件附在草图上。例如，在两点间标注尺寸，即限定两点的距离约束。除此之外，对于已经标注完成的尺寸，也可以修改其数值或位置，并且同时更新其他相关的尺寸。通过"自动约束"对话框所建立的都是几何约束，它们的用法如下所示。

- 水平 ━：约束为竖直直线，即平行于 YC 轴。
- 相切 ◡：约束所选直线为水平直线，即平行于 XC 轴。
- 竖直 ┃：约束直线选的两个对象相切。
- 平行 ∥：约束两条直线互相平行。
- 垂直 ⊥：约束两条直线互相垂直。
- 共线 ∖∖：约束多条直线对象位于或通过同一直线。
- 同心 ◎：约束多个圆弧或椭圆弧的中心点重合。
- 等长 ＝：约束多条直线为同一长度。
- 等半径 ◠：约束两个或多个弧有相同的半径。
- 点在曲线上 ┼：约束所选点在曲线上。
- 重合 ✓：约束多点重合。

图 2-48　"自动约束"对话框

用户一般都会选择创建所有的约束，即在"自动约束"对话框中单击"全部设置"按钮进行设置。这样在草图中绘制任意曲线，系统都会自动添加相应的约束。如果系统没有自动添加相应的约束，就需要用户利用手工添加约束的方法来自己添加，方法见 2.5.2 节。

2.5.2　几何约束

几何约束用于控制图形中各个图素之间的几何位置和形状关系。图素之间一旦使用几何约束，无论如何改变几何图形，其关系始终存在。几何约束有两种添加方式：手工添加几何约束和自动产生几何约束。自动产生几何约束的方法见 2.5.1 节。本节主要讲解手工添加几何约束的方法。

单击 ⬚ 按钮，系统就进入了几何约束操作状态。此时，在图形区中选择一个或多个草图对象，所选对象将在图形区中高亮显示，同时，弹出"几何约束"工具栏，如图 2-49 所示。在该工具栏中用户可以选择一个或多个约束类型，系统会添加指定类型的几何约束到所选草图对象上。这些添加过约束的草图对象会因所添加的约束而不能随意移动或旋转。

"几何约束"工具栏中除 2.5.1 节介绍之外的选项说明如下。

- "中点" ┝：约束顶点或端点，使之与某条直线的中点对齐。
- "固定" ⬚：用于创建固定约束，将图素固定在特定的位置上。对点或端点添加固定约束后，该点将被固定，不可再移动；对直线或圆弧添加固定约束后，其位置不能改变，但可以延长其两个端点。
- "完全固定" ✗：将图素完全固定在特定的位置上。

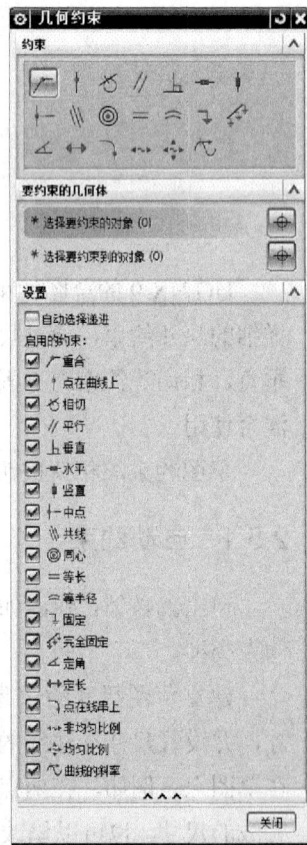

图 2-49　"几何约束"工具栏

- "定角" ⬚：约束一条或多条直线，使直线之间有定值夹角。
- "定长" ⬚：约束一条或多条直线，使之有定值长度。
- "点在线串上" ⬚：约束一个顶点或点，使之位于(投影的)曲线串上。
- "非均匀比例" ⬚：约束一个样条曲线，使其沿样条长度按比例缩放定义点。
- "均匀比例" ⬚：约束一个样条曲线，以在两个方向上按比例缩放定义点，从而保证样条曲线。
- "曲线的斜率" ⬚：在定义点处约束一个样条的切线方向，使之与某条曲线平行。

2.5.3 尺寸约束

草图尺寸约束是通过改变对象之间的尺寸关系，从而改变几何图素的外形和大小，并在该图素上标注尺寸。它不同于工程制图中的尺寸标注，工程图中的尺寸标注是测量值，而草图约束中的尺寸是用来控制图形变化的，草图图形将随标注尺寸的变化而变化。

1. 约束对象

根据几何特征，每个图素需要约束的位置都不同，约束的对象可以是直线、圆、圆弧、圆角、样条等。

- "直线"：约束线段的两端或长度。
- "圆"：约束圆心位置、半径或直径。
- "圆弧"：约束圆心位置、半径、直径或圆弧的端点。
- "圆角"：约束半径或圆心位置。
- "样条"：约束定义点或已存在的几何端点。

2. 尺寸约束类型

选择"插入"|"草图约束"|"尺寸"命令，将弹出延展菜单，如图 2-50 所示。下面对这几种尺寸标注功能的应用进行详细介绍。

- 自动判断尺寸：选择"插入"|"草图约束"|"尺寸"|"快速"命令，或单击"快速尺寸"按钮 ⬚，系统弹出如图 2-51 所示的"快速尺寸"对话框。此时系统基于选定的对象和光标的位置自动判断尺寸类型来创建尺寸约束。可以标注水平、竖直和平行尺寸，基本上涉及了所有的基本尺寸标注。

图 2-50　尺寸约束类型　　　　　图 2-51　"快速尺寸"对话框

- 水平标注尺寸：选择"插入"|"尺寸"|"水平"命令，或单击"水平尺寸"按钮 ，系统弹出"尺寸"工具栏。此时系统基于选定的对象和光标的位置来创建水平尺寸约束，标注水平方向的长度或距离。尺寸限制的距离位于两点之间，但尺寸标注的数字和符号将随着两点间距离的大小而显示在两点之间或两点之外。

- 竖直标注尺寸：选择"插入"|"尺寸"|"竖直"命令，或单击"竖直尺寸"按钮 ，系统弹出"尺寸"工具栏。此时系统基于选定的对象和光标的位置来创建竖直尺寸约束，标注竖直方向的长度或距离。

- 平行标注尺寸：选择"插入"|"尺寸"|"平行"命令，或单击"平行尺寸"按钮 ，系统弹出"尺寸"工具栏。此时系统基于选定的对象和光标的位置来创建平行尺寸约束，在两点之间创建平行约束距离(两点之间的最短距离)。选择两个点，在平行于选择点连线方向上生成的尺寸标注，多用于标注倾斜直线的长度。

- 垂直标注尺寸：选择"插入"|"尺寸"|"垂直"命令，或单击"垂直尺寸"按钮 ，系统弹出"尺寸"工具栏。此时系统基于选定的对象和光标的位置来创建垂直尺寸约束，在直线和点之间创建垂直距离约束。

- 角度标注尺寸：选择"插入"|"尺寸"|"角度"命令，或单击"角度尺寸"按钮 ，系统弹出"尺寸"工具栏。此时系统基于选定的对象和光标的位置来创建角度尺寸约束，在两条不平行的直线之间创建角度约束。

- 直径标注尺寸：选择"插入"|"尺寸"|"直径"命令，或单击"直径尺寸"按钮 ，系统弹出"尺寸"工具栏。此时系统基于选定的对象和光标的位置来创建直径尺寸约束，为圆弧或圆创建直径约束，即标注圆或圆弧的直径。

- 半径标注尺寸：选择"插入"|"尺寸"|"半径"命令，或单击"半径尺寸"按钮 ，系统弹出"尺寸"工具栏。此时系统基于选定的对象和光标的位置来创建半径尺寸约束，为圆弧或圆创建半径约束，即标注圆或圆弧的半径。

- 周长标注尺寸：选择"插入"|"尺寸"|"周长"命令，或单击"周长尺寸"按钮 ，系统弹出"尺寸"工具栏。此时系统基于选定的对象和光标的位置来创建周长尺寸约束，创建周长约束以控制选定直线和圆弧的集体长度，但在图形中不显示。

常用的尺寸标注效果如图 2-52 所示。

3. 尺寸编辑

单击"尺寸"工具栏的"草图尺寸对话框"按钮 ，将弹出如图 2-53 所示的"尺寸"对话框。对尺寸进行标注后，系统将在"尺寸"对话框的"尺寸表达式"列表框中列出当前的尺寸表达式，并在"当前表达式"中显示所选择的尺寸表达式，它包括尺寸名称和尺寸值。此时的值是系统自动判断后直接得到的。

用户可以对这些尺寸进行编辑，可以直接在绘图区域双击尺寸标注，重新输入数值进行更改，也可以通过"尺寸"对话框进行尺寸编辑操作。

- "尺寸值的修改"：在"尺寸"对话框中，从列表框中选择尺寸表达式后，该尺寸将在图形窗口中高亮显示。在"当前表达式的值"文本框中输入新的尺寸数值，或者拖动下面的滑块来动态地修改尺寸，单击"关闭"按钮，则草图图素将按照输入的尺寸进行更新显示。

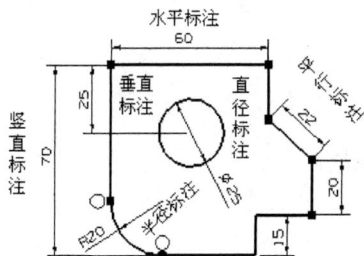

图 2-52　尺寸标注结果

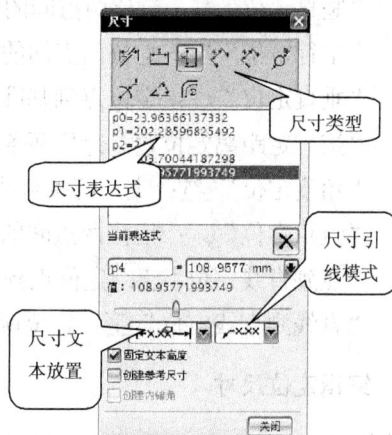

图 2-53　"尺寸"对话框

- "尺寸文本放置"：在"尺寸"对话框中，用户可以设置尺寸文本与尺寸线之间的位置。单击"自动放置"下拉列表，有 4 种方式可供选择，分别是"自动放置"、"手工放置，箭头在外"、"手工放置，箭头在内"和"手工放置，箭头方向相同"，如图 2-54 所示。
- "引线模式设置"：引线有两种方式，分别是"引线在左"和"引线在右"，如图 2-55 所示。

图 2-54　"尺寸文本放置"设置

图 2-55　"尺寸引线模式"设置

2.5.4　定位尺寸

定位约束是确定草图相对于实体边缘线或特征点的位置。选择"工具"|"定位尺寸"命令，或者单击"创建定位尺寸"按钮右侧的下三角按钮，系统将弹出定位尺寸的 4 种约束类型，如图 2-56 所示。

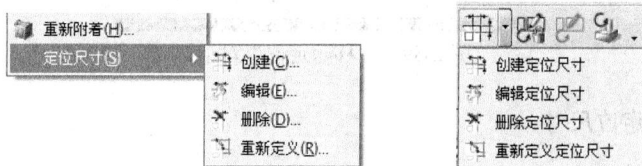

图 2-56　"定位尺寸"类型

1. 创建定位尺寸

选择"工具"|"定位尺寸"|"创建"命令，或单击"创建定位尺寸"按钮，系统

弹出如图 2-57 所示的"定位"对话框，该对话框提供了 9 种定位约束的方式。

- "水平定位" ⟦⟧：定位两点间的水平距离。
- "竖直定位" ⟦⟧：定位两点间的竖直距离。
- "平行定位" ⟦⟧：定位两点间的平行距离。
- "垂直定位" ⟦⟧：定位点到基准直线间的竖直距离。
- "按一定距离定位 ⟦⟧：定位两条直线的距离并约束直线和基准直线平行。
- "角度定位" ⟦⟧：定位两条直线间的角度。
- "点点定位" ⟦⟧：定位两点间的距离。
- "点到直线定位" ⟦⟧：定位点到直线的距离。
- "直线到直线定位" ⟦⟧：定位两条直线间的距离。

2. 编辑定位尺寸

选择"工具" | "定位尺寸" | "编辑"命令，或单击"编辑定位尺寸"按钮 ，弹出如图 2-58 所示的"编辑位置"对话框，根据提示选择要编辑的定位约束，选取后输入新的约束值，单击"确定"按钮即可。

图 2-57　"定位"对话框　　　　　　　图 2-58　"编辑位置"对话框

3. 删除定位尺寸

用于删除草图定位尺寸。选择"工具" | "定位尺寸" | "删除"命令，或单击"删除定位尺寸"按钮 ，系统弹出如图 2-59 所示的"移除定位"对话框，根据提示选择要删除的定位约束，单击"确定"按钮即可。

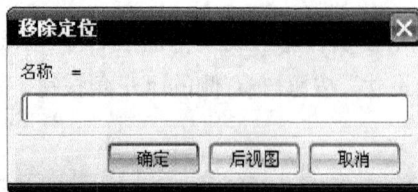

图 2-59　"移除定位"对话框

4. 重新定义定位尺寸

用于更改定位尺寸引用的几何体。选择"工具" | "定位尺寸" | "重新定义"命令，或单击"重新定义定位尺寸"按钮 ，系统提示继续以前一次选择的定位方式重新选择对象和实体面，从而重新生成新的定位约束。

2.6 草图编辑操作

草图绘制完毕以后，UG NX 9 提供了大量的操作方法对草图进行修改和编辑。这些命令仍旧集中在"草图工具"工具栏中。

2.6.1 偏置曲线

"偏置曲线"命令用于偏置位于草图平面上的曲线链，即将草图中的曲线沿指定的方向偏置一定的距离而产生新的曲线，并在草图中产生一个偏置约束。

选择"插入"|"来自曲线集的曲线"|"偏置曲线"命令，或单击 按钮时，系统会弹出"偏置曲线"对话框，如图 2-60 所示。选择要偏置的轮廓线，在对话框中"偏置"卷展栏的"距离"文本框中输入 2，单击"确定"按钮，系统便自动生成一条新的偏置曲线。其操作结果如图 2-61 所示。

图 2-60 "偏置曲线"对话框

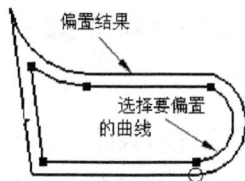

图 2-61 偏置曲线操作

注意：

进行偏置曲线操作时，必须是对草图中的曲线进行操作。

2.6.2 阵列曲线

"阵列曲线"命令用于阵列位于草图平面上的曲线，即将草图中的曲线沿指定的方向阵列而产生新的曲线，并在草图中产生一个阵列约束。

选择"插入"|"来自曲线集的曲线"|"阵列曲线"命令，或单击 按钮，系统会弹出"阵列曲线"对话框，如图 2-62 所示。选择要阵列的曲线，在对话框中"阵列定义"卷展栏中进行设置，然后单击"确定"按钮，系统便自动生成阵列曲线。例如，对一个圆形进行阵列操作，在"阵列定义"卷展栏的"布局"下拉列表中选择"线性"方式，选择 Y 轴方向为阵列方向 1，阵列数量为 5，阵列节距为 10，其操作结果如图 2-63 所示。

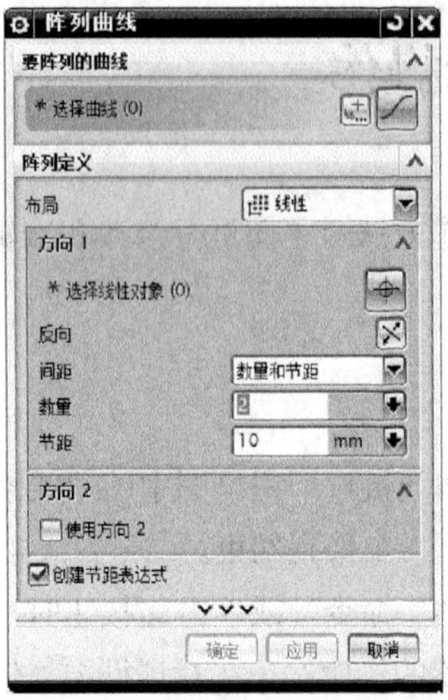

图 2-62　"阵列曲线"对话框

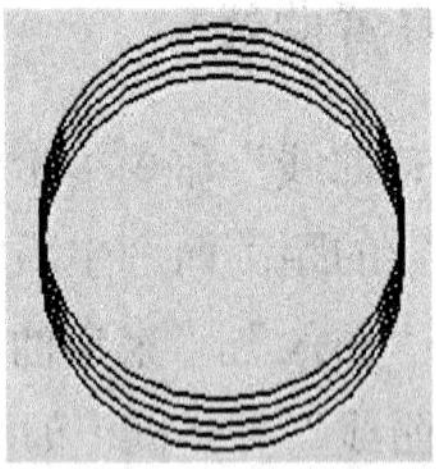

图 2-63　阵列曲线操作

2.6.3　镜像曲线

　　草图镜像操作是将草图几何对象以一条直线为对称中心线，将所选取的对象以这条直线为轴进行镜像，复制成新的草图对象。镜像复制的对象与原对象形成一个整体，并且保持相关性。

　　选择"插入"|"来自曲线集的曲线"|"镜像曲线"命令，或单击 按钮，弹出"镜像曲线"对话框，如图 2-64 所示。当用户选择了镜像中心线和镜像对象后，单击"确定"按钮，系统会将所选的几何对象按指定的镜像中心线进行镜像复制，同时，所选的镜像中心线变为参考对象并以浅色显示，如图 2-65 所示。

　　注意：

　　选择镜像中心线时，系统限制用户只能选择草图中的直线。镜像操作后，镜像中心线会变成参考线，暂时失去作用。如果用户不希望镜像中心线变成参考线，取消"设置"卷展栏中"转换要引用的中心线"复选框的选中状态即可。

图 2-64　"镜像曲线"对话框

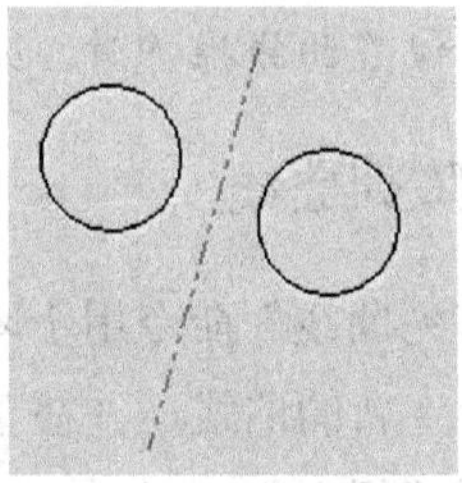

图 2-65　镜像曲线操作

2.6.4　添加现有曲线

　　增加草图对象功能用于将已存在的曲线或点(不属于草图对象的曲线或点)增加到当前的草图中。

选择"插入"|"来自曲线集的曲线"|"现有曲线"命令，或单击 ![按钮] 按钮，弹出如图 2-66 所示的"添加曲线"对话框，让用户从绘图工作区中直接选取要增加的点或曲线。用户也可以利用选取对话框中的某些对象限制功能来快速地选取某类对象。完成对象选取后，系统会自动将所选的曲线或点添加到当前的草图中，且添加对象的颜色由蓝色变为青色。

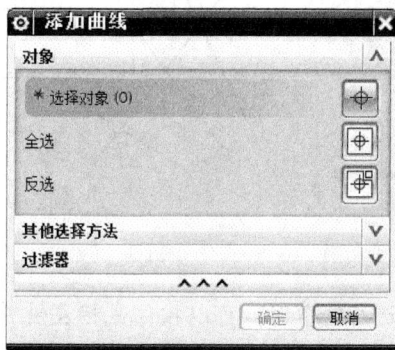

图 2-66　　"添加曲线"对话框

2.6.5　投影曲线

投影到草图功能能够将抽取的对象按垂直于草图工作平面的方向投影到草图中，使之成为草图对象。选择"插入"|"处方曲线"|"投影曲线"命令，或单击 ![按钮] 按钮，弹出如图 2-67 所示的"投影曲线"对话框。利用该对话框即可进行投影曲线操作。

图 2-67　　"投影曲线"对话框

用户可以在该对话框的"设置"卷展栏中选择输出曲线类型。在"输出曲线类型"下拉列表框中有 3 个选项，含义分别如下。

- 原先的：加入草图的曲线和原来的曲线完全保持一致。
- 样条段：原曲线作为独立样条段加入草图。
- 单个样条：原曲线被作为单个样条加入草图。

"公差"文本框将决定抽取的多段曲线投影到草图工作平面后是否彼此邻接。如果它们之间的距离小于设置的公差值，则彼此邻接。

2.6.6　快速修剪

选择"编辑"|"曲线"|"快速修剪"命令，或单击 ![按钮] 按钮，弹出如图 2-68 所示的"快速修剪"对话框，用于以任一方向将曲线修剪至最近的交点或选定的边界。

选择要删除的部分线段 L，然后单击"快速修剪"对话框中的"关闭"按钮，操作结果如图 2-69 所示。

图 2-68　"快速修剪"对话框　　　　　　　图 2-69　快速修剪

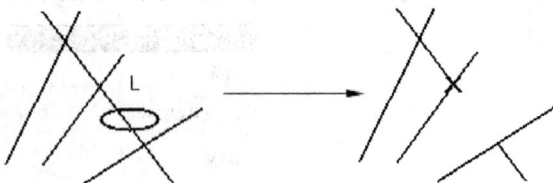

注意:

对一个区域内的多条线进行修剪时，可以按住鼠标左键并拖动鼠标，当鼠标指针变为笔状时，移动指针划过要修剪的线段，所有被选中的线段将被修剪掉，结果如图 2-70 所示。

图 2-70　快速修剪

2.6.7　快速延伸

选择"编辑"|"曲线"|"快速延伸"命令，或单击 按钮，弹出如图 2-71 所示的"快速延伸"对话框。该对话框用于将曲线延伸至另一条临近曲线或选定的边界。

图 2-71　"快速延伸"对话框

选择要延伸的直线 L，然后单击"快速延伸"对话框中的"关闭"按钮，结果如图 2-72 所示。

图 2-72　"快速延伸"操作步骤

2.6.8　制作拐角

选择"编辑"|"曲线"|"制作拐角"命令，或单击 按钮，弹出如图 2-73 所示的"制作拐角"对话框，用于创建拐角。该命令是通过两条曲线延伸或修剪到公共交点来创建的拐角。可应用于直线、圆弧、开放式二次曲线和开放式样条等，其中开放式样条仅限修剪。

选择要制作拐角的两条直线，然后单击"制作拐角"对话框中的"关闭"按钮，结果如图 2-74 所示。

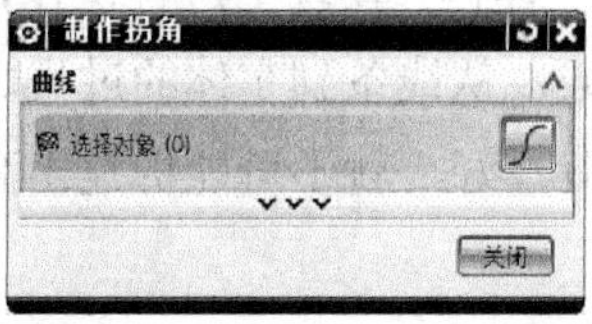

图 2-73　"制作拐角"对话框

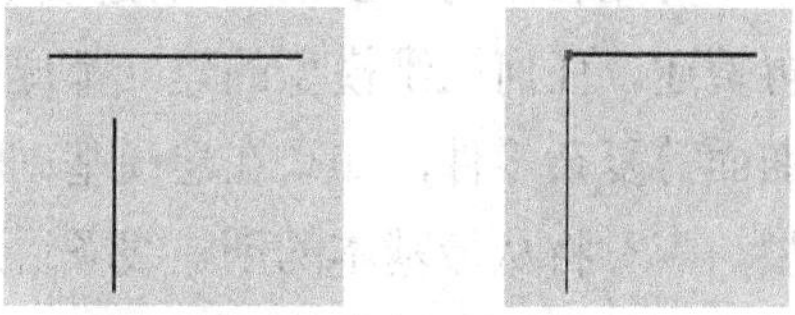

图 2-74　"制作拐角"操作步骤

2.7　习题

1. 如何进入 UG NX 9 的草图环境？
2. 如何进行草图环境设置？
3. 各类型草图曲线如何绘制？
4. 什么是完全约束？草图中提供了几种约束工具？

第3章　NX 9建模基础

从本章开始将学习 UG NX 9 的建模基础。本章均在"建模"模块中进行操作，具体介绍中不再赘述。任何三维模型的建立都遵循从二维到三维、从线条到实体的过程。特别对于高级曲面等复杂零件，如果在建模基础阶段的线条构造不好，就不可能构建出高质量的三维模型。本章将从最基本的创建线条讲起。

通过本章的学习，读者需要掌握的内容如下：

- 各种曲线的建立和操作
- 曲线的多种编辑方法

3.1　基本曲线

在所有的三维建模中，曲线是构建模型的基础。只有二维曲线构造的质量良好，才能保证以后创建的面或者实体质量好。曲线功能主要包含了曲线的生成、编辑和操作方法。在曲线的生成中有点和各类曲线的生成功能，包括直线、圆弧、平面矩形、椭圆、样条曲线、规律曲线和各种二次曲线等。在曲线编辑功能中，用户可以进行裁剪曲线、编辑曲线参数和曲线拉伸等多种编辑操作。在曲线操作功能中，用户可以进行曲线的偏置、桥接、投影、简化、缠绕/展开和沿面偏置等操作方法。

3.1.1　点

在 UG NX 9 软件系统中，许多命令都需要利用"点"对话框来定义点的位置。选择"插入"|"基准/点"|"点"命令，弹出"点"对话框，如图 3-1 所示。

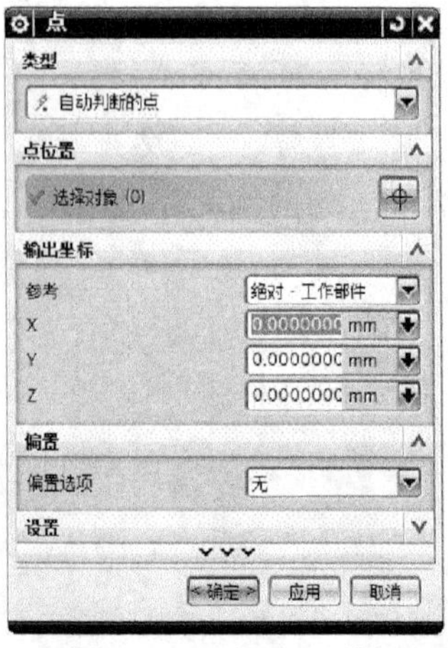

在 UG NX 9 中创建一个点或指定一个点的位置时，可以使用以下 3 种方法。

(1) 直接输入坐标值来确定点。

(2) 利用"点"对话框中的捕捉按钮 ⊕ 来捕捉一个点。

(3) 利用"偏置"方式来指定一个相对于参考点的偏置点。

以上 3 种方法在 2.4.8 节已经介绍过，在此操作类似，故不再赘述。

图 3-1　"点"对话框

3.1.2　点集

选择"插入"|"基准/点"|"点集"命令,弹出如图 3-2 所示的"点集"对话框。

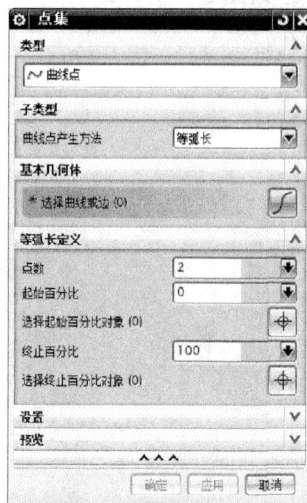

图 3-2　"点集"对话框

"点集"对话框提供了 3 种点集类型的创建方式:"曲线点"、"样条点"和"面的点"。下面对这些方式作简要说明。

1. 曲线点

这种方法主要用于在曲线上创建点集。其子类型有以下 7 种方式:等弧长、等参数、几何级数、弦公差、增量弧长、投影点和曲线百分比。

(1) 等弧长

等弧长方法就是在点集的开始点和结束点之间按点间等弧长来创建指定数目的点集。首先选取要创建点集的曲线,再确定点集的数目,最后输入起始点和结束点在曲线上的位置,如图 3-3 所示为以等弧长方式创建点集的例子。

图 3-3　以等弧长方式创建点集

(2) 等参数

以等参数方式创建点集时，系统会以曲线的曲率大小来分布点集的位置，曲率越大，产生点的距离越大，反之则越小，如图 3-4 所示。

图 3-4　以等参数方式创建点集

(3) 几何级数

在几何级数方式下，"点集"对话框中会出现"比率"文本框。在设置完其他参数值后，还需要指定一个比率值，用来确定点集中彼此相邻的后两点之间的距离与前两点距离的倍数。如图 3-5 所示为"比率"设置为 2 时的效果。

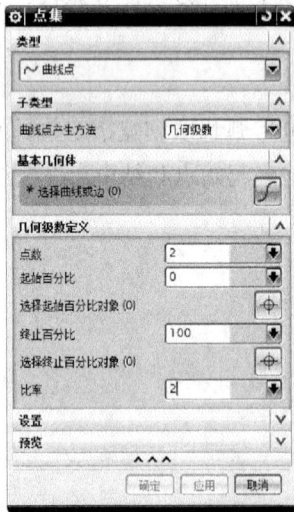

图 3-5　以几何级数方式创建点集

(4) 弦公差

在该方式下，"点集"对话框中出现"弦公差"文本框。用户需要给出弦公差的大小，在创建点集时系统会以该弦公差的值来分布点集的位置。弦公差值越小，产生的点数就越多，反之则越少，如图 3-6 所示。

图 3-6　以弦公差方式创建点集

(5) 增量弧长

在增量弧长这种方式下，"点集"对话框中出现"弧长"文本框。用户需要给出弧长的大小，在创建点集时系统会以该弧长大小的值来分布点集的位置，而点数的多少则取决于曲线总长及两点间的弧长。按照顺时针方向生成各点，如图 3-7 所示。

图 3-7　增量弧长方式创建点集

(6) 投影点

该方法是利用一个或多个放置点向选定的曲线作垂直投影，在曲线上生成点集。单击"点集"对话框中的"指定点"选项后的按钮，弹出"点"对话框，在该对话框中可以进行相关点的设置，如图 3-8 所示。

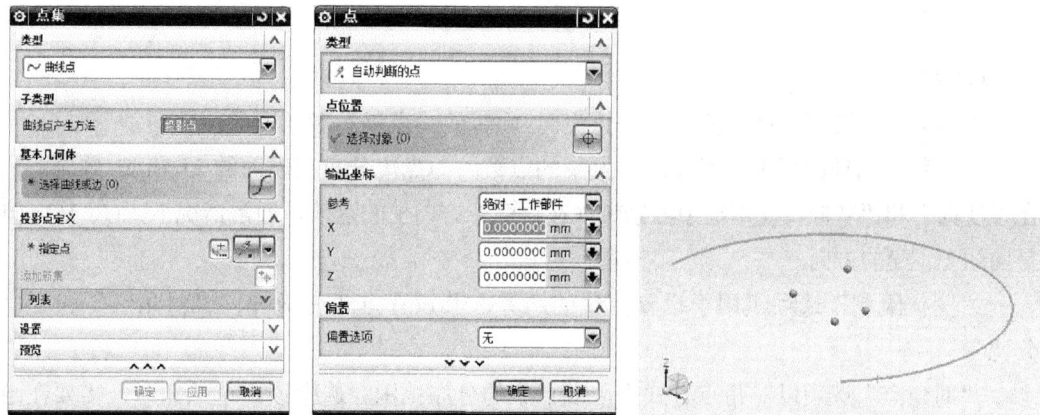

图 3-8　以"投影点"方式创建点集

(7) 曲线百分比

该方法是通过曲线上的百分比位置来确定一个点的。在"点集"对话框中选择"曲线百分比"方式，选取曲线后，可在"曲线百分比"文本框中设置曲线的百分比。

2. 样条点

该方法是利用样条曲线的相关方式来创建点集。其子类型有以下 3 种：定义点、结点和极点。

(1) 定义点

该方法是利用绘制样条曲线时的定义点来创建点集。

单击"点集"对话框中的 按钮后，选取曲线，系统会根据这条样条曲线的定义点来创建点集，如图 3-9 所示。

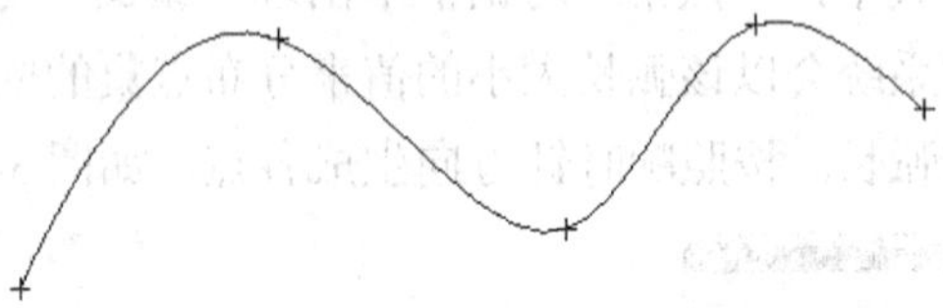

图 3-9　以"定义点"方式创建点集

注释:

这种方法常用在从*.dat 文件中读取点的数据命令构造曲线以后，UG 并不显示定义曲线的点的位置。可以使用这个方法将这些点也显示出来。

(2) 结点

该方法是利用样条曲线的节点来创建点集的。单击"点集"对话框中的 按钮，用户选取曲线，系统会根据这条样条曲线的节点来创建点集。

(3) 极点

该方法是利用样条曲线的控制点来创建点集的。单击"点集"对话框中的 按钮，选取曲线，系统会根据这条样条曲线的控制点来创建点集。在图 3-10 所示的图形中，样条曲线上产生了 5 个控制点。

3. 面的点

(1) 模式

这种方式主要用于产生曲面上的点集。 此时的"点集"对话框如图 3-11 所示。

"点数"选项组用于设置表面上点集的点数，即点集分布在表面的 U 和 V 方向上，在"U 向"和"V 向"文本框中分别输入在这两个方向上的点数。通常情况下，U、V 方向是曲面上正交的方向。

"图样限制"选项组用于设置点集的边界，其设置方式有两种："对角点"和"百分比"。

"对角点"选项以对角点方式来限制点集的分布范围。选中该单选按钮时，需要在绘图区中选取一点为起点，完成后再选取另一点为终点，这样就以这两点为对角点设置了点集的边界，如图 3-12 所示。

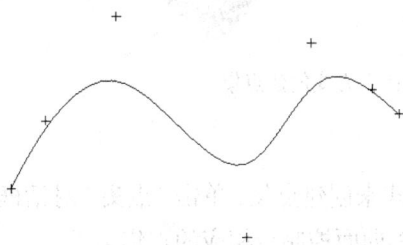

图 3-10　以"极点"方式创建点集

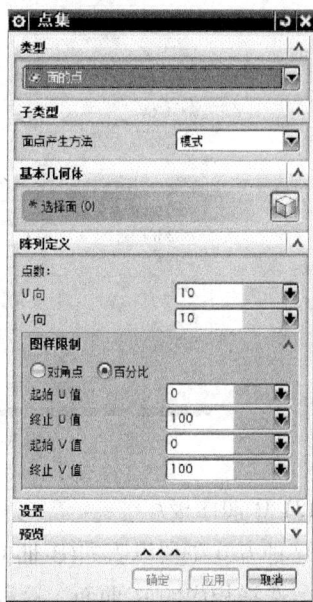

图 3-11　"点集"对话框——模式

图 3-12　以"对角点"方式创建点集

　　"百分比"选项以表面参数百分比的形式来限制点集的分布范围。选中该单选按钮时，用户需要在"起始 U 值"、"终止 U 值"、"起始 V 值"和"终止 V 值"文本框中分别输入相应数值来设定点集相对于选定表面 U、V 方向的分布范围。

　　(2) 面百分比

　　这种方式通过设定点在选定表面的 U、V 方向的百分比位置来创建该表面上的点集。可在该模式下的"点集"对话框中的"U 向百分比"、"V 向百分比"文本框中分别输入值来创建指定位置的点，如图 3-13 所示。

图 3-13   以"面百分比"方式创建点集

(3) B 曲面极点

这种方式主要以表面(B-曲面)控制点的方式来创建点集。单击"点集"对话框中的 按钮后，选择相应的 B-曲面，这样就会产生与 B-曲面控制点相应的点集。

4. 点组方式

打开"点集"对话框中的"设置"卷展栏，默认情况下，"关联"复选框处于选中状态，若取消"关联"复选框的选中状态，则会出现"点成组"复选框。"点成组"复选框主要用于设置产生的点集是否需要以组的方式建立。如果选中该复选框，则产生的点集会具有组群化的属性，即如果删除了该类型点集中的一个点，那么全部的点集也会被删除。

3.1.3 直线

单击"曲线"工具栏中的 按钮或选择"插入"｜"曲线"｜"直线"命令，会弹出"直线"对话框，如图 3-14 所示。

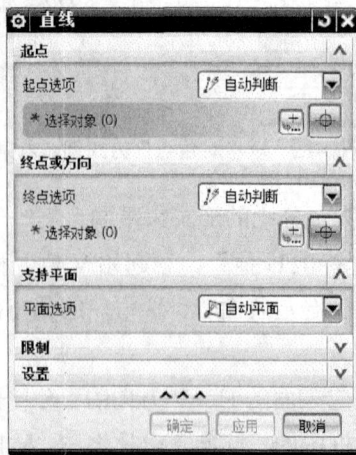

图 3-14   "直线"对话框

选择了起点和终点后，即可生成直线。

"起点"和"终点或方向"卷展栏中的内容基本相同，这里仅对其中的下拉列表选项进行介绍。"自动判断"和"自动平面"选项可以根据用户选择点的情况，自行选择直线生成方式。"点"选项，通过选取点的方式选择直线的端点。"成一角度"选项，此时用户需要设置角度值和选择相应的对象，系统会以角度增量值方式创建直线。"沿 XC"、"沿 YC"、"沿 ZC"选项，创建的直线将与相应的坐标轴平行。"法向"、"相切"选项，创建的直线以所选择的对象的法向线或切线的方向生成。

"支持平面"卷展栏用于选择直线所在的平面。

"限制"卷展栏中的选项用于设置生成直线的相关限制，有"值"、"在点上"和"直至选定对象"3 种。

如果选中"设置"卷展栏中的"延伸至视图边界"选项，创建的直线将沿着起点与终点的方向直至绘图区的边界。

3.1.4　圆弧/圆

单击"曲线"工具栏中的 按钮或选择"插入"｜"曲线"｜"圆弧/圆"命令，会弹出"圆弧/圆"对话框，如图 3-15 所示。

图 3-15　"圆弧/圆"对话框

在该对话框中可以选择以下两种绘制圆或圆弧的方式："三点画圆弧"和"从中心开始的圆弧/圆"。选择了相关的端点和设置了半径长度之后，圆弧或圆就绘制完成了。在"限制"卷展栏的"整圆"复选框处于未选中状态时，系统将绘制圆弧；处于选中状态时，系统将绘制整圆。

3.1.5 矩形

　　单击"曲线"工具栏中的  按钮或选择"插入"|"曲线"|"矩形"命令，会弹出"点"对话框，提示用户进行矩形角点的选择。当用户选择了一个点之后，系统又弹出一个"点"对话框，提示用户进行矩形对角点的选择。系统根据这两点来绘制矩形。在用户选择点的过程中，拖动鼠标，会发现有一矩形框跟随鼠标指针移动。矩形绘制效果如图 3-16 所示。

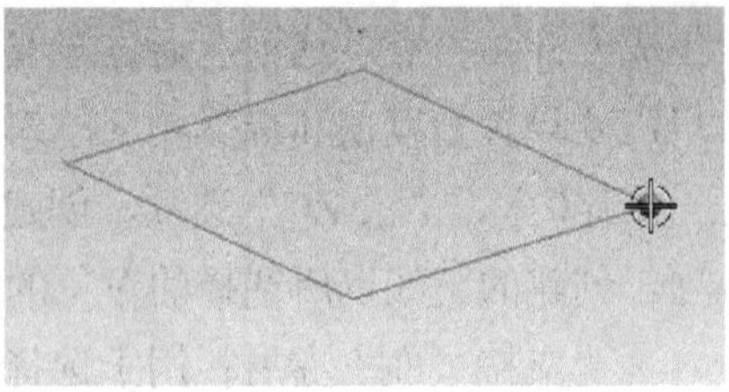

图 3-16　矩形绘制效果

3.1.6 多边形

　　在"曲线"工具栏中单击 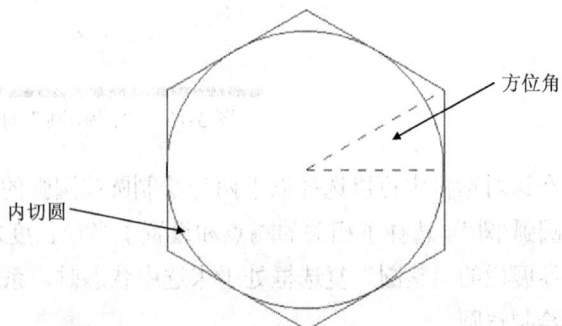 按钮或选择"插入"|"曲线"|"多边形"命令时，会弹出"多边形"对话框，如图 3-17 所示。

1. 边数

　　该文本框用来指定多边形的边数。

　　在文本框中输入一个数值后确认，接着系统会弹出如图 3-18 所示的"多边形"对话框。系统提供了 3 种半径定义方式：内切圆半径、多边形边和外接圆半径。

图 3-17　"多边形"对话框 1

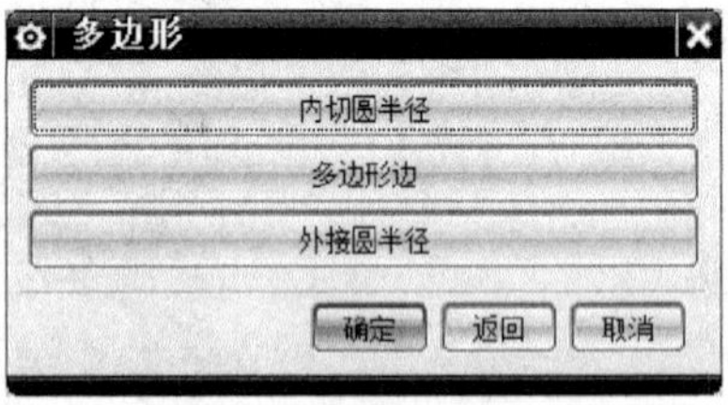

图 3-18　"多边形"对话框 2

2. 内切圆半径

　　此方法使用内切圆创建多边形。单击该按钮时，系统弹出其设置对话框，如图 3-19 所示。

　　分别在"内切圆半径"和"方位角"文本框中输入内切圆半径及方位角度数后，再利用弹出的"点"对话框设置正多边形的中心即可，结果如图 3-20 所示。

图 3-19　"内切圆创建多边形"对话框

图 3-20　内切圆方式创建多边形

3. 多边形边数

单击该按钮，会弹出如图 3-21 所示的"多边形"对话框。

分别在"侧"和"方位角"文本框中输入正多边形的边长及方位角度数后，再利用弹出的"点"对话框确定正多边形的中心即可。

图 3-21　　"多边形"对话框 3

4. 外接圆半径

此方法使用外接圆创建多边形。单击该按钮后，系统弹出其设置对话框，如图 3-22 所示。

在"圆半径"和"方位角"文本框中分别输入外切圆半径及方位角度数后，再利用弹出的"点"对话框确定正多边形的中心即可，如图 3-23 所示。

图 3-22　　"多边形"对话框 4

图 3-23　　外切方式创建多边形

3.2　特殊曲线

前面已经介绍了一些简单线条的创建方法，从本节起将详细介绍一些特殊曲线的生成和操作。

3.2.1　艺术样条

在"曲线"工具栏中单击 按钮，或选择"插入"|"曲线"|"艺术样条"命令，系统弹出如图 3-24 所示的"艺术样条"对话框，通过此对话框即可创建艺术样条。

创建方法与 2.4.10 节在"草图"环境中的操作类似。所不同的是，"建模"环境中创建艺术样条时，需要在"制图平面"卷展栏中进行设置，在移动样条曲线时也需要注意面的选择。

图 3-24　"艺术样条"对话框

3.2.2　样条曲线

在"曲线"工具栏中单击 ～ 按钮或选择"插入"|"曲线"|"样条"命令，会弹出如图 3-25 所示的"样条"对话框。

NX 9 提供了以下 4 种生成样条曲线的方式："根据极点"、"通过点"、"拟合"和"垂直于平面"。创建方法如图 3-26 所示。

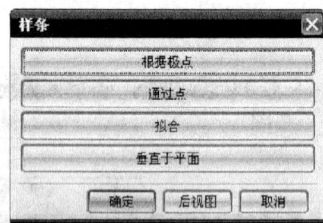

图 3-25　"样条"对话框 1

图 3-26　创建样条曲线

1. 根据极点

该方式是通过设定样条曲线的极点来生成一条样条曲线。

单击该按钮后，弹出如图 3-27 所示"根据极点生成样条"对话框，其中各选项功能如下。

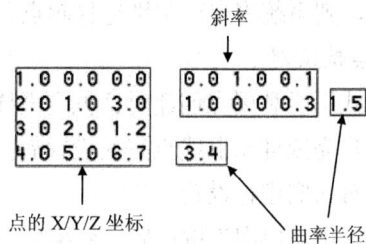

(1) 曲线类型

该选项组用于设定样条曲线的类型，包括了"多段"和"单段"两种曲线类型。

● 多段

当选中该单选按钮，产生样条曲线时，必须与对话框中"曲线阶次"文本框的设置相关。如果"曲线阶次"文本框中的值为 N 时，则必须设定 N+1 个控制点，才可建立一个节段样条曲线。如果是多段，则生成 NURBS 曲线。

● 单段

当选中该单选按钮时，对话框中的"曲线阶次"文本框及"封闭曲线"复选框不可用。此方式只能产生一个节段的样条曲线。如果是单段，则生成 BEIZER 曲线。

(2) 曲线阶次

该文本框在选中"多段"单选按钮时才被激活，用于设置曲线的阶次。用户设置的控制点数必须至少为曲线阶次加 1，否则无法创建样条曲线。

(3) 封闭曲线

该复选框在选中"多段"单选按钮时才被激活，用于设定随后生成的样条曲线是否封闭。选中该复选框，所创建的样条曲线起点和终点会在同一位置，生成一条封闭的样条曲线，否则生成一条开放的样条曲线。

(4) 文件中的点

单击该按钮后，可以从已有文件中读取控制点的数据。点的数据可以放在*.dat 文件中，具体的格式如图 3-28 所示。

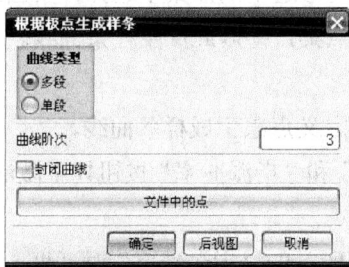

图 3-27 "根据极点生成样条"对话框   图 3-28 .dat 文件格式

其中，斜率和曲率半径也可以不写，系统会根据情况自动插值。

2. 通过点

这是用户最常用的一种方法。该方式是通过设置样条曲线的各定义点生成一条通过各定义点的样条曲线。单击该按钮后，系统弹出相应的对话框，如图 3-29 所示。

此时对话框中多了两个按钮："指派斜率"和"指派曲率"，且这两个按钮都没有被激活。单击"确定"按钮后，系统会弹出如图 3-30 所示的"样条"对话框。该对话框向用户提供了 4 种样条曲线上点集的创建方式。下面分别介绍这 4 种点集创建方式。

图 3-29 "通过点生成样条"对话框　　　图 3-30 "样条"对话框 2

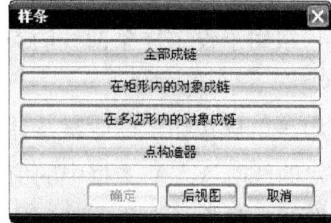

(1) 全部成链

该方式用于通过选择起点与终点间的点集作为定义点来生成样条曲线。单击该按钮后，系统提示用户依次选择样条曲线的起点与终点，接着系统将自动辨别选择起点和终点之间的点集，并以此产生样条曲线。

(2) 在矩形内的对象成链

该方式用于利用矩形框选择样条曲线的点集作为定义点来生成样条曲线。单击该按钮后，系统提示用户定义矩形框的第一角点和第二角点，然后，在矩形框选中的点集中选择样条曲线的起点与终点，则系统将自动辨别选择起点和终点之间的点集，并以此产生样条曲线，如图 3-31 所示。

(3) 在多边形内的对象成链

该方式用于利用多边形选择样条曲线的点集作为定义点来生成样条曲线。单击该按钮后，系统会提示用户定义多边形的各顶点，接着在多边形选中的点集中选择样条曲线的起点与终点，则系统将自动辨别选择起点和终点之间的点集，并以此产生样条曲线。

(4) 点构造器

该方式用于利用点创建对话框定义样条曲线的各定义点来生成样条曲线。

当用户完成样条曲线点集的设置后，"指派斜率"和"指派曲率"按钮处于激活状态，用户可以对它们进行设置。

单击"指派斜率"按钮后，系统会弹出如图 3-32 所示的"指派斜率"对话框，让用户设置各定义点的斜率。在工作区窗口直接选择欲确定斜率的定义点后，再选择相应的斜率定义方式。选择不同的斜率定义方式，随后的系统提示也会有所差异。用户根据系统提示，设定所选定义点的斜率。

在"指派斜率"对话框中，提供了以下 6 种斜率定义方式："自动斜率"、"矢量分量"、"指向点的方向"、"指向一个点的矢量"、"曲线的斜率"和"角度"。下面分别介绍这 6 种方式。

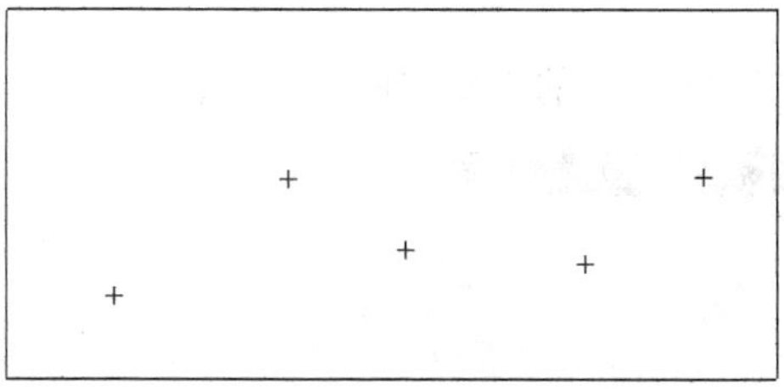

图 3-31 "在矩形内的对象成链"方式

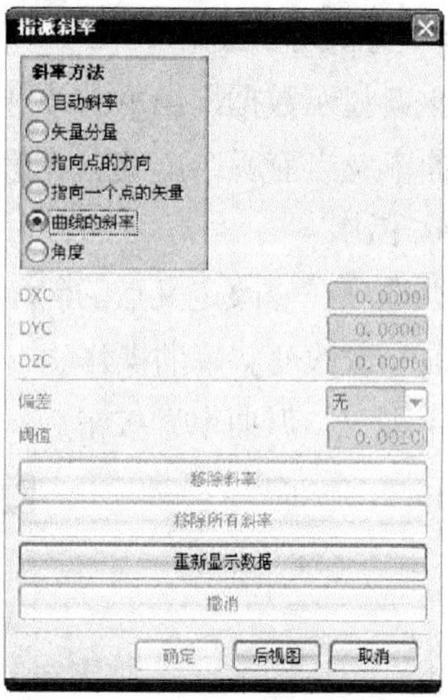

图 3-32 "指派斜率"对话框

- 自动斜率

选中该单选按钮时，系统将自动计算斜率作为所选定义点的斜率。通常情况下都是沿着先前曲线的斜率自然过渡。

- 矢量分量

选中该单选按钮时，在其下方的 DXC、DYC、DZC 文本框中分别输入样条曲线在所选定义点的矢量在 XC、YC、ZC 方向的分量值，则系统以设定的切矢量来定义所选定义点的斜率。

- 指向点的方向

选中该单选按钮时，用户需要指定一个方向点，则系统以所选定义点指向该方向点的矢量来定义所选定义点的斜率。

- 指向一个点的矢量

选中该单选按钮时，用户需要设定一点，然后系统以所选定义点指向该点的矢量来定义所选定义点的斜率。

- 曲线的斜率

选中该单选按钮时，再选择一条存在的曲线，则系统以所选曲线端点的斜率来定义所选定义点的斜率。

- 角度

选中该单选按钮，并在"角度"文本框中输入角度值，则系统以该角度来定义所选定义点的斜率。

在"指派斜率"对话框中还有其他一些选项，它们的作用分别如下。

- 移除斜率

该选项用于移去自定义的斜率。在曲线上选定了一定义点后，该选项被激活。选择该选项便可移去所选定义点的自定义斜率。

- 移除所有斜率

单击该按钮，则可移去样条曲线中所有定义点的自定义斜率。

● 重新显示数据

重新显示数据,当单击该选项,在刷新画面后,可在工作图区中重新显示定义点、斜率、曲率及当前所选定义点等信息。

● 撤销

该选项在修改定义点的斜率操作中被激活。单击该按钮时,则撤销当前修改斜率操作中的前一次改变斜率的操作。

单击"指派曲率"按钮后,会弹出如图 3-33 所示的"指派曲率"对话框。

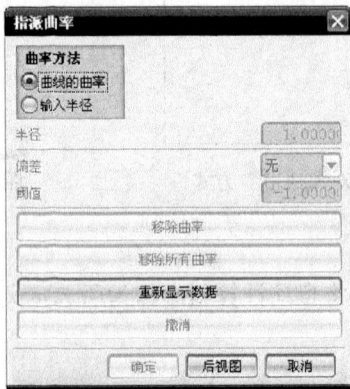

图 3-33　"指派曲率"对话框

该对话框主要用于设置样条曲线上点的曲率。选择需要施加曲率的点,然后选择相应的曲率定义方式,并设置所选定义点的曲率值。

在"指派曲率"对话框中,提供了以下两种曲率定义的方式:"曲线的曲率"和"输入半径"。下面分别加以介绍。

● 曲线的曲率

该方式主要用于以存在曲线的端点曲率来定义所选定义点的曲率。选中该单选按钮,再选择一条已存在曲线的端点,则系统自动以选定曲线的端点的曲率来定义所选定义点的曲率。

● 输入半径

该方式主要通过设定所选定义点的曲率半径来定义其曲率。选中该单选按钮,在其下的"半径"文本框中输入曲率半径值,即可定义所选定义点的曲率。

3. 拟合

该方式是用最小二乘拟合方式生成样条曲线。单击"拟合"按钮后,将弹出如图 3-34 所示的"样条"对话框。利用该对话框提供的 5 种方法,可以定义样条曲线的点集。定义点集后,弹出如图 3-35 所示的"用拟合的方法创建样条"对话框。在该对话框中,可以选择"拟合方法",并完成相应的设置,系统就会生成相应的样条曲线。该对话框中主要选项的作用介绍如下。

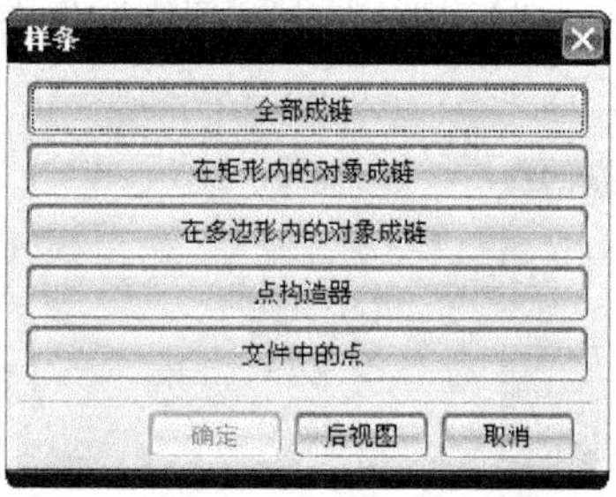

图 3-34　"样条"对话框 3

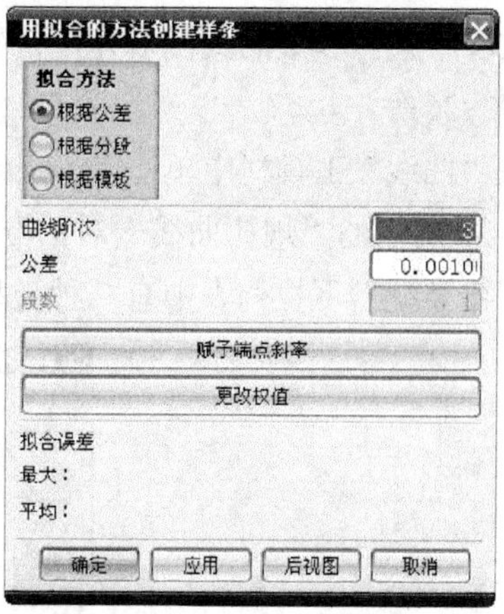

图 3-35　"用拟合的方法创建样条"对话框

(1) 拟合方法

该选项组用于选择样条曲线的拟合方法。其中提供了以下 3 种拟合方法。

- "根据公差"：该方式用于根据样条曲线与数据点的最大许可公差生成样条曲线。选中该单选按钮后，在对话框中间的"曲线阶次"和"公差"文本框中分别输入曲线阶数及样条曲线与数据点的最大许可公差来设置样条曲线。
- "根据分段"：该单选按钮用于根据样条曲线的节段数生成样条曲线。选中该单选按钮后，在对话框中间的"曲线阶次"和"段数"文本框中分别输入曲线阶数及样条曲线的节段数来设置样条曲线。
- "根据模板"：该单选按钮根据模板样条曲线，生成曲线阶次及结点顺序均与模板曲线相同的样条曲线。选中该单选按钮后，系统提示用户选择模板样条曲线。

(2) 赋予端点斜率

该按钮用于指定样条曲线的起点与终点的斜率。

(3) 更改权值

该按钮用于设定所选数据点对样条曲线形状影响的加权因子。加权因子越大，则样条曲线越接近所选数据点；反之，则远离。若加权因子为零，则在拟合过程中系统会忽略所选数据点。单击该按钮后，在图形窗口选择数据点，然后在弹出的对话框中的"重量"文本框中，输入该数据点的加权因子即可。

4. 垂直于平面

该方式是以正交于平面的曲线生成样条曲线。单击"垂直于平面"按钮后，首先选择或通过面创建功能定义起始平面，然后选择起始点，接着选择或通过面创建功能定义下一个平面且定义建立样条曲线的方向，然后继续选择所需的平面，完成之后确认，系统便可生成一条样条曲线。

3.2.3　规律曲线

规律曲线就是 X、Y、Z 坐标值按设定规则变化的样条曲线。利用规律曲线可以控制建模过程中某些参数的变化规律，特别是在已有数学方程，欲使曲线快速简单地显示时，如 Y=X×X 等。

在“曲线”工具栏中单击 按钮或选择“插入”|“曲线”|“规律曲线”命令，会弹出如图 3-36 所示的“规律曲线”对话框。在“X 规律”、“Y 规律”和“Z 规律”卷展栏中的“规律类型”下拉列表中有 7 种类型，分别介绍如下。

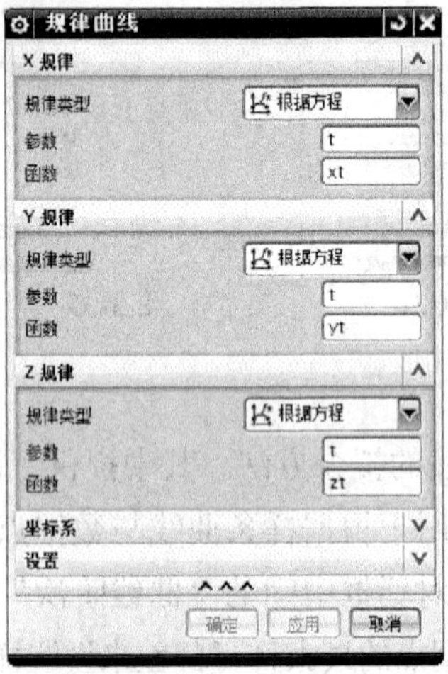

图 3-36　“规律曲线”对话框

1. 恒定

该选项控制坐标或参数在创建曲线过程中保持常量。选择该类型后，在“值”文本框中输入一个常数即可。

2. 线性

该选项控制坐标或参数在整个创建曲线过程中在某数值范围中呈线性变化。选择该类型后，在“起点”及“终点”文本框中输入变化规律的数值范围即可。

3. 三次

该选项控制坐标或参数在整个创建曲线过程中，在某数值范围内呈三次变化。选择该类型后，在“起点”及“终点”文本框中输入变化规律的数值范围，即起始值和终止值。

4. 沿脊线的线性

该选项控制坐标或参数在沿脊线设定两点或多个点所对应的规律值间呈线性变化。选择该类型后，首先选择一脊线，然后利用点创建功能设置脊线上的点，最后在“沿脊线的值”子卷展栏中进行设置即可。

5. 沿脊线的三次

该选项控制坐标或参数在沿脊线设定两点或多个点所对应的规律值间呈三次变化。选择该类型后，首先选择一脊线，然后利用点创建功能设置脊线上的点，最后在“沿脊线的值”子卷展栏中进行设置即可。

6. 根据方程

该选项是相对复杂的一种方法。主要是利用已有的数学表达式来绘制图形。在"参数"和"函数"文本框中进行设置即可。

7. 根据规律曲线

该选项利用存在的规则曲线来控制坐标或参数的变化。选择该类型后，逐步响应系统提示，先选择一条存在的规则曲线，再选择一条基线来辅助选定曲线的方向，也可以维持原曲线的方向不变。

3.2.4　螺旋线

在"曲线"工具栏中单击 按钮或选择"插入"|"曲线"|"螺旋线"命令，会弹出如图 3-37 所示的"螺旋线"对话框。在此对话框中进行参数设置后，系统即可产生一条如图 3-38 所示的螺旋线。

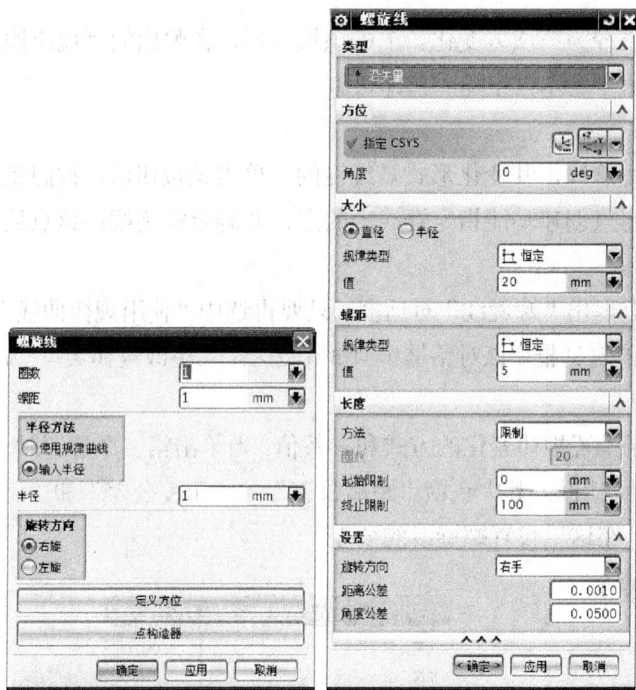

图 3-37　"螺旋线"对话框　　　　图 3-38　创建的螺旋线

下面详细介绍该对话框中各选项的功能。

1. 圈数

该文本框用于设置螺旋线旋转的圈数。

2. 螺距

该文本框用于设置螺旋线每圈之间的导程。

3. 半径方法

该选项组用于设置螺旋线旋转半径的方法。系统提供了两种方法："使用规律曲线"和"输入半径"。

(1) 使用规律曲线

该方式用于设置螺旋线半径按一定的规律法则进行变化。选中该单选按钮后，可以利用 7 种变化规律方式来控制螺旋半径沿轴线方向的变化规律。

- 恒定

该方式用于生成固定半径的螺旋线。单击该按钮后，在弹出的"规律控制"对话框中输入"规律值"即可，该数值将会决定螺旋线的半径。

- 线性

该方式用于设置螺旋线的旋转半径为线性变化。单击该按钮后，在弹出的"规律控制"对话框的"起始值"及"终止值"文本框中输入值即可。

- 三次

该方式用于设置螺旋线的旋转半径为三次方变化。单击该按钮后，在弹出的"规律控制"对话框的"起始值"及"终止值"文本框中输入值即可。

- 沿脊线的值–线性

此方式用于生成沿脊线变化的螺旋线，其变化形式是线性的。单击该按钮后，按照系统的提示，先选取一条脊线，再利用点创建功能指定脊线上的点，并确定螺旋线在该点处的半径值即可。

在创建螺旋线之后，如果还没有退出"螺旋线"对话框，只要再选中"使用规律曲线"单选按钮，就会弹出如图 3-39 所示的对话框。该对话框中有 3 个选项："更改规律类型"、"更改规律曲线参数"和"更改公差"。

当单击前两个按钮时，可以重新设置规律变化的方式和参数值；当单击第三个按钮时，会弹出图 3-40 所示的"规律控制"对话框，其中包括"距离公差"、"角度公差"和"连结公差" 3 个参数设置文本框，可以在这里设置螺旋线的公差。

图 3-39　进行规律曲线修改的对话框　　　　图 3-40　"规律控制"对话框

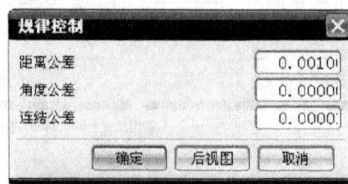

- 沿脊线的值–三次

此方式是以脊线和变化规律值来创建螺旋线。和"沿脊线的值–线性"方式类似，单击该按钮后，先选取脊线，让螺旋线沿此线变化，再选取脊线上的点并输入相应的半径值即可。这种方式和"沿脊线的值–线性"创建方式最大的差异就是螺旋线旋转时半径变化的方式。"沿脊线的值–线性"是按线性变化，而"沿脊线的值–三次"是按三次方变化。

- 根据方程 ⚡

此方式和规律曲线中的设置是一致的。

- 根据规律曲线 ⚡

此方式是利用规则曲线来决定螺旋线的旋转半径。单击该按钮后，先选取一规则曲线，再选取一条基线来确定螺旋线的方向即可。产生螺旋线的旋转半径将会依照所选的规则曲线，并且由工作坐标原点的位置确定。

(2) 输入半径

此方式是以数值的方式来决定螺旋线的旋转半径，而且螺旋线每圈之间的半径值大小相同。当选中该单选按钮后，可以在下面的"半径"文本框中输入确定的半径值来决定螺旋线半径的大小。

4. 旋转方向

该选项组用于控制螺旋线的旋转方向。旋转方向可分为"右旋"和"左旋"两种方式。右旋方式是以右手的大拇指为旋转的轴线，而另外的 4 个手指为旋转的方向；左旋则反之。

5. 定义方位

该按钮用于选择直线或边来定义螺旋线的轴向。在系统中提供了 3 种方式来确定螺旋线的方位。

(1) 在"螺旋线"对话框中直接单击"确定"按钮，则螺旋线轴线为当前坐标系的 ZC 轴，螺旋线的起始点位于 XC 轴的正方向上。

(2) 直接在绘图工作区中设定一个基点或利用"螺旋线"对话框中的点创建功能设定一个基点，则系统以过此基点且平行于 ZC 轴方向作为螺旋线的轴线，螺旋线的起始点位于过基点并与 XC 轴正方向平行的方向上。

(3) 单击"螺旋线"对话框中的"定义方位"按钮后，选择一条直线，以选择点指向与其距离最近的直线端点的方向为 Z 轴正方向，再设定一点来定义 X 轴正方向，然后设定一基点，则系统以过此基点且平行于设定的 Z 轴正方向作为螺旋线的轴线，螺旋线的起始点位于过基点并平行于 X 轴正方向上。

6. 点构造器

该按钮用于选择一点来定义螺旋线的起始位置。选择方法和其他点选择方法一致。

3.2.5　抛物线和双曲线

1. 抛物线

单击"曲线"工具栏中的 ⚡ 按钮或选择"插入"|"曲线"|"抛物线"命令，先弹出"点"对话框，要求用户确定抛物线的位置，接着弹出如图 3-41 所示的"抛物线"对话框。

确定有关抛物线的参数后，系统即可生成抛物线。

2. 双曲线

单击"曲线"工具栏中的 按钮或选择"插入"|"曲线"|"双曲线"命令，先弹出"点"对话框，要求用户确定双曲线的位置，接着弹出如图 3-42 所示的"双曲线"对话框，确定有关双曲线的参数后，系统即可生成双曲线。

图 3-41　　"抛物线"对话框 　　　　　　　图 3-42　　"双曲线"对话框

3.3　曲线操作

通常创建完曲线以后，并不能满足用户的需求，还需要对曲线做进一步的处理。本节将介绍曲线的进一步的操作，如偏置、桥接、连结、相交、截面和抽取等。

3.3.1　偏置曲线

在"曲线"工具栏中单击 按钮或选择"插入"|"派生的曲线"|"偏置"命令时，弹出"偏置曲线"对话框，如图 3-43 所示。

确定了欲偏置的曲线后，在所选择的曲线上出现一个箭头，该箭头方向为偏置的方向，如果要取相反的偏置方向，可单击"偏置"卷展栏中的"反向"按钮。在设置好偏置方式以及相关参数后，即可完成曲线的偏置操作。

下面介绍"偏置曲线"对话框中各主要选项的用法。

1. 偏置方式

"类型"卷展栏用于设置曲线的偏置方式。其下拉列表中提供了 4 种偏置方式："距离"、"拔模"、"规律控制"和"3D 轴向"。

(1) 距离方式

该方式是按给定的偏置距离来偏置曲线的。选择该方式后，可在"偏置"卷展栏中的"距离"和"副本数"文本框中分别输入偏置距离和产生偏置曲线的数量，并设定好其他参数后即可。

(2) 拔模方式

选择该方式后，可在"偏置"卷展栏中的"高度"和"角度"文本框中分别输入拔锥高度和拔锥角度，然后再设置其他参数即可。基本思想是将曲线按指定的拔锥角度偏置到与曲线所在平面相距拔锥高度的平面上。拔锥高度为原曲线所在平面和偏置后所在平面间的距离；拔锥角度是偏置方向与原曲线所在平面的法向的夹角，如图 3-44 所示的就是这种方式的图例。

(3) 规律控制方式

该方式是按规律控制偏置距离来偏置曲线的。选择该方式后，可在"偏置"卷展栏中选择相应的偏置距离的规律控制方式后，逐步响应系统提示即可。

(4) 3D 轴向方式

该方式按照三维空间内指定的矢量方向和偏置距离来偏执曲线。选择该方式后，可在"偏置"卷展栏中按照生成矢量的方法制定需要的矢量方向，在"距离"文本框中输入需要偏置的距离就可以生成相应的偏置曲线。

图 3-43　"偏置曲线"对话框 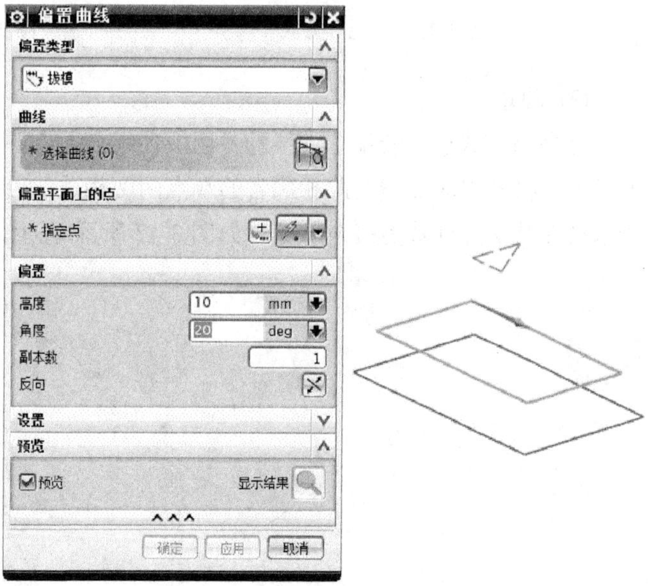　　　　图 3-44　拔模方式

2. 裁剪方式

该选项位于"设置"卷展栏中，用于设置偏置曲线的裁剪方式。其中提供了 3 种裁剪方式："无"、"相切延伸"和"圆角"。

(1) 无

选择该方式，则偏置后的曲线既不延长相交也不彼此裁剪或倒圆角，如图 3-45 所示的就是这种方式的图例。

(2) 相切延伸

选择该方式，则偏置曲线将延长相交或彼此裁剪。选择该方式时，若关闭"关联"复选框，则"非关联设置"子卷展栏被激活，可在"延伸因子"中输入延长比例，如 10，表示偏置曲线串中各组成曲线的端部延长值为偏置距离的 10 倍，若彼此仍不能相交，则以斜线与各组成曲线相连。若偏置曲线串中各组成曲线彼此交叉，则在其交点处裁剪多余部分，如图 3-46 所示的就是这种方式的图例。

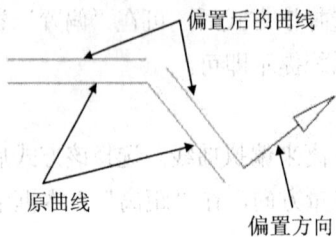

图 3-45　"无"方式　　　　　　　　　　图 3-46　"相切延伸"方式

(3) 圆角

选择该方式后，若偏置曲线的各组成曲线彼此不相连接，则系统以半径值为偏置距离的圆弧，将各组成曲线彼此相邻者的端点两两相连；若偏置曲线的各组成曲线彼此相交，则系统在其交点处裁剪多余部分，如图 3-47 所示即为该方式的图例。

图 3-47　"圆角"方式

3. 公差

"设置"卷展栏中的"公差"文本框用于设置偏置距离的近似公差的值。

4. 复制数量

"偏置"卷展栏中的"副本数"文本框用于设置偏置操作后所产生的新对象的数目。

3.3.2　沿面偏置

在"曲线"工具栏中单击 按钮或选择"插入"｜"派生的曲线"｜"在面上偏置"命令，会弹出如图 3-48 所示的"面中的偏置曲线"对话框。利用该对话框，可以在一个或多个面上由一条存在曲线按指定距离生成一条沿面的偏置曲线。

操作过程有以下几步，分别是：(1)定义偏置类型，此步骤在"类型"卷展栏中进行，有"常数"与"变量"两种类型；(2)选取偏置曲线与定义偏置距离，在"曲线"卷展栏中进行设置；(3)定义偏置面，在"面或平面"卷展栏中进行设置；(4)在选择"变量"类型时，还需要在"偏置"卷展栏中进行"规律类型"或"值"的设置；(5)设置完成后，单击"确定"或"应用"按钮即可生成所需要的沿面的偏置曲线。

"修剪和延伸偏置曲线"卷展栏中各选项简要介绍如下。

- "在截面内修剪至彼此"复选框：将偏置的曲线在截面内相互之间进行修剪。
- "在截面内延伸至彼此"复选框：对偏置的曲线在截面内进行延伸。
- "修剪至面的边"复选框：将偏置曲线裁剪至面的边缘。
- "延伸至面的边"复选框：将偏置曲线延伸至曲面的边缘。
- "移除偏置曲线内的自相交"复选框：将偏置曲线中出现自相交的部分移除。

如图 3-49 所示即为沿面偏置的实例。

图 3-48　"面中的偏置曲线"对话框 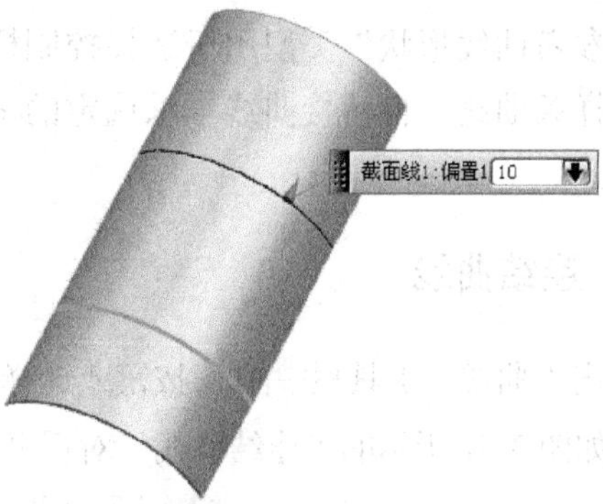　　　　　　　图 3-49　沿面偏置

3.3.3　桥接曲线

在"曲线"工具栏中单击 按钮或选择"插入"|"派生的曲线"|"桥接"命令，系统会弹出"桥接曲线"对话框，如图 3-50 所示。

该对话框用于桥接两条不同位置的曲线。这是用户在曲线连接中最常用的方法。

进入"桥接曲线"对话框后，系统会提示用户依次选择两条需要桥接的曲线。所选曲线之间出现桥接曲线的显示图形，然后设定桥接曲线的连续方式、形状控制方式、桥接曲线的起止点位置以及其他参数，与此同时，桥接曲线的显示图形也会随着设置的不同而动态更新。下面介绍"桥接曲线"对话框中各主要选项的功能。

"起始对象"卷展栏用于确定桥接曲线操作的第一个对象。"终止对象"卷展栏用于确定桥接曲线操作的第二个对象。

"形状控制"卷展栏中的"类型"下拉列表用于设定桥接曲线的形状控制方式。桥接曲线的形状控制方式有 4 种，选择不同的方式其下方的参数设置选项也有所不同。

选择"相切幅值"类型时，"形状控制"卷展栏中的"起点"或"终点"文本框用于设置桥接曲线的起、止点位置，通过在文本框中输入点在选定曲线上位置的百分比值或通过拖动其下方的百分比滑尺来设定。该方式允许用户通过改变桥接曲线与第一条曲线或第二条曲线连接点的切矢量值，来控制桥接曲线的形状。

选择"深度和歪斜度"类型时，"歪斜"值是桥接曲线峰值点的倾斜度，用于设定沿桥接曲线从第一条曲线向第二条曲线度量时峰值点位置的百分比；"深度"值是桥接曲线峰值点的深度，即影响桥接曲线形状的曲率的百分比。"深度"值可通过拖动"深度"滑尺或直接在"深度"文本框中输入百分比来实现。

"二次曲线"类型仅在相切连续方式下才有效。选择该形状控制方式，允许通过改变桥接曲线的 Rho 值来控制桥接曲线的形状。

"参考曲线形状"类型用于选择控制桥接曲线形状的参考样条曲线，使桥接曲线继承选定的参考样条曲线的形状。

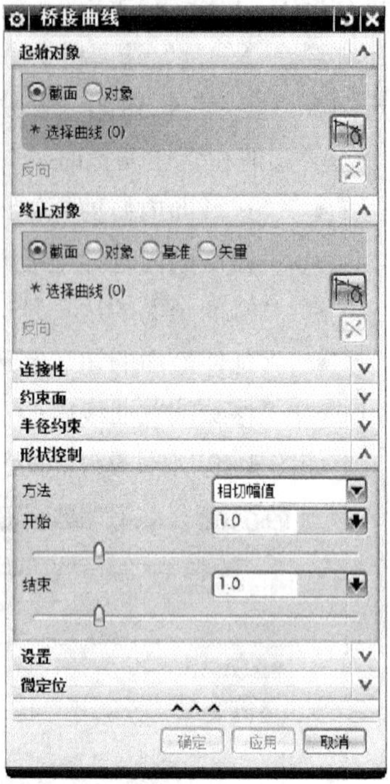

图 3-50　"桥接曲线"对话框

3.3.4　连结曲线

单击"曲线"工具栏中的 按钮或选择"插入"|"派生的曲线"|"连结"命令时，系统弹出如图 3-51 所示的"连结曲线"对话框，用于将所选的多条曲线连结成一条样条曲线。

图 3-51　"连结曲线"对话框

该对话框中的"输出曲线类型"下拉列表用于定义连结操作后曲线的类型。其中包含了"常规"、"三次"、"五次"和"高阶"4 个选项，用于设置相应的曲线类型。

3.3.5　投影

在"曲线"工具栏中单击 按钮或选择"插入"|"派生的曲线"|"投影"命令，会

弹出如图 3-52 所示的"投影曲线"对话框。

该对话框用于将曲线或点沿某一方向投影到现有曲面、平面或参考平面上。如果投影曲线与面上的孔或面上的边缘相交，则投影曲线会被面上的孔和边缘所裁剪。投影方向可以设置成某一角度、某一矢量方向、向某一点方向或沿面的法向。

进入"投影"对话框后，"要投影的曲线或点"卷展栏中的"曲线或点"按钮📷自动激活，选择欲投影点或曲线；再选择"要投影的对象"卷展栏中的"面、小平面体、基准平面"按钮⊞，选择投影面；最后通过在"投影方向"卷展栏中的"方向"下拉列表中进行投影方向设定，或再对其他选项进行设置，即可完成投影操作。

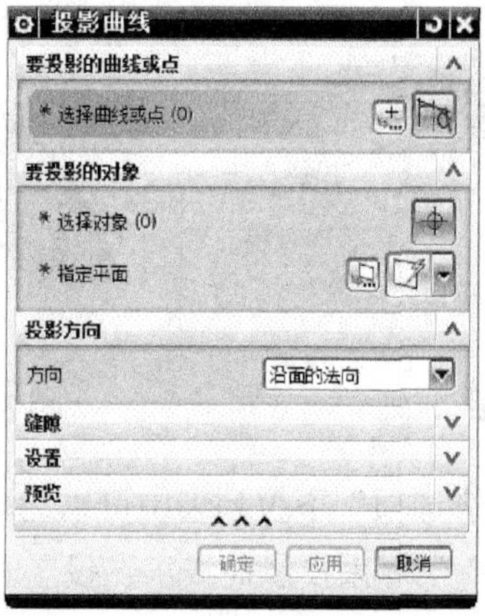

图 3-52 "投影曲线"对话框

"方向"下拉列表中提供了 5 种投影方式：沿面的法向、朝向点、朝向直线、沿矢量、与矢量成角度，下面分别进行介绍。

1. 沿面的法向

该方式是沿所选投影面的法向向投影面投影曲线，如图 3-53 所示的就是这种方式的图例。

2. 朝向点

该方式用于从原定义曲线朝着一个点向选取的投影面投影曲线，如图 3-54 所示的就是这种方式的图例。

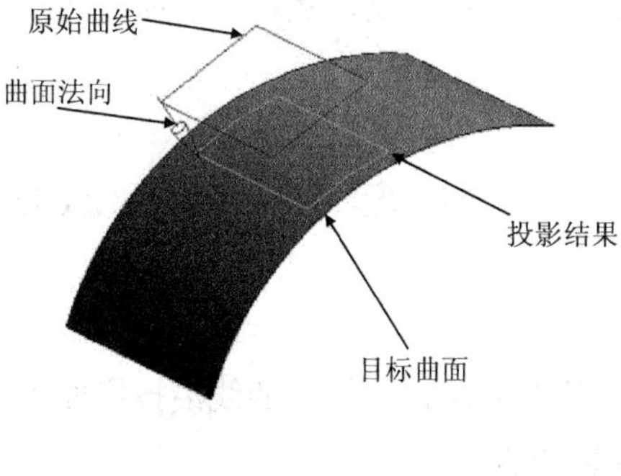

图 3-53 "沿面的法向"方式

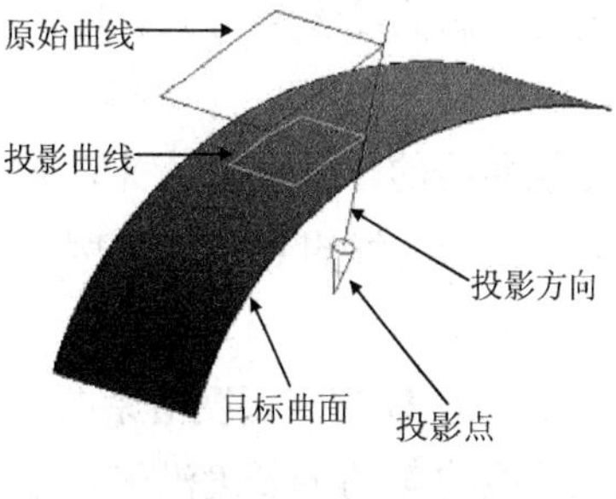

图 3-54 "朝向点"方式

3. 朝向直线

该方式用于沿垂直于选定直线或参考轴的方向向选取的投影面投影曲线，如图 3-55 所示的就是这种方式的图例。

4. 沿矢量

该方式用于沿设定的矢量方向向选取的投影面投影曲线，如图 3-56 所示的就是这种方式的图例。

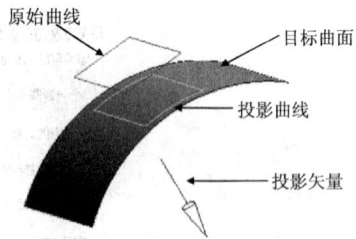

图 3-55   "朝向直线"方式   图 3-56   "沿矢量"方式

"沿矢量"方式时，"投影选项"下拉列表中可以选择"等弧长"选项，该选项允许由 X-Y 坐标系向投影面的 U-V 坐标系投影曲线，在投影时，曲面上投影曲线的 U、V 方向长度的确定取决于"保持长度"方式的选择，并且在选择该方式前必须先选择投影面。

选择该方式后，选择一个参考点，则系统以该参考点作为 X-Y 坐标系的原点。且将该参考点沿随后设定的投影矢量方向向投影面投影，以所得到的投影点作为 U-V 坐标系的原点。再利用随后弹出的"矢量创建"对话框设定投影矢量方向，接着再设定与 U 方向对应的 X 矢量方向，最后选择"保持长度"选项设定投影曲线的 U、V 方向长度确定方式。

"保持长度"选项包含了 5 种确定投影曲线的 U、V 方向长度的方式："同时 X 和 Y"、"首先 X，然后 Y"、"首先 Y，然后 X"、"只有 X"和"只有 Y"。

(1) 同时 X 和 Y

投影曲线的 U 方向长度由原曲线的 X 方向长度来确定，投影曲线的 V 方向长度由原曲线的 Y 方向长度来确定。

(2) 首先 X，然后 Y

先由原曲线的 X 方向长度来确定投影曲线的 U 方向长度，然后再由原曲线的 Y 方向长度来确定投影曲线的 V 方向长度。

(3) 首先 Y，然后 X

先由原曲线的 Y 方向长度来确定投影曲线的 V 方向长度，然后再由原曲线的 X 方向长度来确定投影曲线的 U 方向长度。

(4) 只有 X

投影曲线的 U 方向长度由原曲线的 X 方向长度来确定，投影曲线沿投影面 V 方向的长度由原曲线的 Y 方向长度沿矢量方式直接投影到曲面上。

(5) 只有 Y

投影曲线的 V 方向长度由原曲线的 Y 方向长度来确定，投影曲线沿投影面 U 方向的长度由原曲线的 X 方向长度沿矢量方式直接投影到曲面上。

在上述 5 种投影曲线 U、V 方向长度的确定方式中，若原曲线为 X-Y 平面上通过参考点且平行于 X 或 Y 方向的直线，则投影曲线长度与直线长度相等。

5. 与矢量成角度

该方式用于沿与设定矢量方向成一角度的方向向选取的投影面投影曲线。"与矢量成角度"文本框用于输入投影角度值。角度值的正负是以原始曲线的几何中心点为参考点来设定的。曲线投影后，投影曲线向参考点方向收缩，则角度为负值；反之，角度为正值，如图 3-57 所示为角度取-10 时的图例。

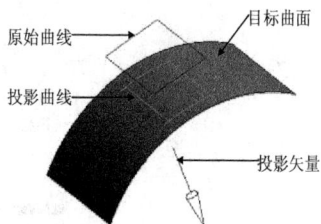

图 3-57　"与矢量成角度"方式

3.3.6　组合投影

在"曲线"工具栏中单击 按钮或选择"插入"|"派生的曲线"|"组合投影"命令时，会弹出如图 3-58 所示的"组合投影"对话框。它用于将两条选定的曲线沿各自的投影方向投影生成一条新曲线。需要注意的是，所选两条曲线的投影必须是相交的。

下面介绍该对话框中主要选项的用法。

"曲线 1"卷展栏用于确定欲投影的第一条曲线。"曲线 2"卷展栏用于确定欲投影的第二条曲线。"投影方向 1"卷展栏用于确定第一条曲线投影的矢量方向。"投影方向 2"卷展栏用于确定第二条曲线投影的矢量方向。

如图 3-59 所示的就是两曲线进行组合投影线操作的图例。

图 3-58　"组合投影"对话框

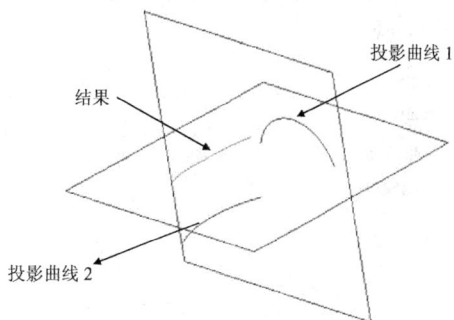

图 3-59　曲线的组合投影线操作

3.3.7　镜像曲线

在"曲线"工具栏中单击 按钮或选择"插入"|"派生的曲线"|"镜像"命令时，会弹出如图 3-60 所示的"镜像曲线"对话框。

图 3-60　"镜像曲线"对话框

"曲线"卷展栏用于选择需要镜像的曲线。"镜像平面"卷展栏用于选择镜像时需要的对称平面。

3.3.8　相交曲线

在"曲线"工具栏中单击 按钮或选择"插入"|"派生的曲线"|"求交"命令时，会弹出如图 3-61 所示的"相交曲线"对话框。

该对话框用于生成两组对象的交线，各组对象可分别为一个表面(若为多个表面，则必须属于同一实体)、一个参考面、一个片体或一个实体。

"第一组"卷展栏用于选择欲产生交线的第一组对象。"第二组"卷展栏用于选择欲产生交线的第二组对象。选择了两组对象并设定好对话框中其他选项之后，即可生成两组对象的交线。

如图 3-62 所示的就是两组对象进行交线操作的图例。

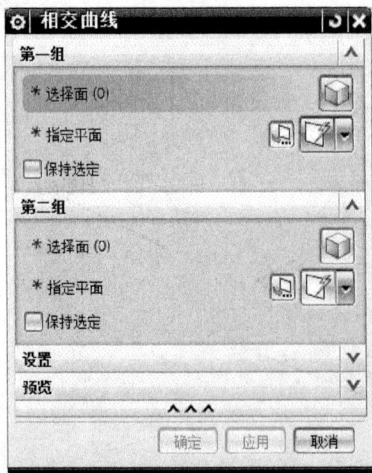

图 3-61　"相交曲线"对话框　　　　图 3-62　曲线的交线操作

3.3.9 截面曲线

在"曲线"工具栏中单击 按钮或选择"插入"|"派生的曲线"|"截面"命令时，会弹出如图 3-63 所示的"截面曲线"对话框。

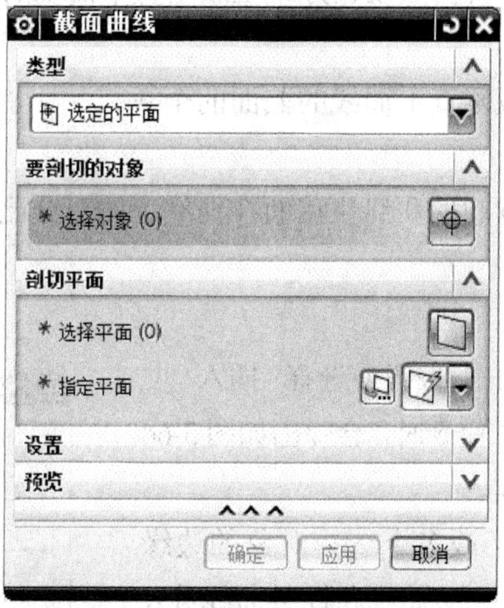

图 3-63 "截面曲线"对话框

该对话框用于用设定的截面与选定的表面或平面等对象相交，生成相交的几何对象。一个平面与曲线相交会建立一个点；一个平面与一表面或一平面相交会建立一截面曲线。

该对话框中可选择的截面形式在"类型"卷展栏中进行设置，共有以下 4 种。

1．选定的平面

该选项让用户在绘图工作区中，直接选择某平面作为截面。

2．平行平面

"平行平面"选项用于设置一组等间距的平行平面作为截面。这时只要"平面位置"卷展栏中的"起点"、"终点"和"步长"文本框中输入与参考平面平行的一组平面的间距、起始距离和终止距离(与参考平面之间的距离)，并选定参考平面后即可完成操作。

3．径向平面

"径向平面"选项用于设定一组等角度扇形展开的放射平面作为截面。这时需要选取要剖切的对象、确定径向轴、确定参考平面上的点，这样以该点和旋转轴线就构成了参考平面。然后在"平面位置"卷展栏中的"起点"、"终点"和"步长"文本框中输入相邻放射平面间的夹角、等角度放射平面组的起始平面和终止平面与参考平面之间的夹角即可完成操作。这 3 个文本框用于定义以参考平面为基准且绕旋转轴线扇形展开的一组等角度放射平面。

4．垂直于曲线的平面

"垂直于曲线的平面"选项用于设定一个或一组与选定曲线垂直的平面作为截面。

- 间距

"间距"下拉列表框用于设置截面组之间的间隔方式。系统提供了 5 种间隔方式："等弧长"、"等参数"、"几何级数"、"弦公差"和"增量弧长"。选择相应的间隔方式后，再选取某曲线，则系统就会按设置方式生成垂直于曲线的截面。

- 副本数

该文本框用于设置生成垂直于曲线的截面的个数。

- 起点、终点

这两个文本框用于设置起始和终止截面在曲线上的百分比位置。

3.3.10   抽取曲线

在"曲线"工具栏中单击 按钮或选择"插入" |
"来自体的曲线" | "抽取"命令时，会弹出如图 3-64
所示的"抽取曲线"对话框。

该对话框用于基于一个或多个选择对象的边缘
和表面生成曲线(直线、弧、二次曲线和样条曲线等)，
抽取的曲线与原对象无相关性。

在"抽取曲线"对话框中提供了 6 种抽取曲线类
型。从中选取欲抽取的曲线类型后，再选择欲从中抽
取曲线的对象，即可完成操作。

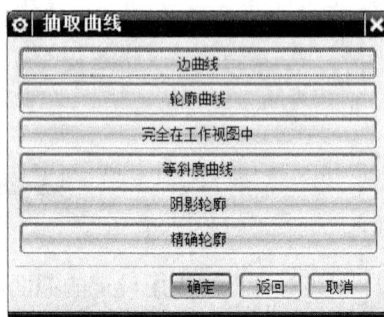

图 3-64   "抽取曲线"对话框

1. 边曲线

该选项用于抽取指定表面或实体的边缘。

2. 轮廓线

该选项用于从轮廓被设置为不可见的视图中抽取曲线。

3. 完全在工作视图中

该选项用于对视图中的所有边缘抽取曲线，此时产生的曲线将与工作视图的设置有关。

4. 等斜度曲线

该选项用于利用定义的角度产生等斜线。

5. 阴影轮廓线

该选项用于对选定对象的可见轮廓线产生抽取曲线。

6. 精确轮廓线

该选项用于对选定对象的精确可见轮廓线产生抽取曲线。

3.4　曲线编辑

本节主要介绍曲线编辑方面的操作。在曲线绘制完成后，根据需要还会经常对不满意的地方进行调整。这就需要调整曲线的很多细节。UG NX 9 提供了强大的曲线调整和分析工具。

3.4.1　编辑曲线参数

在"编辑曲线"工具栏中单击 按钮或选择"编辑"｜"曲线"｜"参数"命令时，会弹出如图 3-65 所示的"编辑曲线参数"对话框。

在该对话框中选择了相应的曲线后，弹出的对话框会因为选择编辑的对象类型的不同而变化。用户可以在相应的对话框中进行编辑。

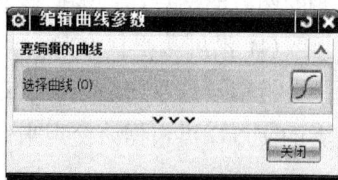

图 3-65　"编辑曲线参数"对话框

3.4.2　修剪曲线

在"编辑曲线"工具栏中单击 按钮或选择"编辑"｜"曲线"｜"修剪"命令时，会弹出如图 3-66 所示的"修剪曲线"对话框。

图 3-66　"修剪曲线"对话框

利用设定的边界对象调整曲线的端点，可以延长或修剪直线、圆弧、二次曲线或样条曲线。"要修剪的曲线"卷展栏用于选择一条或多条待修剪的曲线。"边界对象 1"卷展栏用于确定修剪操作的第一边界对象。"边界对象 2"卷展栏用于确定修剪操作的第二边界对象。

1. 交点的确定方式

"交点"卷展栏中的"方向"下拉列表用于确定边界对象与待修剪曲线的交点的判断方式。它提供了如下 4 种交点的确定方式。

(1) 最短的 3D 距离

选取该选项，则系统按边界对象与待修剪的曲线之间的三维最短距离判断两者的交点，再根据该交点来修剪曲线。

(2) 相对于 WCS

选取该选项，则系统按当前工作坐标系 ZC 轴方向上边界对象与待修剪的曲线之间的最短距离判断两者的交点，再根据该交点来修剪曲线。

(3) 沿一矢量方向

选取该选项，则系统按当前视图法线方向上边界对象与待修剪的曲线之间的最短距离判断两者的交点，再根据该交点来修剪曲线。

(4) 沿屏幕垂直方向

选取该选项，系统按设定矢量方向上边界对象与待修剪的曲线之间的最短距离判断两者的交点，再根据该交点来修剪曲线。

2. 曲线延伸方式

如果欲修剪的曲线为样条曲线且样条曲线需延伸至边界时，可使用"设置"卷展栏的"曲线延伸段"下拉列表设定其延伸方式。可选择的延伸方式有以下 4 种。

(1) 自然

用于将样条曲线沿其端点的自然路径延伸至边界。

(2) 线性

用于将样条曲线从其端点线性延伸至边界。

(3) 圆形

用于将样条曲线从其端点圆形延伸至边界。

(4) 无

用于不将样条曲线延伸边界。

3. 源曲线编辑选项

"设置"卷展栏中的"输入曲线"下拉列表用于控制修剪后源曲线保留与否。其中有 4 种控制方式："保持"、"隐藏"、"删除"和"替换"。

修剪曲线的实例如图 3-67 所示。

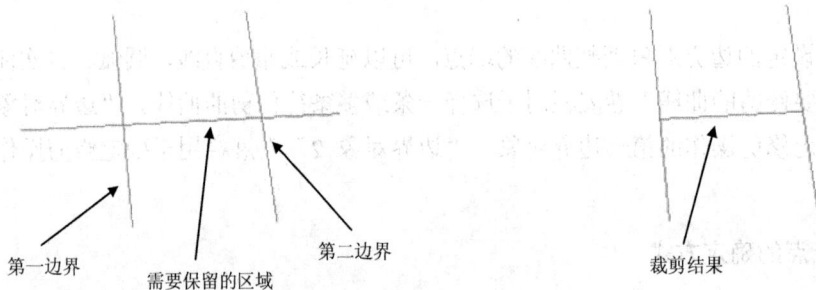

图 3-67 修剪曲线实例

3.4.3 分割曲线

在"编辑曲线"工具栏中单击 _f_ 按钮或选择"编辑"｜"曲线"｜"分割"命令时，会弹出如图 3-68 所示的"分割曲线"对话框。

注意：

分割操作会去除曲线的参数。

它能将曲线分割成多个节段，各节段成为独立的操作对象。"分割曲线"对话框提供了 5 种曲线的分割方式，下面逐一进行介绍。

1．等分段

该方式是以等长或等参数的方法将曲线分割成相同的节段。其中的分割方式包括"等参数"和"等弧长"两种方式。如果选择了"等参数"方式，则以曲线的参数性质均匀等分曲线，在线上为等分线段，在圆弧或椭圆上为等分角度，在样条曲线上以其控制点为中心等分角度；如果选择了"等弧长"方式，则把曲线的弧长均匀等分。"段数"文本框用来设置曲线均匀分割的节段数，如图 3-69 所示的就是将圆等参数分为 6 段。

图 3-68 "分割曲线"对话框

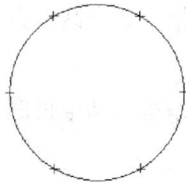

图 3-69 "等分段"方式分段

2．按边界对象

该方式是利用边界对象来分割曲线。在该方式的对话框中可分别定义点、直线和平面或表面作为边界对象来分割曲线。如图 3-70 所示的就是这种分割方式的图例。

3．弧长分段

该方式是通过分别定义各节段的弧长来分割曲线。如图 3-71 所示的就是在设置"弧长"为 10 时对一段曲线分割的图例。

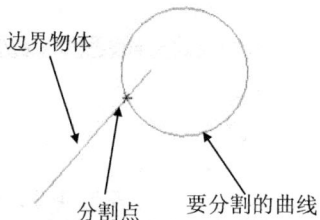

边界物体

分割点 要分割的曲线

图 3-70 "按边界对象"方式分段

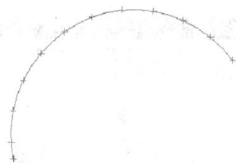

图 3-71 "弧长分段"方式分段

4. 在结点处

该方式只能分割样条曲线，它在曲线的定义点处将曲线分割成多个节段。

"终点"卷展栏的"方法"下拉列表包含 3 个分割选项："按结点号"、"选择结点"和"所有结点"。选择"按结点号"选项时，只要在"结点号"文本框中输入所需的结点号，则这些点将作为分割点；选择"选择结点"选项时，可以从屏幕上选择所要定义点作为分割点；选择"所有结点"选项时，则所有的定义点都将作为分割点。

5. 在拐角上

该方式是在拐角处(即一阶不连续点)分割样条曲线(拐角点是样条曲线节段的结束点方向和下一节段开始点方向不同而产生的点)。选择该类型后，选择要分割的曲线，系统会在样条曲线的拐角处分割曲线。

3.4.4　编辑圆角

在"曲线"工具栏中单击 按钮或选择"编辑"｜"曲线"｜"圆角"命令，系统会弹出如图 3-72 所示的"编辑圆角"对话框。

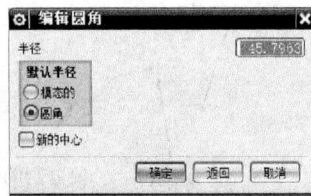

1. 修剪方式

该对话框中包括了 3 个修剪方式选项："自动修剪"、"手工修剪"和"不修剪"。

(1) 自动修剪

选择该方式，系统自动根据圆角来修剪其两条连接曲线。

(2) 手工修剪

该方式用于在用户的干预下修剪圆角的两条连接曲线。选择该方式后，接着响应系统提示，直至设置好对话框中的相应参数，然后确定是否修剪圆角的第一条连接曲线。若修剪，则选定第一条连接曲线的修剪端。最后确定是否修剪圆角的第二条连接曲线，若修剪，则选定第二条连接曲线的修剪端即可。

(3) 不修剪

选择该方式，则不修剪圆角的两条连接曲线。

2. 其他设置

在如图 3-72 所示的"编辑圆角"对话框中选择一种修剪方式后，再依次选择存在圆角的第一条连接曲线、圆角和圆角的第二条连接曲线，这时会弹出如图 3-73 所示的"编辑圆角"对话框，其中的各选项介绍如下。

图 3-72　"编辑圆角"对话框 1　　　　　图 3-73　"编辑圆角"对话框 2

(1) "半径"文本框

用于设定圆角的新半径值。

(2) "默认半径"选项组

用于设置"半径"文本框中的默认值。该选项包括"模态的"和"圆角"两个单选按钮。选中"模态的"单选按钮，则"半径"文本框中的默认值保持不变，直到在"半径"文本框中输入了新的半径值或选择了"圆角"单选按钮。选中"圆角"单选按钮，则"半径"文本框中的默认值为所编辑圆角的半径值。

(3) "新的中心"复选框

用于设置新的中心点。选中"新的中心"复选框，通过设定新的一点可以改变圆角的圆心位置。否则，仍以当前圆心位置来对圆角进行编辑。

3.4.5　曲线长度

在"编辑曲线"工具栏中单击 按钮或选择"编辑"|"曲线"|"长度"命令时，会弹出如图 3-74 所示的"曲线长度"对话框。

它能通过指定弧长增量或总弧长方式来改变曲线的长度。如图 3-75 所示的就是曲线长度进行编辑后的实例。

图 3-74　"曲线长度"对话框

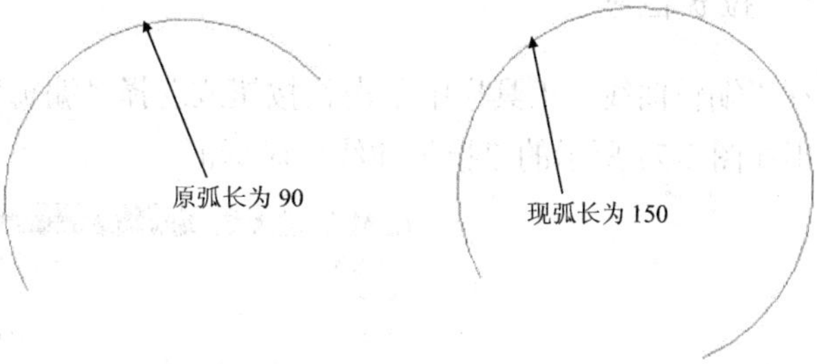

图 3-75　编辑弧长

3.4.6　光顺样条

在"编辑曲线"工具栏中单击 按钮或选择"编辑"|"曲线"|"光顺样条"命令时，会弹出如图 3-76 所示的"光顺样条"对话框。该对话框用来光顺样条曲线的曲率，使得样条曲线更加光顺。

1. 光顺类型

在"类型"卷展栏中进行光顺类型的选择，有"曲率"和"曲率变化"两个选项。

● 曲率：通过最小化曲率值的大小来光顺曲线。
● 曲率变化：通过最小化整条曲线的曲率变化来光顺曲线。

2. 边界约束

"约束"卷展栏中的"起点"和"终点"下拉列表框用于选择在光顺曲线的时候对于线条起点和终点的约束。下拉列表框中有 4 个选项，分别是"位置"、"相切"、"曲率"和"流"。

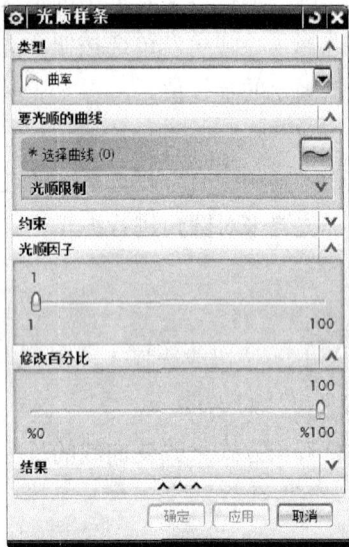

图 3-76　"光顺样条"对话框

3.4.7　拉长曲线

在"编辑曲线"工具栏中单击 按钮或选择"编辑" | "曲线" | "拉长"命令时，会弹出如图 3-77 所示的"拉长曲线"对话框。

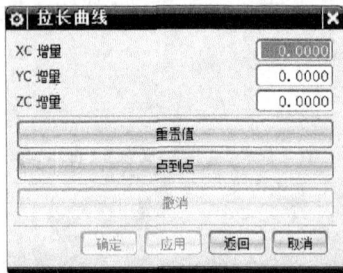

图 3-77　"拉长曲线"对话框

该对话框能用来移动几何对象，并可拉伸对象，如果选取的是对象的端点，其功能是拉伸该对象，如果选取的是对象端点以外的位置，其功能是移动该对象。

打开"拉长曲线"对话框后，可在绘图工作区中直接选择要编辑的对象，然后利用其中的选项设定移动或拉伸的方向和距离。移动或拉伸的方向和距离可在"拉长曲线"对话框中，通过以下两种方式来设定。

(1) 分别在"XC 增量"、"YC 增量"、"ZC 增量"文本框中输入对象沿 XC、YC、ZC 坐标轴方向移动或拉伸的位移即可。

(2) 单击"点到点"按钮，再设定一个参考点，然后设定一个目标点，则系统以该参考点至目标点的方向和距离来移动或拉伸对象。

如图 3-78 所示的就是曲线拉伸的图例。

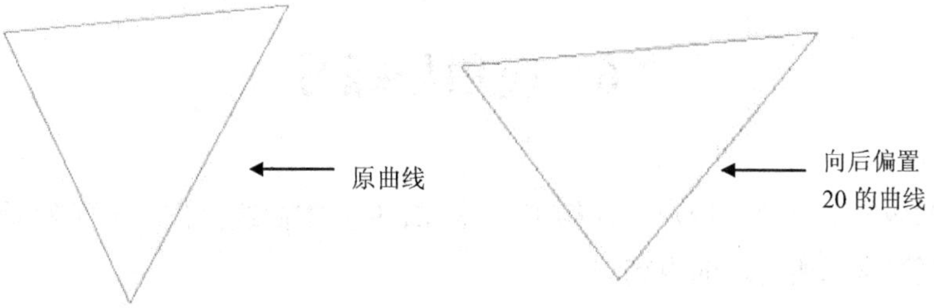

图 3-78　曲线拉伸

3.5　文字造型

在"曲线"工具栏中单击按钮或选择"插入"｜"曲线"｜"文本"命令时，弹出"文本"对话框，如图 3-79 所示。

用户可以自己选择相应的字体和大小，所有的设置都和在 Word 中是一样的，如设置为黑体，分别书写"中国字"和"UG 8"如下，同时还可以把空心字拉伸成实体，如图 3-80 所示。

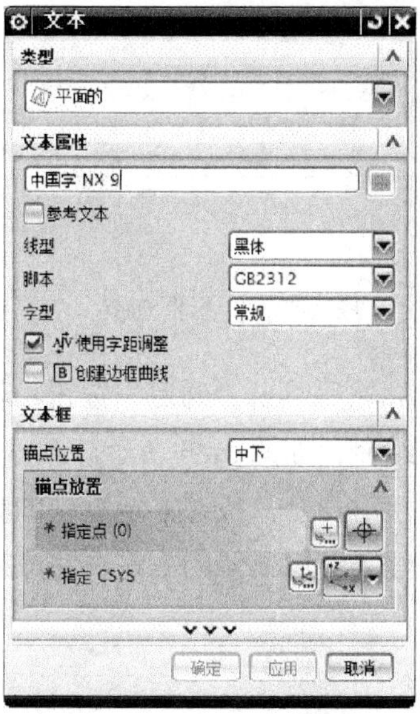

图 3-79　"创建文字"对话框

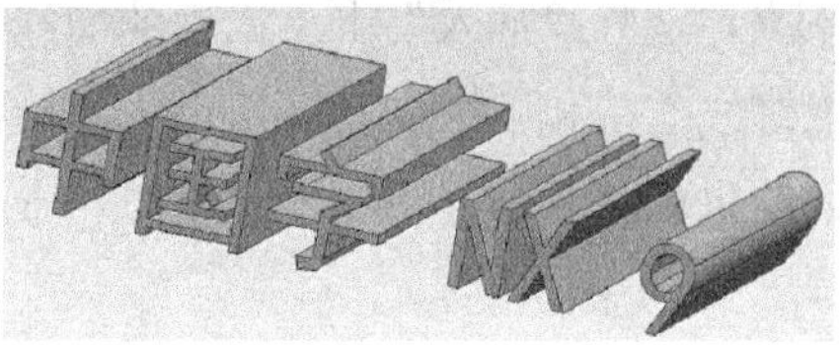

图 3-80　创建文字

总的来说，该功能和以前版本相比具有以下新特性。

● 从真实类型文本的外形生成 NX 曲线，可以被拉伸、投射与形成凹腔等。

● 支持真实类型文本的格式。

- 支持各种字体(标准/黑体/斜体/黑斜体)。
- 字符尺寸利用数值输入或交互手柄调整。
- 可以利用手柄、捕捉点、基准面或平表面定义字符安放平面。

3.6　应用与练习

通过本章内容的学习，用户已经初步了解 NX 9 基本曲线操作。下面就通过一个练习再次回顾和复习本章所讲述的内容。

本书中涉及的练习与实例的 NX 9 模型源文件、AVI 演示文件和教学课件可以到 http://www.tupwk.com.cn/downpage/网站下载。

用户可以使用 NX 9 打开名为 3_1.prt 的模型文件，就会看到一个已经画好的基本点，如图 3-81 所示。

该图中在 XC 轴的上方和下方分别有 8 个点。本练习把这 16 个点用曲线连接起来，形成一个飞机机翼的横截面模型。上面 8 个点是机翼的上缘面，下面的 8 个点是机翼的下缘面。

首先选择"插入"｜"曲线"｜"样条"命令，使用样条线命令分别生成上下样条。使用样条线中的"通过点"方法，在弹出的"通过点设置样条"对话框中，选择"多段"，并设置"曲线阶次"为 7，然后单击"确定"按钮，使用"在矩形内的对象成链"，用一个矩形框住上面 8 个点，如图 3-82 所示。

图 3-81　3-1.prt 图示　　　　　　　　图 3-82　矩形框选择

分别定义最前面和最后面的点为开始点和结束点。然后单击"确定"按钮，就可以完成上缘线的绘制了。使用类似的方法，完成下缘线的绘制，如图 3-83 所示。

接下来，选择"插入"｜"派生的曲线"｜"桥接"命令，按照系统默认的参数，直接选择上缘线右端和下缘线右端，完成连接部分的构建。使用类似的方法，完成后面的连接部分，结果如图 3-84 所示。

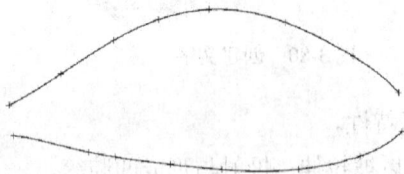

图 3-83　上下缘线的绘制　　　　　　　图 3-84　完成的机翼截面

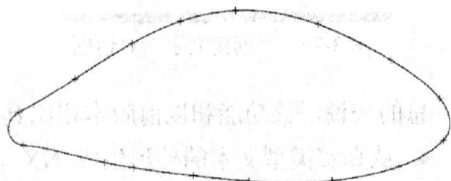

　　此时，在机翼的左下方，线条构建不是很好，尚需要进一步的编辑。选择"编辑"|
"曲线"|"参数(原有的)"命令，弹出对话框，保持默认设置，选择下缘线进行编辑，在
接着弹出的"编辑样条"对话框中选择"编辑点"选项，使用"添加点"的方法，在左
下方增加一个控制点，以更好地改进曲线的光滑度，如图 3-85 所示。最后完成整个曲线
的绘制。

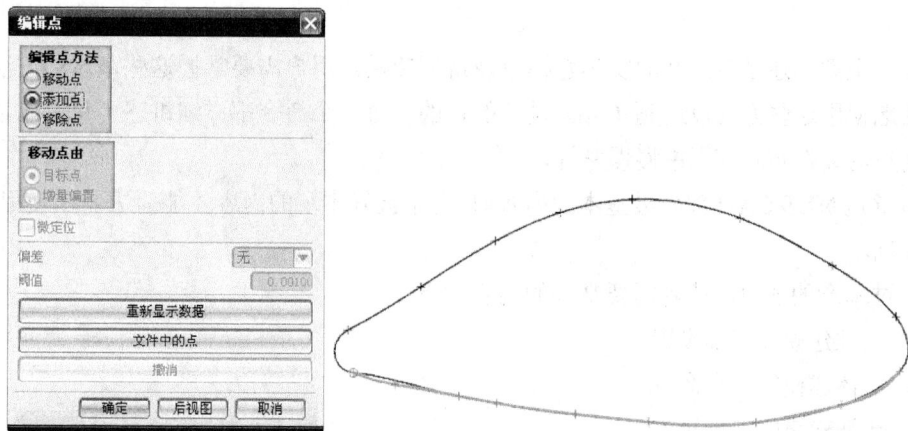

图 3-85　增加一个控制点

提示：

按照实际工程的要求，还可以采取其他方法进行编辑和修改，此处不再一一说明。

完成的曲线效果如图 3-86 所示，可以在 3_2.prt 文件中找到。

图 3-86　完成的曲线

3.7　习题

1. 点集有哪 3 种类型？
2. 常用的曲线设计工具有哪几种？
3. 如何对曲线进行偏置操作？
4. 如何对曲线进行编辑？

第4章 NX 9三维建模

本章主要讲述了 NX 9 的实体建模以及特征建模。用户需要掌握这些基本的方法，同时灵活地使用这些方法以达到 CAD 设计的目的。每一个命令都详细讲述了每个选项的用法，用户需要在实际应用中慢慢掌握。

本章是 NX 9 CAD 部分最基本的内容，只有掌握好本章的内容才能为进一步使用 NX 9 打下基础。

通过本章的学习，读者需要掌握的内容如下：

- 三维建模环境预设置
- 实体建模的多个命令
- 特征建模的基本操作

4.1 三维建模环境预设置

建模环境预设置可以设置创建特征的类型、栅格线、距离公差、角度公差和动态更新等。对建模环境进行预设置可以有效地提高建模效率和视觉效果。选择"首选项"|"建模"命令，系统弹出"建模首选项"对话框，如图 4-1 所示。

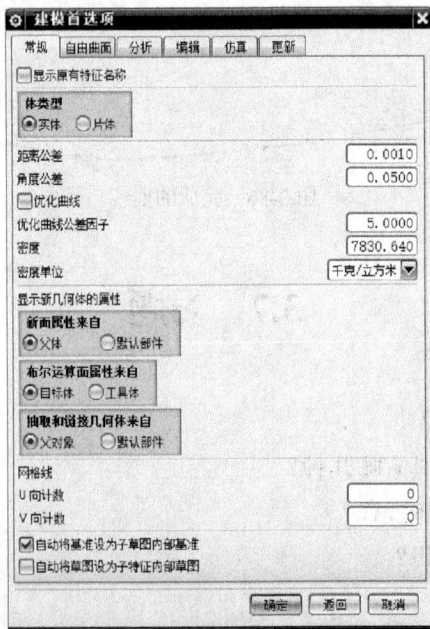

图4-1 "建模首选项"对话框

4.1.1 "常规"选项卡

"常规"选项卡主要用于设置基于草图创建的特征属性、生成的新面属性、构建曲面的公差和密度等。该选项卡中各主要选项的含义如下。

1. "体类型"选项组

"体类型"设置确定草图界面创建的特征是实体还是片体。

● "实体"单选按钮：选择该单选按钮时，利用曲线创建对象时生成的是实体。
● "片体"单选按钮：选择该单选按钮时，利用曲线创建对象时生成的是片体。

2. "公差和密度"选项组

实体的公差和密度设置有 6 个选项，如下所示。

● "距离公差"文本框：设置构造曲面与原始曲面的对应点所允许的最大距离误差。
● "角度公差"文本框：构造曲面与原始曲面的对应点在法向矢量上的最大角度公差。
● "优化曲线"复选框：选中此复选框以优化曲线。选中此选项后，将使用"优化曲线公差因子"文本框中的值来优化曲线。
● "优化曲线公差因子"文本框：用于设置优化曲线的公差因子。
● "密度"文本框：主要用于零件的几何特性计算，如零件的体积或重量的计算。
● "密度单位"文本框：指计算时所用的密度单位。

3. "新面属性来自"选项组

该选项组主要用于控制新面属性和布尔运算面属性的设置。

● "父体"单选按钮：选中该单选按钮，在实体上生成新的表面的属性和实体的属性一致。
● "部件默认"单选按钮：设置在实体上生成新的表面的属性和部件的默认显示属性一致。

4. "布尔运算面属性来自"选项组

该选项组主要用于设置实体运算后生成的新表面的显示属性。

● "目标体"单选按钮：选中该单选按钮，在两个实体进行布尔运算后生成的新表面显示属性和目标体的属性保持一致。
● "工具体"单选按钮：选中该单选按钮，在两个实体进行布尔运算后生成的新表面显示属性和工具体的属性保持一致。

5. "网格线"选项组

"网格线"是在线框显示模式下，控制曲面内部的曲线是否显示，以区别曲面和曲线。

● "U 向计数"文本框：用于设置在线框显示模式下，实体表面和片体表面的 U 向栅格数目，以区别曲面和曲线。

- "V向计数"文本框：用于设置在线框显示模式下，实体表面和片体表面的V向栅格数目，以区别曲面和曲线。

4.1.2　"自由曲面"选项卡

在"建模首选项"对话框中单击"自由曲面"标签，打开"自由曲面"选项卡，如图4-2所示。"自由曲面"选项卡主要包括"曲线拟合方法"、"高级重新构建选项"、"自由曲面构造结果"和"动画"等选项，其主要选项的作用分别如下。

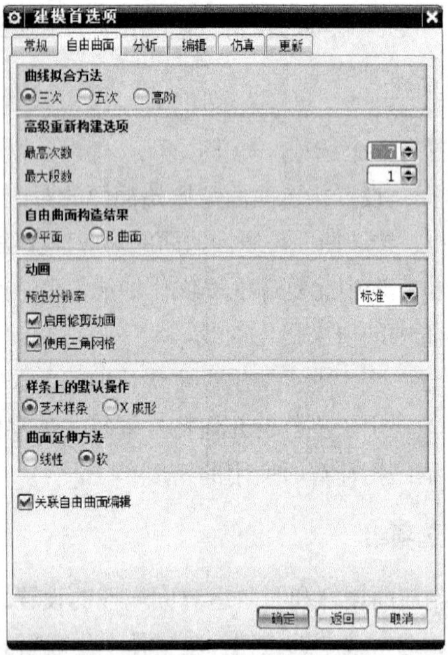

图4-2　"自由曲面"选项卡

1. "曲线拟合方法"选项组

该选项组主要用于选择曲面拟合方式，UG NX 9提供了三次、五次和高阶曲线拟合方法。

- "三次"单选按钮：选中该单选按钮，使用三次拟合方程构造曲面。
- "五次"单选按钮：选中该单选按钮，使用五次拟合方程构造曲面。
- "高阶"单选按钮：选中该单选按钮，可以通过"高级重新构建选项"选项组中的内容来设置拟合方式。

注意：

样条曲线拟合次数越高，分段数越少，曲面光顺性也越好，也能够更好地复原原来的几何对象形状。

2. "自由曲面构造结果"选项组

该选项组用于设置构建的片体用平面或B曲面表示。

- "平面"单选按钮：选中该单选按钮，构建的片体的性质是与边界平面性质一样的平面。
- "B 曲面"单选按钮：选中该单选按钮，构建的片体的性质是 B 曲面。

3．"动画"选项组

选择显示时是否启用裁剪动画，是否使用三角网格和预览分辨率。在"预览分辨率"下拉列表中可以设置预览时的分辨率。一般来说，分辨率越精细，反应速度就越慢。

4．"关联自由曲面编辑"复选框

用于设置是否关联自由曲面编辑。

4.1.3　"分析"选项卡

在"建模首选项"对话框中单击"分析"标签，打开"分析"选项卡，如图 4-3 所示。"分析"选项卡主要包括"极点和折线显示"、"已编辑极点和折线显示"和"面显示"、"曲线显示"设置。

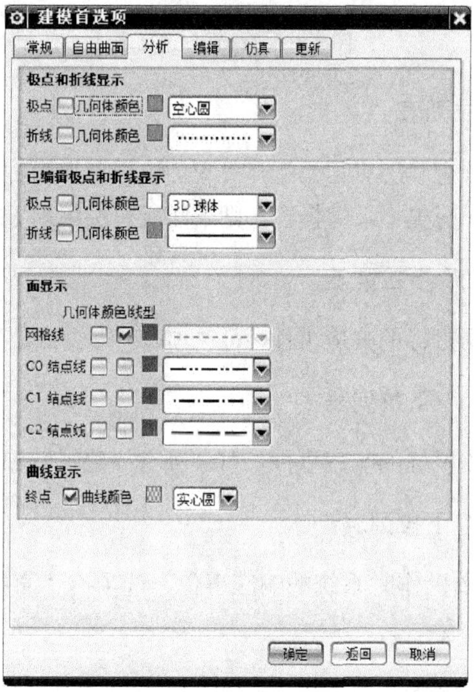

图 4-3　"分析"选项卡

4.1.4　"编辑"选项卡

该选项卡主要用于设置建模模式、双击操作模式和编辑草图操作信息提示等选项。如图 4-4 所示为"编辑"选项卡。

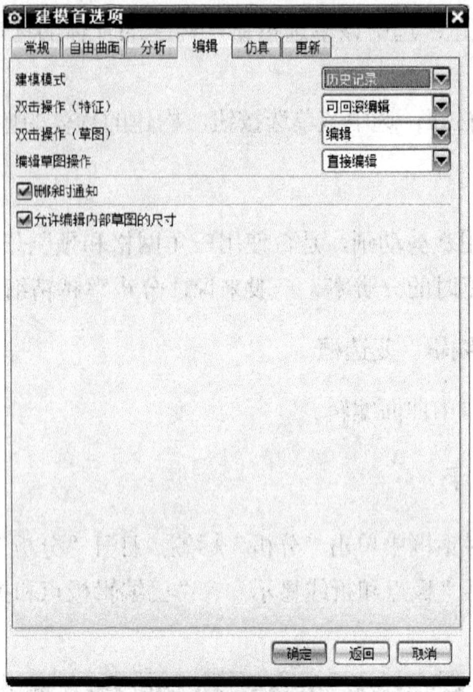

图 4-4　"编辑"选项卡

1. "建模模式"下拉列表

该下拉列表中的选项有"历史记录"与"无历史记录"两种。前者保留参数，后者不保留参数。如果采用"无历史记录"模式，则下面所有选项均无效。

2. "双击操作(特征)"下拉列表

设定特征建模时双击鼠标的响应事件，可选项有"编辑参数"和"可回滚编辑"两种。

3. "双击操作(草图)"下拉列表

设定绘制草图时双击鼠标的响应事件，可选项有"编辑"和"可回滚编辑"两种。

4. "编辑草图操作"下拉列表

设定在进行编辑草图操作时系统的响应事件，选项有"直接编辑"和"任务环境"两种。

5. "删除时通知"复选框

带有子特征的父特征被删除时，系统将自动弹出"提示"对话框。

6. "允许编辑内部草图的尺寸"复选框

4.1.5　"仿真"选项卡

该选项卡主要用于设置是否在建模环境中显示特定于仿真的对话框项。如图 4-5 所示为"仿真"选项卡。

图 4-5　"仿真"选项卡

4.1.6　"更新"选项卡

该选项卡主要用于设置动态更新模式等选项。如图 4-6 所示为"更新"选项卡。

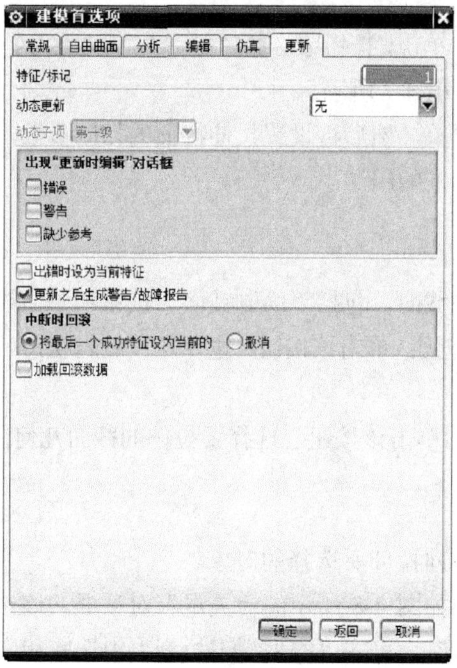

图 4-6　"更新"选项卡

1. "特征/标记"文本框

用于设置当用户每创建或更新多个特征时，系统自动增加一个内部标记。

2. "动态更新"下拉列表

设置模型的定义曲线动态改变时，模型是否马上更新。

- 无：模型不随曲线的动态改变而自动更新。
- 增量：模型的形状在鼠标指针停止动作时自动更新。
- 连续：模型随鼠标指针的移动而自动更新。

3. "动态子项"下拉列表

设置动态刷新时控制刷新特征的层次。

- 第一级：动态刷新直接子级特征。如曲面动态改变时，只有直接利用这个曲面生成的特征才允许刷新，其他特征不允许刷新。
- 所有级别：所有与曲面改变相关的特征都被刷新。

4.2　实体建模

UG NX 9 的建模分为实体建模、特征建模和自由曲面建模 3 大部分。而其中的实体建模和特征建模是所有 UG CAD 的基础。

4.2.1　拉伸

在"特征"工具栏中单击 按钮或选择"插入" | "设计特征" | "拉伸"命令，会弹出"拉伸"对话框，如图 4-7 所示。

用户可以选择拉伸对象，然后再设置拉伸特征的相应参数，即可完成拉伸操作。

下面详细介绍该对话框的用法。

1. "截面"卷展栏

选择或创建要拉伸的截面，包括"绘制截面"按钮和"曲线"按钮。

- "绘制截面"按钮 ：单击该按钮，进入草图编辑状态，创建的草图直接进行拉伸特征操作。
- "曲线"按钮 ：单击该按钮，选择要拉伸的截面几何图形。

2. "方向"卷展栏

该卷展栏按指定的方向拉伸所选择的对象。

单击 按钮，会弹出如图 4-8 所示的"矢量"对话框。该对话框中，系统默认的"类型"为"自动判断的矢量"。可在"类型"下拉列表中选取相应的方法，指定拉伸的矢量方向。一旦指定了拉伸方向，系统就会按照指定的方向进行拉伸操作。

单击 按钮，系统会自动翻转当前的拉伸方向。

图 4-7　"拉伸"对话框　　　　　　　　图 4-8　"矢量"对话框

3. "限制"卷展栏

该卷展栏用于设置拉伸操作的参数。

"开始"与"结束"下拉列表中的选项主要用来设置拉伸操作的开始或结束值(位置)，各选项的含义如下。

- "值"：设置起始位置和结束位置的距离值，如图 4-9 所示。
- "对称值"：表示拉伸操作将向两个方向同时进行，且拉伸距离相同，如图 4-10 所示。

图 4-9　设置"开始"与"结束"位置　　　　　图 4-10　"对称值"拉伸

- "直至下一个"：将拉伸终结在拉伸方向上遇到的下一个几何特征，如图 4-11 所示。

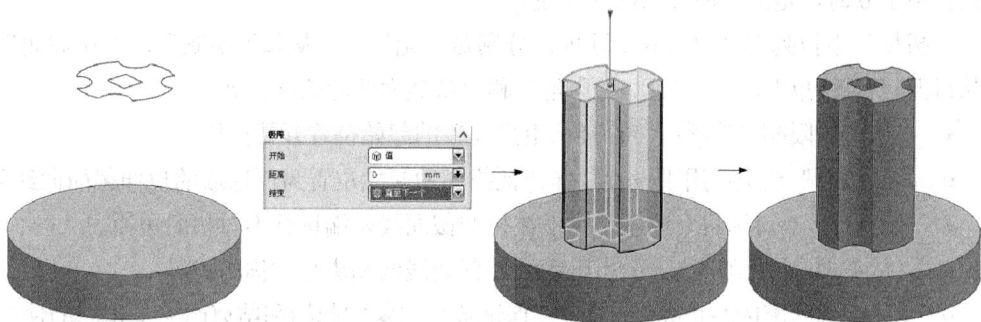

图 4-11　"直至下一个"拉伸

● "直至选定对象"：拉伸到选择的面或几何体为止，如图 4-12 所示。

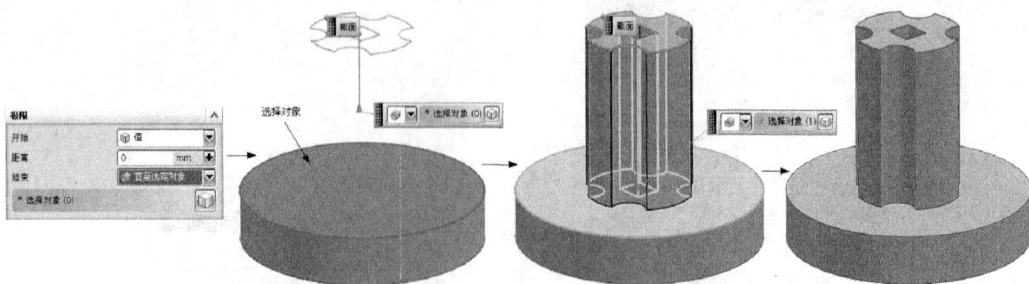

图 4-12　"直至选定对象"拉伸

● "直至延伸部分"：将选中的拉伸曲线延伸，实体通过实体时，在实体上修剪出界面轮廓曲线形状，如图 4-13 所示。

图 4-13　"直到被延伸"拉伸

● "贯通"：拉伸对象沿拉伸方向通过所有选取的实体。

4．"布尔"卷展栏

用户可以在进行拉伸的同时，进行布尔操作，可以选择"无"、"求和"、"求差"、"求交"和"自动判断"等布尔操作。

5．"拔模"卷展栏

"角度"文本框用于设置沿拉伸方向的拉伸角度。角度大于 0 时，是沿拉伸方向向内拔模；小于 0 时，是沿拉伸方向向外拔模。

"拔模"下拉列表框中有 6 个选项，分别是"无"、"从起始限制"、"从截面"、"从截面-不对称角"、"从截面-对称角"和"从截面匹配的终止处"。

● "从起始限制"选项：将直接从用户设置的起始位置开始拔模。

● "从截面"选项：用于设置拉伸特征拔模的起始位置为所选取的拉伸截面曲线处。

● "从截面-不对称角"选项：用于在拉伸截面线两端进行不对称的拔模。

● "从截面-对称角"选项：用于在拉伸截面线两端进行对称的拔模。

● "从截面匹配的终止处"选项：在保证拔模对象的起始和结束面大小相同的情况下进行拔模。

6. "偏置"卷展栏

"开始"与"结束"文本框用于设置截面曲线偏移的位置。其值的大小是相对于截面曲线而言的。其正负值是相对偏移方向(虚线矢量箭头方向)而言的。

"开始"与"结束"之差的绝对值为实体的厚度。

"开始"和"结束"的值可以设置为 0，这样系统将按照本身轮廓线的大小进行拉伸。

注意:

UG NX 9 可以通过拉伸把一条直线直接变为三维实体。只要设置了相应的拉伸距离和偏置值就可以了。

4.2.2　回转

"回转"是由特征截面绕旋转中心线旋转而成的一类特征，它适合于构建回转体零件。草绘旋转特征截面时，其截面必须全部位于中心线的一侧。若要生成实体特征，则其截面必须是封闭的。

在"特征"工具栏中单击 ▮ 按钮或选择"插入"｜"设计特征"｜"旋转"命令，会弹出"旋转"对话框，如图 4-14 所示。各参数的含义和操作方法与"拉伸"对话框中相应参数含义相似，这里不再赘述。

这里以一个简单回转体为例讲述创建回转特征的一般步骤，具体操作如下。

(1) 单击"特征"工具栏中的"旋转"按钮，弹出"旋转"对话框。

(2) 在"截面"卷展栏中单击"曲线"选择按钮 ▣ ，在绘图区选择截面轮廓；单击"自动判断的矢量"选择按钮 ▣ ，选择旋转轴；单击"自动判断的点"选择按钮 ▣ ，选择指定点，如图 4-15 所示。

图 4-14　"旋转"对话框　　　　　　　　　　　　图 4-15　"旋转"操作

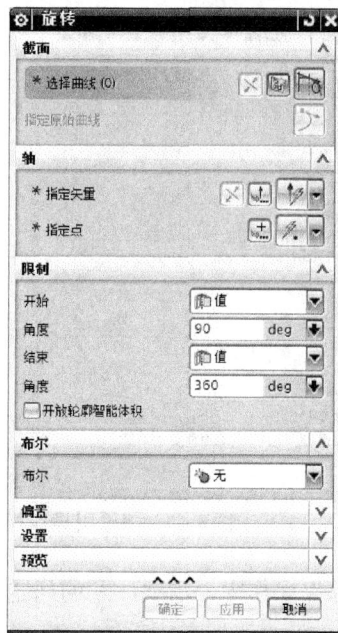

(3) 在"限制"选项组中的"开始"和"结束"文本框中分别输入角度值 0 和 360，绘图区将显示预览图形，单击"确定"按钮，即可完成回转体的创建，如图 4-16 所示。

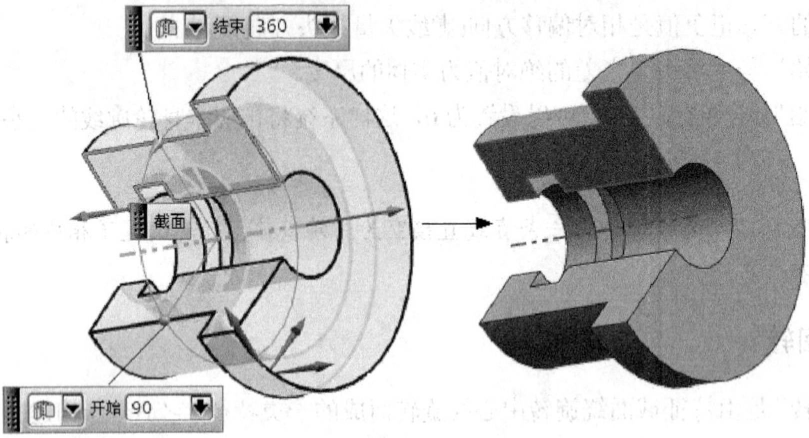

图 4-16 "旋转"预览与结果

4.2.3 沿引导线扫掠

"沿引导线扫掠"是指截面线沿引导线扫掠创建特征。引导线可以是直线、圆弧和样条曲线等。

沿引导线扫掠的具体操作步骤如下。

选择"插入"｜"扫掠"｜"沿引导线扫掠"命令，会弹出"沿引导线扫掠"对话框。首先选择截面线，然后按同样的方法选择引导线，在新弹出的"沿引导线扫掠"对话框中设置偏置参数，包含"第一偏置"和"第二偏置"两个参数文本框，最后单击"确定"按钮即可沿引导线进行扫掠，具体操作过程如图 4-17 所示。

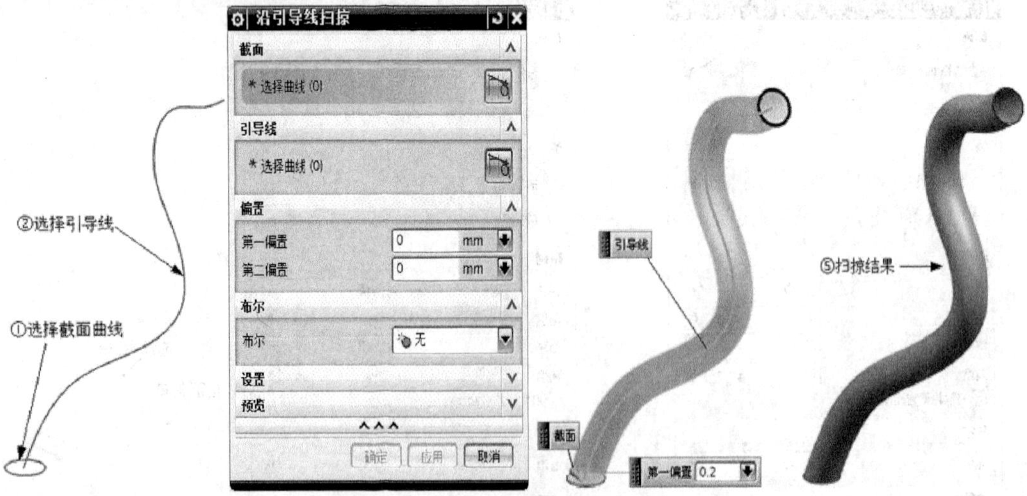

图 4-17 "沿引导线扫掠"操作

在"沿引导线扫掠"操作中，需要注意的问题有以下几点。

● 引导线可以是光顺的，也可以是有尖锐拐角的。

- 在引导线中的直线部分，系统采用拉伸的方法建立，在引导线中弧线的部分采用旋转的方法建立。
- 在引导线中两条相邻的直线不能以锐角相遇，否则会引起自相交的情况。
- 在引导线中的弧半径的尺寸相对截面曲线尺寸不能太小。

4.2.4　管道

"管道"是通过沿一个或多个相切的曲线或边扫掠一个圆形横截面而形成实体，可以选择外径和内径以创建管道、导线等。

选择"插入"｜"扫掠"｜"管道"命令，会弹出"管道"对话框，如图 4-18 所示。各选项含义分别如下。

- "路径"卷展栏：单击"曲线"按钮![icon]，可以选择曲线路径，曲线路径必须连续相切。
- "横截面"卷展栏：用于设置管道的"内径"和"外径"尺寸。

注意：

"外径"值必须大于 0，当"内径"值等于 0 时生成的是实心管。

- "设置"卷展栏："输出"选项用于设置是否严格按照一段曲线进行扫掠，还是根据多个圆柱段和螺旋管道段连接而成。其中，"多段"是指管道由多段面连接而成；"单段"是指按照一段曲线进行扫掠，如图 4-19 所示。

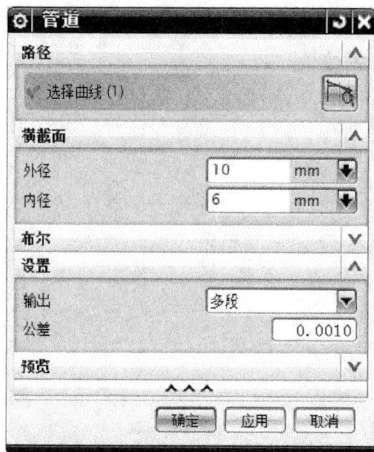

图 4-18　"管道"对话框

(a) 多段　　　　(b) 单段

图 4-19　"输出"形式

下面以创建一个多段管道为例讲述建立管道特征的一般步骤。

(1) 选择"插入"｜"扫掠"｜"管道"命令，弹出"管道"对话框。

(2) 用鼠标在绘图区选择曲线，设置横截面的"内径"为 10，"外径"为 15。

(3) 设置"输出"为"多段"形式，单击"确定"按钮完成管道的构建，具体的操作步骤如图 4-20 所示。

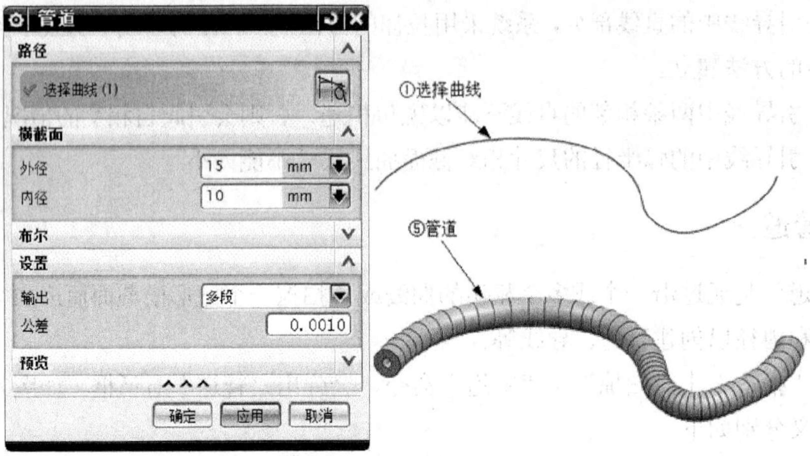

图 4-20　创建"管道"

4.3　特征建模

UG NX 9 特征建模方法可以对设计产品进行精确的定义，并支持参数化特征设计。可以通过表达式设计来驱动几何实体变化，可以用工程特征术语定义建模的过程，而不是低水平的 CAD 几何体。任何特征都可以进行基于尺寸和位置的修改。

UG NX 9 具有以下一些特征种类。

- 体素特征：块、柱、锥、球、管道。
- 形体特征：孔、槽、沟槽、腔、凸台、凸垫、螺纹。
- 功能特征：抽空、倒圆角、倒角、拔锥。
- 参考特征：基准面、基准轴。
- 阵列特征：矩形、环形、镜像。
- 用户自定义特征。
- 抽取。
- 增厚片体。
- 包围平面。

特征建模的特点如下：

(1) 参数化设计和尺寸驱动；

(2) 智能约束管理机制；

(3) 特征重排时序；

(4) 先进的模型编辑，包括删除、替代、移动、成锥和表面分割、改变实体比例等；

(5) 支持非参数化、非特征实体和曲面。

下面逐一介绍特征建模的功能。

4.3.1　块

在"特征"工具栏中单击 按钮，或选择"插入"|"设计特征"|"长方体"命令，会弹出如图 4-21 所示的"块"对话框。

在"类型"卷展栏的下拉列表框中选择一种块生成方式，然后对话框就会变为该方式下的定义。分别输入参数，之后选择布尔运算的类型，即可生成相应的块体。3 种块的创建方式如下。

1. 原点和边长

在"尺寸"卷展栏的各文本框中分别输入块体在 X、Y、Z 方向上的长度，然后在如图 4-22 所示的"选择条"工具栏中选择设置顶点的方法。按照选择的方法指定顶点的位置，该点是块左下角的顶点。接着在"布尔"卷展栏中设置好相应的布尔运算类型后，即可生成块，如图 4-23 所示。

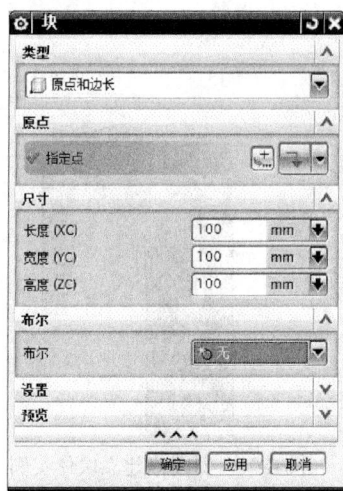

图 4-21　"块"对话框

图 4-22　"选择条"工具栏

2. 两点和高度

该选项用于按指定 Z 方向上的高度和底面两个对角点的方式创建块。在"类型"卷展栏的下拉列表框中选择该选项后，"块"对话框如图 4-24 所示。在"选择条"工具栏上选择点的方法，然后按照相应的方法确定块体的对角点，最后在"尺寸"卷展栏的"高度(ZC)"文本框中输入块体在 Z 方向上的高度。

3. 两个对角点

该选项按指定块体的两个对角点位置的方式创建块体。在"类型"卷展栏的下拉列表框中选择该选项后，"块"对话框如图 4-25 所示。选择块的对角点，设置好相应的布尔操作类型即可，如图 4-26 所示。

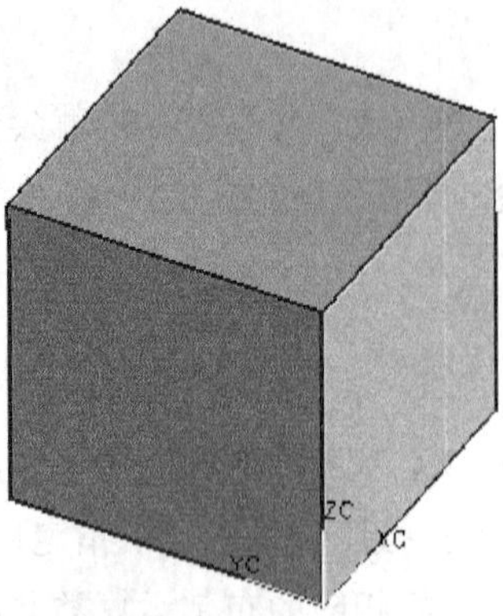

图 4-23 "原点和边长"方式

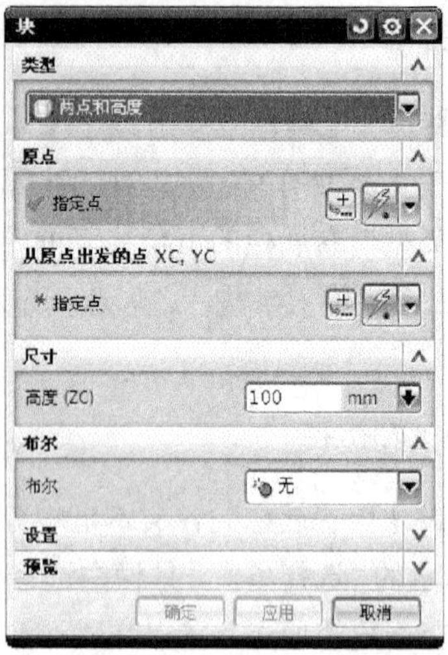

图 4-24 "块"对话框

图 4-25 "块"对话框

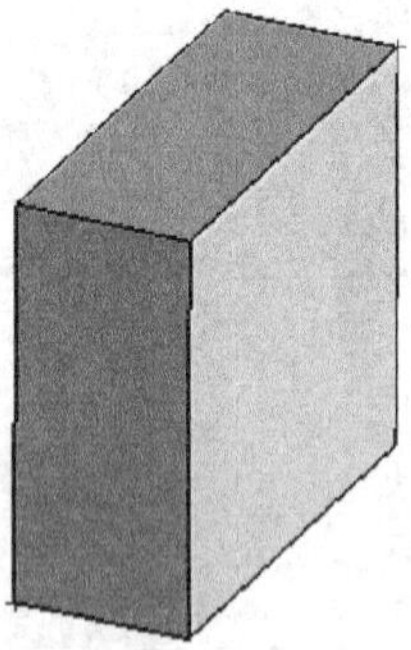

图 4-26 对角点建立块体实例

4.3.2 圆柱

在"特征"工具栏中单击 按钮，或选择"插入"｜"设计特征"｜"圆柱体"命令，会弹出如图 4-27 所示的"圆柱"对话框。

在对话框中选择一种圆柱生成方式。根据所选方式的不同，对话框中的选项也不同。下面介绍圆柱的两种生成方式。

1. 轴、直径和高度

该选项按指定直径和高度的方式创建圆柱。在"类型"卷展栏的下拉列表框中选择该方式创建圆柱，界面如图 4-27 所示。

单击"轴"卷展栏中"指定矢量"后的 按钮，会弹出"矢量"对话框，如图 4-28 所示。单击"轴"卷展栏中"指定点"后的 按钮，会弹出"点"对话框。可以在对话框中进行矢量和点的设置，也可以用鼠标直接选择进行矢量和点的设置。

图 4-27　"圆柱"对话框

图 4-28　"矢量"对话框

单击创建一底圆中心位置点，并单击创建一矢量方向作为圆柱的轴线方向后，在"圆柱"对话框的"尺寸"卷展栏中，输入圆柱的直径和高度。还可在"布尔"卷展栏中进行设置，选择一种布尔操作方法。最后单击"确定"按钮或"应用"按钮，生成圆柱，如图 4-29 所示。

2. 圆弧和高度

该选项按指定的高度和所选择的圆弧创建圆柱。在"类型"卷展栏的下拉列表框中选择该方式创建圆柱，界面如图 4-30 所示。

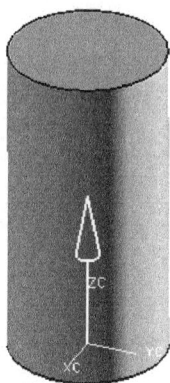

图 4-29　"轴、直径和高度"方式

图 4-30　"圆柱"对话框

在绘图工作区选择一圆弧，则该圆弧的半径将作为所创建圆柱的底面圆的半径。此时绘图工作区会显示矢量方向箭头，双击该箭头可以反转圆柱生成的方向。在"尺寸"卷展栏的"高度"文本框中输入圆柱高度。还可在"布尔"卷展栏中进行设置，选择一种布尔操作方法。最后单击"确定"按钮或"应用"按钮，生成圆柱，如图 4-31 所示。

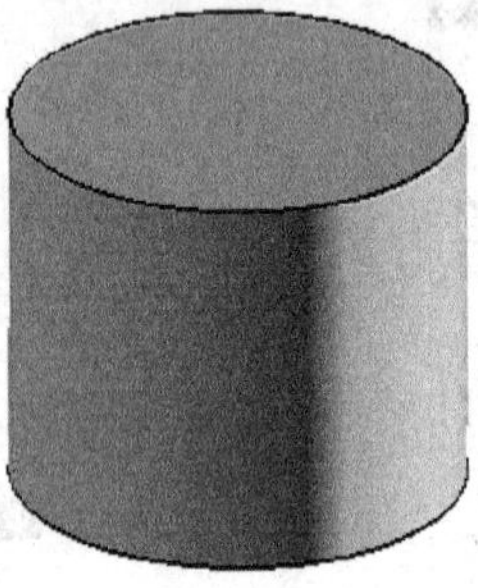

图 4-31 "圆弧和高度"方式

4.3.3 圆锥

在"特征"工具栏中单击 按钮，或选择"插入"｜"设计特征"｜"圆锥"命令，会弹出如图 4-32 所示的"圆锥"对话框。

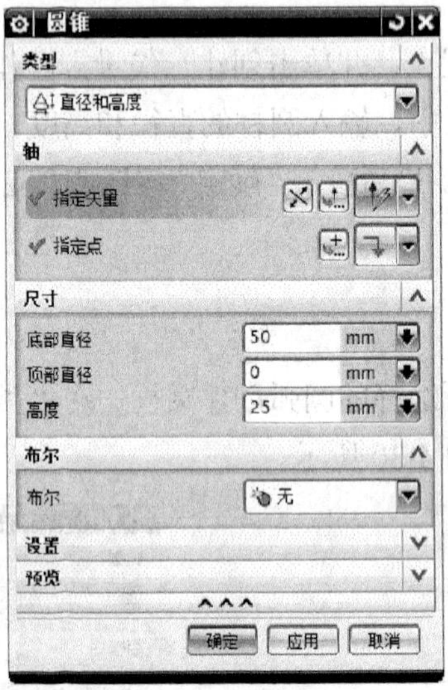

图 4-32 "圆锥"对话框

下面介绍该对话框中 5 种圆锥生成方式的用法。

1. 直径和高度

该选项按指定底直径、顶直径和高度来生成圆锥。

在"类型"卷展栏中选择"直径和高度"选项。在"轴"卷展栏中指定矢量和点，用于指定圆锥的轴线方向和底圆的中心点。在"尺寸"卷展栏的"底部直径"、"顶部直径"和"高度"文本框中分别输入底面直径、顶面直径和高度的值。在"布尔"卷展栏中可以选择一种布尔操作方法。最后单击"确定"按钮或"应用"按钮，生成圆锥。

2. 直径和半角

该选项按指定的底面直径、顶面直径、半角及生成方向的方式创建圆锥。

在"类型"卷展栏中选择"直径和半角"选项。在"轴"卷展栏中指定矢量和点，用于指定圆锥的轴线方向和底圆的中心点。在"尺寸"卷展栏的"底部直径"、"顶部直径"和"半角"文本框中分别输入底面直径、顶面直径和半角值。在"布尔"卷展栏中可以选择一种布尔操作方法。最后单击"确定"按钮或"应用"按钮，生成圆锥，如图 4-33 所示。

3. 底部直径、高度和半角

该选项按指定底面直径、高度、半角的方式创建圆锥。

在"类型"卷展栏中选择"底部直径、高度和半角"选项。在"轴"卷展栏中指定矢量和点，用于指定圆锥的轴线方向和底圆的中心点。在"尺寸"卷展栏的"底部直径"、"高度"和"半角"文本框中分别输入底面直径、高度和半角值，半角的值为负值。在"布尔"卷展栏中可以选择一种布尔操作方法。最后单击"确定"按钮或"应用"按钮，生成圆锥。

4. 顶部直径、高度和半角

该选项按指定顶面直径、高度、半角及生成方向的方式创建圆锥。

操作方法和前面的利用"底部直径、高度和半角"生成锥体的方法是一致的。所不同的是前面设置的是"底部直径"值，而此处设置的是"顶部直径"值。

5. 两个共轴的圆弧

该选项按指定两同轴圆弧的方式创建圆锥。

在"类型"卷展栏中选择"两个共轴的圆弧"选项。在"底部圆弧"和"顶部圆弧"卷展栏中显示所选择的圆弧，这两个圆弧分别作为圆锥的底面和顶面。在"布尔"卷展栏中可以选择一种布尔操作方法。最后单击"确定"按钮或"应用"按钮，生成圆锥。

如果两个圆弧不同轴，系统会以投影的方式将顶端圆弧投影到基准圆弧轴上。圆弧可以不封闭，如图 4-34 所示。

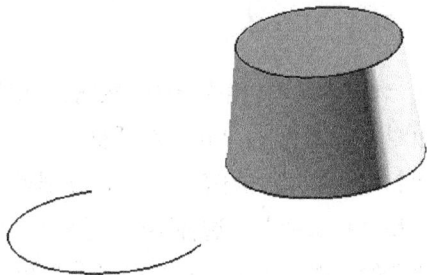

图 4-33　"直径和半角"方式　　　　　图 4-34　"两个共轴的圆弧"方式

4.3.4　球

在"特征"工具栏中单击 按钮，或选择"插入"｜"设计特征"｜"球"命令，会弹出如图 4-35 所示的"球"对话框。

下面介绍该对话框中两种球体生成方式的用法。

1. 中心点和直径

该选项按指定直径和球心位置的方式创建球。

在"类型"卷展栏中选择"中心点和直径"选项。在"中心点"卷展栏中设置选择中心点的方式,可以利用弹出的"点创建"对话框指定球的球心位置,也可以用鼠标直接选择。在"尺寸"卷展栏的"直径"文本框中输入球的直径。在"布尔"卷展栏中选择一种布尔操作方法。最后单击"确定"按钮或"应用"按钮,即可完成创建球的操作。

2. 圆弧

该选项按指定圆弧的方式创建球,指定的圆弧不一定封闭。

在"类型"卷展栏中选择"圆弧"选项。在"圆弧"卷展栏中设置选择圆弧的方式。用户在绘图工作区中选择一圆弧,则以该圆弧的半径和中心点分别作为创建球体的半径和球心。在"布尔"卷展栏中选择一种布尔操作方法。最后单击"确定"按钮或"应用"按钮,即可完成创建球的操作,如图 4-36 所示。

图 4-35　　"球"对话框　　　　　　　　　图 4-36　　"圆弧"方式

4.3.5　孔

在"特征"工具栏中单击 按钮,或选择"插入"|"设计特征"|"孔"命令,会弹出如图 4-37 所示的"孔"对话框。

UG NX 9 中孔的类型有 5 种,分别是"常规孔"、"钻形孔"、"螺钉间隙孔"、"螺纹孔"和"孔系列"。选择不同的类型,对话框的设置会有所不同。一般情况下,在实体上创建孔的一般步骤为:首先在"孔"对话框中指定孔的类型,然后选择某实体表面或基准平面作为孔放置平面,接着设置孔的参数,最后确定孔在实体上的位置。

下面以"常规孔"为例,详细介绍孔的创建方法。

在"孔"对话框中的"类型"卷展栏中选择"常规孔"选项后,"孔"对话框如图 4-37 所示。

在"位置"卷展栏中,通过鼠标拾取,可以直接选择指定点;也可以通过单击"绘制截面"按钮 ,进入"草图"环境绘制截面。

在"方向"卷展栏中的"孔方向"下拉列表框中，可以选择"垂直于面"选项，也可以选择"沿矢量"选项，以确定孔的生成方向。

在"形状和尺寸"卷展栏中的"成形"下拉列表框中，有 4 种成形类型可以选择，分别是"简单"、"沉头"、"埋头"和"锥形"。

1. 简单孔

如果在"尺寸"选项组中的"深度限制"下拉列表框中选择了"值"选项，则分别在"直径"、"深度"和"顶锥角"文本框中，输入相应的参数设置孔的直径、深度与顶锥角后，即可完成设置。在输入参数时，顶锥角的值必须大于或等于 0 且小于 180。

如果在"尺寸"选项组中的"深度限制"下拉列表框中选择了"直至选定对象"、"直至下一个"或"贯通体"选项，则只有"直径"文本框出现，此时可输入直径数值。

参数的具体含义如图 4-38 所示。

图 4-37　"孔"对话框　　　　　图 4-38　简单孔方式

2. 沉头孔

如果在"尺寸"选项组中的"深度限制"下拉列表框中选择了"值"选项，则分别在"沉头直径"、"沉头深度"、"直径"、"深度"和"顶锥角"文本框中输入相应的参数，设置沉头孔直径、沉头孔孔深度、孔的直径、孔的深度与顶锥角，即可完成设置。在输入参数时，沉头孔直径必须大于孔直径，沉头孔深度必须小于孔深度，顶锥角必须大于或等于 0 并且小于 180。

如果在"尺寸"选项组中的"深度限制"下拉列表框中选择了"直至选定对象"、"直至下一个"或"贯通体"选项，则只有"沉头直径"、"沉头深度"和"直径"文本框出现。参数的具体含义如图 4-39 所示。

3. 埋头孔

如果在"尺寸"选项组中的"深度限制"下拉列表框中选择了"值"选项，则分别在"埋头直径"、"埋头角度"、"直径"、"深度"和"顶锥角"文本框中，输入相应的参数，设置埋头孔直径、埋头角度、孔的直径、孔的深度与顶锥角，即可完成设置。在输入参数时，埋头孔直径必须大于孔直径，埋头角度必须大于 0 并且小于 180，顶锥角必须大于或等于 0 并且小于 180。

如果在"尺寸"选项组中的"深度限制"下拉列表框中选择了"直至选定对象"、"直至下一个"或"贯通体"选项，则只有"埋头直径"、"埋头角度"和"直径"文本框出现。参数的具体含义如图 4-40 所示。

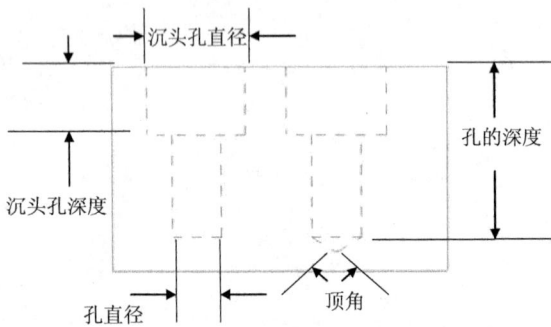

图 4-39 沉头孔方式   图 4-40 埋头孔方式

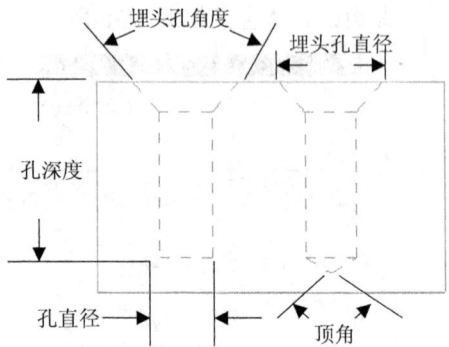

4. 锥形孔

如果在"尺寸"选项组中的"深度限制"下拉列表框中选择了"值"选项，则分别在"直径"、"锥角"和"深度"文本框中，输入相应的参数，设置锥形孔直径、锥形孔锥角角度和孔的深度，即可完成设置。在输入参数时，锥角必须大于-90 并且小于 90。

如果在"尺寸"选项组中的"深度限制"下拉列表框中选择了"直至选定对象"、"直至下一个"或"贯通体"选项，则只有"直径"和"锥角"文本框出现。

4.3.6 凸台

在"特征"工具栏中，单击 按钮或选择"插入" | "设计特征" | "凸台"命令，会弹出"凸台"对话框，如图 4-41 所示。

用户先选择凸台的放置平面，在"直径"、"高度"和"锥角"文本框中分别输入相应的参数，单击"确定"按钮后，弹出如图 4-42 所示的"定位"对话框，选择相应的定位方式确定圆形凸台的位置，再单击"确定"按钮，便可在实体的指定位置按所输入的参数创建圆形凸台，如图 4-43 所示。

注意:

UG NX 9 允许锥角为负值。

图 4-41　"凸台"对话框

图 4-42　"定位"对话框

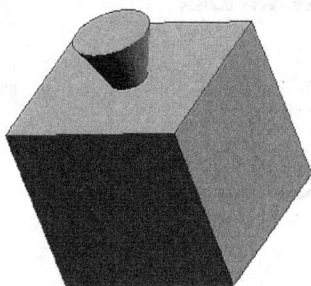

图 4-43　创建凸台

4.3.7　腔体

在"特征"工具栏中，单击 按钮或选择"插入"｜"设计特征"｜"腔体"命令，会弹出如图 4-44 所示的"腔体"对话框。

腔体的类型包括柱形腔体、矩形腔体和常规腔体 3 类。前两种生成方法相对简单，常规腔体相对复杂。下面将详细介绍这 3 类腔体的用法。

1. 柱形腔体

在"腔体"对话框中，单击"圆柱形"按钮，会弹出如图 4-45 所示的"圆柱形腔体"对话框，选择了实体面和基准平面后，会弹出如图 4-46 所示的"圆柱形腔体"对话框。在该对话框中包含了 4 个柱形腔的参数，它们的用法如下。

图 4-44　"腔体"对话框

图 4-45　"圆柱形腔体"对话框(1)

(1) 腔体直径

该文本框用于设置柱形腔的直径。

(2) 深度

该文本框用于设置柱形腔的深度。

(3) 底面半径

该文本框用于设置柱形腔底面的圆弧半径。它必须大于或等于 0，并且小于 Depth 值。

(4) 锥角

该文本框用于设置柱形腔的倾斜角度。它必须大于或等于 0。

在各文本框中输入相应的参数后，通过"定位"对话框，确定柱形腔的位置。则系统可在实体上的指定位置按所输入的参数创建柱形腔体，如图 4-47 所示。

图 4-46　"圆柱形腔体"对话框(2)　　　　　图 4-47　柱形腔体

2. 矩形腔体

在"腔体"对话框中，单击"矩形"按钮，弹出如图 4-48 所示的"矩形腔体"对话框，选择放置面，弹出如图 4-49 所示的"水平参考"对话框，让用户选择水平参考对象，这时可选择实体的边、面或基准轴等对象作为矩形腔的水平参考方向。指定参考方向后，系统会出现一个箭头显示当前的参考方向(就是将来腔体的长度方向)，并弹出如图 4-50 所示的"矩形腔体"对话框。该对话框中包含了矩形腔的 6 个参数，它们的用法如下。

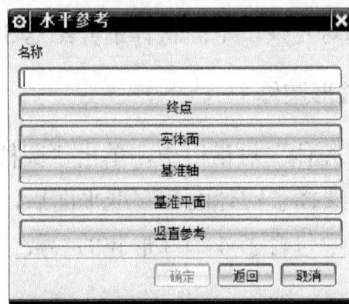

图 4-48　"矩形腔体"对话框(1)　　　　　图 4-49　"水平参考"对话框

(1) 长度

该文本框用于设置矩形腔的长度。

(2) 宽度

该文本框用于设置矩形腔的宽度。

(3) 深度

该文本框用于设置矩形腔的深度。

(4) 拐角半径

该文本框用于设置矩形腔深度方向直边处的拐角半径，其值必须大于或等于 0。

(5) 底面半径

该文本框用于设置沿矩形腔体底面周边的圆弧半径，其值必须大于或等于 0，且小于或等于 Corner Radius 值。

(6) 锥角

该文本框用于设置柱形腔体的倾斜角度，其值必须大于或等于 0。

在各文本框中输入相应的参数后，通过"定位"对话框，确定矩形腔的位置，则系统可在实体上的指定位置按所输入的参数创建需要的矩形腔，如图 4-51 所示。

图 4-50　"矩形腔体"对话框(2)　　　　　图 4-51　矩形腔体

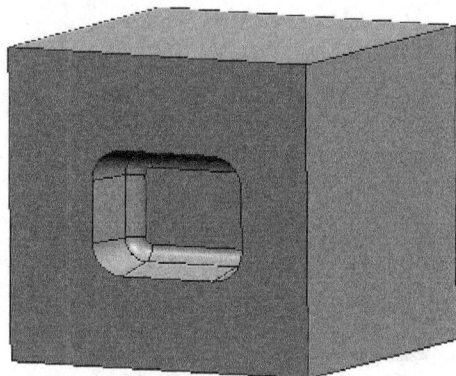

3. 常规腔体

在"腔体"对话框中，单击"常规"按钮，会弹出如图 4-52 所示的"常规腔体"对话框。下面详细介绍该对话框中各选项的用法。

(1) 选择步骤

对话框上部为"选择步骤"选项组，用于指定创建常规腔体的一些步骤。其中有些按钮是灰色的，只有在某些特定的操作或控制选项下才被激活。

创建常规腔体的时候并不一定要用到每个功能。下面介绍各主要按钮的用法。

① "放置面"按钮

该按钮用于选择常规腔体的放置面。放置面可位于实体的任何一个表面，所定义的放置面将会成为腔体的顶面。因为放置面属于第一个操作步骤，所以定义放置面时必须考虑到其他步骤的应用，如放置面轮廓线必须投影在放置面上。因此在选择放置面时，要考虑到放置面轮廓曲线的投影方向，并且可以选择一个或多个放置面。

② "放置面轮廓"按钮

该按钮用于定义放置面轮廓线，它是用来定义常规腔体在放置面上的顶面轮廓。可以从模型中选择曲线或边来定义放置面轮廓线，也可用转换底面轮廓线的方式来定义放置面轮廓线。

单击该按钮，对话框中部变成如图 4-53 所示。其中，下拉列表中包含两个选项："面的法向"和"根据轮廓曲线"，用于控制从放置面轮廓线产生通用腔体轮廓线。

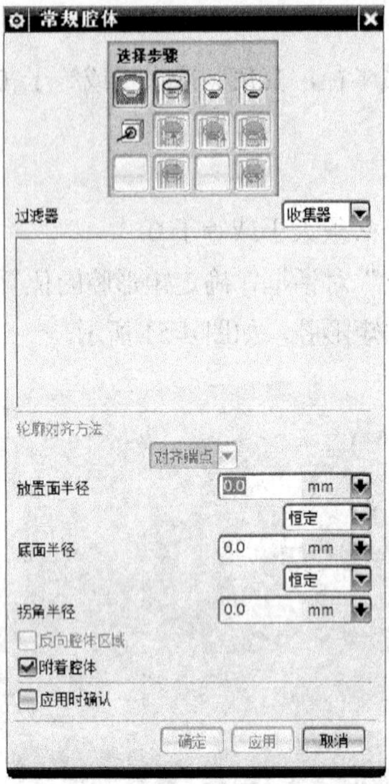

图 4-52   "常规腔体"对话框

图 4-53   "从底轮廓曲线起"选项组

③ "底面"按钮

该按钮用于定义常规腔体的底面。单击该按钮，对话框中部变为如图 4-54 所示。

绘图工作区将显示实线箭头。若没有定义底面，则箭头表示从放置面偏移或转换得到底面的默认方向；否则，箭头表示从已选底面偏移或转换得到实际底面的默认方向。

定义底面时，既可直接选择底面，也可偏移或转换放置面得到底面，还可以偏移或转换已选底面得到实际底面。直接选择底面时，可选择一个或多个表面、一个基准平面或一个平面。下面介绍该对话框中各选项的用法。

● "底面"下拉列表框：该下拉列表用于设置底面的定义方式。它包含"偏置"与"平移"两个选项。"偏置"的方向是系统默认方向，而"平移"的方向可以重新定义。"偏置"选项通过偏移放置面或已选底面得到实际底面。"平移"选项通过转换放置面或已选底面得到实际底面。选择该选项后，"底面平移矢量"按钮将自动被激活，可用它重新定义转换方向。

● "从放置面起"数值框：用于设置底面的偏移值，使所选放置面沿偏移方向偏移指定距离得到底面。该选项只有在没有选择底面时才被激活。

● "选定的底面"数值框：用于设置底面的偏移值。使所选顶面沿偏移方向偏移指定距离得到实际底面。该选项只有选择底面后才被激活。

④ "底面轮廓曲线"按钮

该按钮用于定义常规腔体的底面轮廓曲线，可以从模型中选择曲线或边来定义底面轮廓曲线，也可通过转换放置面轮廓曲线进行定义。单击该按钮，则对话框中部变为如图 4-55 所示的选项。

図 4-54　"底面"选项组 　　　图 4-55　"从放置面轮廓曲线起"选项组

- "锥角"文本框：该文本框设置拔模底面轮廓线得到放置面轮廓线时的拔模角度。锥角值必须大于或等于 0°，且小于或等于 90°，并必须确保可以拔模。

- 下拉列表框："锥角"文本框下的下拉列表框用于控制放置面轮廓线从底面轮廓线拔模的方式。其中包含了"恒定"、"规则控制"和"根据轮廓曲线"3 个选项。"恒定"选项按固定角度常数进行拔模，即按一固定角度拔模底面轮廓线得到放置面轮廓线。此时，可在"锥角"文本框中输入拔模的角度。"规律控制"选项按指定规则拔模底面轮廓线得到放置面轮廓线。选择该选项，若事先没有定义规律曲线，则弹出如图 4-56 所示的"规律函数"对话框。在该对话框中根据要求选择其中的某个选项，定义或编辑规律曲线即可(应确保可以拔模)。该对话框共提供了 5 种选择方式。"恒定"选项用于定义拔模角度的数值；"沿脊线的值-线性"选项用于定义沿脊线线性变化的拔模角度；"沿脊线的值-三次"选项用于定义沿脊线三次变化的拔模角度；"根据方程"选项用于以方程式来定义拔模角度；"根据规则曲线"选项是利用规则曲线来定义拔模角度，这时拔模角度会按照规则曲线所定义的形式产生。"根据轮廓曲线"选项按底面轮廓线进行拔模，即通过定义底面轮廓线中每条曲线的拔模规律来得到放置面轮廓线，而且它只有在底面轮廓线定义后，才能使用其功能。选择该选项后，会弹出"定义轮廓线拔模规律"对话框。用户可以参照创建规则曲线的应用方法来使用其中的各个选项。

图 4-56　"规律函数"对话框

- "相对于"下拉列表框：用于定义拔模的方向。其中包含 7 个选项，分别为"面的法向"、"指定的矢量"、"指定新的矢量"、"+XC 轴"、"+YC 轴"、"+ZC 轴"和"选定的基准轴"。"面的法向"选项用于设置底面轮廓线所在面的法向为拔模方向。"指定的矢量"选项用于修改"指定新的矢量"选项指定的拔模方向，并指定另一矢量方向作为拔模方向。选择该选项，然后选择一曲线或边缘，则其相应的矢量方向作为拔模方向。只有在用"指定新的矢量"选项指定一个新方向作为拔模方向后，该选项才出现。

选择的底面轮廓线必须是封闭曲线，而且是可以投影的，即当轮廓线按投影方向投影到指定的面时，必须封闭，并且不能自交。选择底面轮廓线后，则"底面轮廓线投影方向"按钮将自动被激活。在选择放置面轮廓线与底面轮廓线后，两轮廓线必须能创建常规腔体的规则侧面。而且，放置面轮廓线与底面轮廓线可用两种方式进行定义：两条轮廓线都可以直接从绘图工作区中选择对象来定义；或一条轮廓线直接从绘图工作区中选择对象进行定义，而另一轮廓线用已定义好的轮廓线进行偏移或转换来定义。

⑤ "目标体"按钮⊚

该按钮可选取目标实体，使常规腔体产生在所选取的实体上。当目标实体不是第一个放置面所在的实体或片体时，应选择该按钮以指定放置常规腔体的目标实体。当设定放置面时，如果选择的第一个面为基准平面，则必须指定目标体。单击该按钮，在模型中选择需要的一个实体或片体即可。

⑥ "放置面轮廓线投影方向"按钮⊚

该按钮用于指定放置面轮廓线的投影方向。当放置面轮廓线不在放置面上时，应指定轮廓线向放置面投影的方向。该按钮只有在选择了曲线作为放置面轮廓线时才被激活。可在该方式设置界面的下拉列表中选择投影方向的定义方式，然后再定义投影方向。

另外，在指定投影方向后，必须确保放置面轮廓线沿该投影方向是可投影的，即当放置面轮廓线沿投影方向投影到指定的放置面时，必须封闭且不能自交。

⑦ "底面轮廓线投影方向"按钮⊚

该按钮用于指定底面轮廓线的投影方向。当底面轮廓线不在底面上时，应指定轮廓线向底面投影的方向。该按钮只有当选择底面轮廓线后才被激活。单击该按钮，然后在弹出的下拉列表中选择投影方向的定义方法，然后再定义投影方向。

⑧ "底面平移矢量"按钮⊚

该按钮用于指定底面的平移方向。当要转换放置面或已选择底面得到实际底面时，应指定其转换方向。该按钮只在定义底面为一个转换面时才被激活，即当"底面"选项组的下拉列表框中为"平移"选项时才被激活。

单击该按钮，可以在下拉列表中选择转换方向的定义方法，然后定义转换方向。此时，应确保底面轮廓线经投影后可投影到转换得到的底面上。

⑨ "放置面轮廓线对齐点"按钮⊚

该按钮用于指定放置面轮廓线的对齐点，使之与底面轮廓线上的相应对齐点对齐。

用"点创建"对话框在模型中选择一点，或在选项组中选择选点方式后再选择需要的点，则轮廓线上与该点最靠近的点被指定为对齐点。选择对齐点后，在轮廓线上高亮度标记该点，并从 1 开始，按放置面轮廓线对齐方向顺序标出序号。放置面轮廓线设置的对齐点数应与底面轮廓线设置的对齐点数相同。

⑩ "底面轮廓线对齐点"按钮⊚

该按钮用于指定底面轮廓线的对齐点，使之与放置面轮廓线上相应对齐点对齐。

(2) "轮廓线对齐方法"下拉列表框

该下拉列表框用于指定放置面轮廓线和底面轮廓线的对齐方式，只有在放置面轮廓线与底面轮廓线都是单独选择的曲线时才被激活。该下拉列表中包含"端点对齐"、"指定点对齐"、"等参数对齐"、"等弧长对齐"、"放置面脊线对齐"和"底面脊线对齐"等 6 个选项。

- 端点对齐：该选项指定两条轮廓线用端点对齐。它只有在两条轮廓线包含的端点数目相同时才起作用。此时，对齐的起始点是表示两轮廓线方向的箭头位置，对齐顺序为沿各自的轮廓线对齐方向。
- 指定点对齐：该选项用两条轮廓线选择的对应点对齐。
- 等参数对齐：该选项指定两条轮廓线用等参数进行对齐。
- 等弧长对齐：该选项指定两条轮廓线用等弧长进行对齐。
- 放置面脊线对齐：该选项指定两条轮廓线用放置面脊线进行对齐。
- 底面脊线对齐：该选项指定两条轮廓线用底面脊线进行对齐。

(3) "放置面半径"选项组

该选项组用于指定常规腔体的顶面与侧面间的圆角半径。可以利用其下拉列表框中选项常数控制或规则控制来决定腔体的放置面半径，其值必须大于或等于 0。

(4) "底面半径"选项组

该选项组用于指定常规腔体的底面与侧面间的圆角半径。也可以利用其下拉列表框选项常数控制或规则控制来决定腔体的底面半径，其值必须大于或等于 0。

(5) "拐角半径"文本框

该文本框用于指定常规腔体侧边的拐角半径。

(6) "附着腔体"复选框

选中该复选框，若目标体是片体，则创建的常规腔体为片体，并与目标片体缝合成一体；若目标体是实体，则创建的常规腔体为实体，并从实体中删除常规腔体。取消该复选框，则创建的常规腔体为一个独立的实体。

4.3.8　垫块

在"特征"工具栏中单击 按钮或选择"插入"|"设计特征"|"垫块"命令，会弹出如图 4-57 所示的"垫块"对话框。

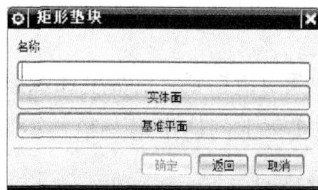

垫块的类型包括矩形垫块和常规垫块。

如果要创建矩形垫块，可单击"矩形"按钮，在弹出的如图 4-58 所示的"矩形垫块"对话框下选择矩形垫块的放置面，接着弹出"水平参考"对话框，如图 4-59 所示，选择水平参考对象，最后弹出如图 4-60 所示的"矩形垫块"对话框，在该对话框中设置矩形垫块的参数，即可创建需要的矩形垫块。

图 4-57　"垫块"对话框　　　　图 4-58　"矩形垫块"对话框(1)

如果要创建常规垫块，可按与创建常规腔体类似的方法来创建。垫块和腔体基本上是一致的，唯一的区别在于一个是凸的，一个是凹的。

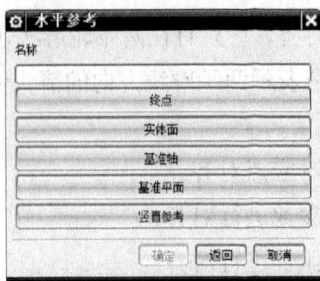

图 4-59   "水平参考"对话框   图 4-60   "矩形垫块"对话框(2)

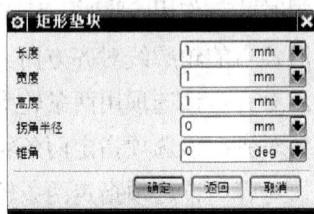

4.3.9　键槽

在"特征"工具栏中，单击 按钮或选择"插入"｜"设计特征"｜"键槽"命令，弹出如图 4-61 所示的"键槽"对话框。

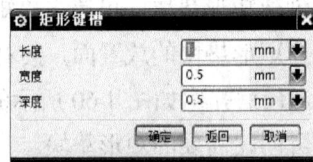

键槽的类型包括"矩形槽"、"球形端槽"、"U 形槽"、"T 型键槽"和"燕尾槽"5 种，同时各种类型的键槽都可以设置为"通槽"方式。

在实体上创建键槽的一般步骤为：首先指定键槽类型，再选择实体平面或基准平面作为键槽放置平面和通槽平面，并指定键槽的轴线方向；然后选择键槽的定位方式；最后设置键槽的参数即可完成操作。

在创建特征的时候需要指定放置平面和参考方向，和腔体等操作一样，参考方向主要是用来指定将来槽的长度方向。此时可选择实体边、面或基准轴作为槽的水平参考方向。

下面详细介绍 5 种键槽类型。

1. 矩形槽

若在"键槽"对话框中，选中"矩形槽"单选按钮，则可在实体上创建矩形槽。在选择放置平面和指定水平参考方向后，利用"定位"对话框，确定矩形槽的位置，弹出如图 4-62 所示的"矩形键槽"对话框。

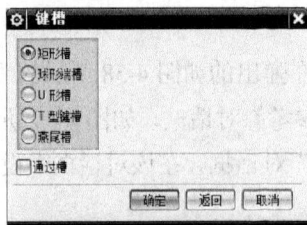

图 4-61   "键槽"对话框   图 4-62   "矩形槽参数"对话框

该对话框中包括长度、宽度和深度 3 个参数文本框。在各文本框中输入相应的参数后，则系统可在实体上创建指定参数的矩形槽。

2. 球形端槽

在"键槽"对话框中，选中"球形端槽"单选按钮，则可在实体上创建球形端槽。在选择放置平面和指定水平参考方向后，利用"定位"对话框，确定球形端槽的位置，弹出如图 4-63 所示的"球形键槽"对话框。

该对话框中的参数文本框有"球直径"、"深度"和"长度"。在各文本框中输入相应的参数值后，系统即可在实体上创建指定参数的球形端槽，如图 4-64 所示。

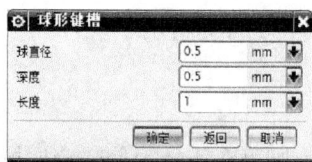

图 4-63　球形端槽方式　　　　　　图 4-64　球形端槽方式

3. U 形槽

在"键槽"对话框中，选中"U 形槽"单选按钮，则可在实体上创建 U 型槽。在选择放置平面和指定水平参考方向(即长度方向)后，再在"定位方式"对话框确定 U 型槽的位置，会弹出如图 4-65 所示的"U 形键槽"对话框。

该对话框中的参数文本框有"宽度"、"深度"、"拐角半径"和"长度"。在各文本框中输入相应的参数后，则系统可在实体上创建指定参数的 U 形槽，如图 4-66 所示。

图 4-65　"U 形键槽"对话框　　　　　图 4-66　U 形槽方式

4. T 型键槽

在"键槽"对话框中，选中"T 型键槽"单选按钮，则可在实体上创建 T 型槽。选择放置平面和指定水平参考方向(即长度方向)，然后在"定位"对话框确定 T 型槽的位置，会弹出如图 4-67 所示的"T 型键槽"对话框。

该对话框中有"顶部宽度"、"顶部深度"、"底部宽度"、"底部深度"和"长度" 5 个参数文本框。在各文本框中输入相应的参数值后，则可在实体上创建指定参数的 T 型槽，如图 4-68 所示。

图 4-67   "T 型键槽"对话框

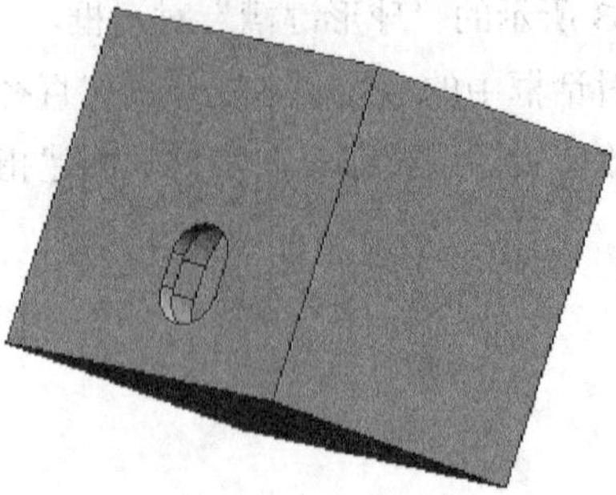

图 4-68   T 型槽方式

5. 燕尾槽

在"键槽"对话框中，选中"燕尾槽"单选按钮，则可在实体上创建燕尾槽。在选择放置平面和指定水平参考方向(即长度方向)后，通过"定位"对话框确定燕尾槽的位置，会弹出如图 4-69 所示的"燕尾槽"对话框。

该对话框中的参数文本框为"宽度"、"深度"、"角度"和"长度"。在各文本框中输入相应的参数后，则系统在实体上创建指定参数的燕尾槽，如图 4-70 所示。

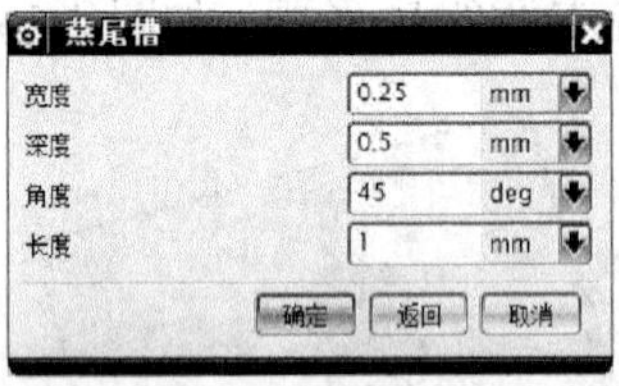

图 4-69   "燕尾槽"对话框

图 4-70   燕尾槽方式

4.3.10   沟槽

在"成型特征"工具栏中，单击■按钮或选择"插入"｜"设计特征"｜"槽"命令，会弹出如图 4-71 所示的"槽"对话框。

沟槽的类型包括矩形沟槽、球形端槽和 U 形沟槽。在实体上创建沟槽的一般步骤为：先选择沟槽类型，再指定圆柱面或圆锥面作为沟槽的放置面，然后设置沟槽参数，最后用"定位"对话框确定沟槽在实体上的位置。另外，沟槽可以在实体表面上或实体内部。

下面详细介绍这 3 种沟槽类型的用法。

1. 矩形沟槽

在"槽"对话框中，选中"矩形"选项，则可在实体上创建矩形沟槽。选择该类型后，会弹出如图 4-72 所示的"矩形槽"对话框，让用户选择矩形沟槽的放置面，可以在实体上选择圆柱面或圆锥面作为放置面，接着会弹出如图 4-73 所示的"矩形槽"对话框。

图 4-71　"槽"对话框

图 4-72　"矩形槽"对话框(1)

该对话框中包括"槽直径"和"宽度"两个参数文本框。在文本框中输入相应的参数值后，单击"确定"按钮，弹出如图 4-74 所示的"定位槽"对话框。确定沟槽在放置面上的位置，则系统可在实体上按指定的参数值创建矩形沟槽。

图 4-73　"矩形槽"对话框(2)

图 4-74　"定位槽"对话框

2. 球形端槽

在"槽"对话框中，选中"球形端槽"选项，则可在实体上创建球形端槽。选择该类型后，会弹出如图 4-75 所示的"球形端槽"对话框，让用户选择球底沟槽的放置面，可以在实体上选择圆柱面或圆锥面作为放置面，接着会弹出如图 4-76 所示的"球形端槽"对话框。

图 4-75　"球形端槽"对话框(1)

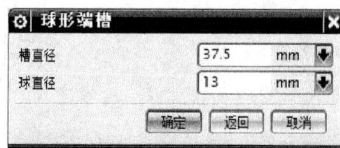

图 4-76　"球形端槽"对话框(2)

"球形端槽"对话框与"矩形槽"对话框类似，只是参数文本框变为了"槽直径"和"球直径"参数文本框。在文本框中分别输入球形端槽的沟槽直径和球径后，弹出"定位槽"对话框。确定沟槽在放置面上的位置，则系统在实体上按指定的参数值创建球形端槽。

3. U 形沟槽

在"槽"对话框中选择"U 形槽"选项，则可在实体上创建 U 型沟槽。选择该类型后，会弹出如图 4-77 所示的"U 形槽"对话框，让用户选择 U 型沟槽的放置面，可在实体上选择圆柱面或圆锥面作为放置面，接着会弹出如图 4-78 所示的"U 形槽"对话框。

图 4-77　"U 形槽"对话框(1)

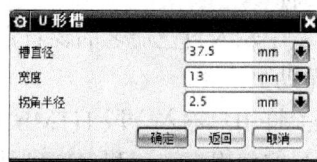

图 4-78　"U 形槽"对话框(2)

"U 形槽"对话框与"矩形槽"对话框类似，只是参数文本框变为了"槽直径"、"宽度"和"拐角半径"参数文本框。在文本框中输入相应的参数值后，弹出"定位槽"对话框。确定沟槽在放置面上的位置，则系统在实体上按指定的参数值创建 U 形沟槽。

4.3.11   用户自定义特征

通常情况下，用户会反复使用几个特征。例如，做螺栓的用户肯定会经常用到圆柱、凸台、螺纹或键槽等特征。一系列产品可能只是大小尺寸不一样，特征却是相似的，这个时候就可以使用用户自定义特征来定义需要的组合特征，使用起来和其他特征一样。

选择"工具"｜"用户定义特征"命令，打开详细的用户自定义命令。用户可以通过下面几个步骤来定义。

1. 定义向导

选择"工具"｜"用户定义特征"｜"向导"命令，首先打开定义向导，如图 4-79 所示。

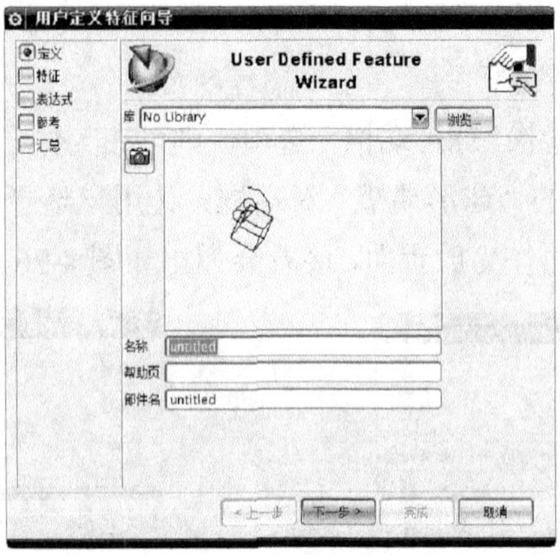

图 4-79   用户定义特征向导第一步

(1) 第一步

下面介绍各主要选项的含义。

① 库

用户如果已经建立了一个自定义库，可以输入这个库的名字，这次定义的特征将自动添加到这个库中。也可以使用默认的 No library。

② "捕捉图像"按钮

用户可以使用这个按钮捕捉要定义的特征，该特征的图像就生成在对话框中间的区域，这个图像就作为以后该特征的预览图像。

③ 名称

在这其中输入自己命名的该自定义特征的名字。

④ 帮助页

该处允许用户输入一段 HTML 文件的链接，用户可以用这个 HTML 文件来说明自己定义的特征的使用方法，和 NX 自己的使用说明一样。

⑤ 部件名

这里可以输入一个名称，UG NX 9 为这个自定义特征生成一个部件。

(2) 第二步

然后可以进一步单击"下一步"按钮，进入下一步，如图 4-80 所示。其中各选项的含义分别如下。

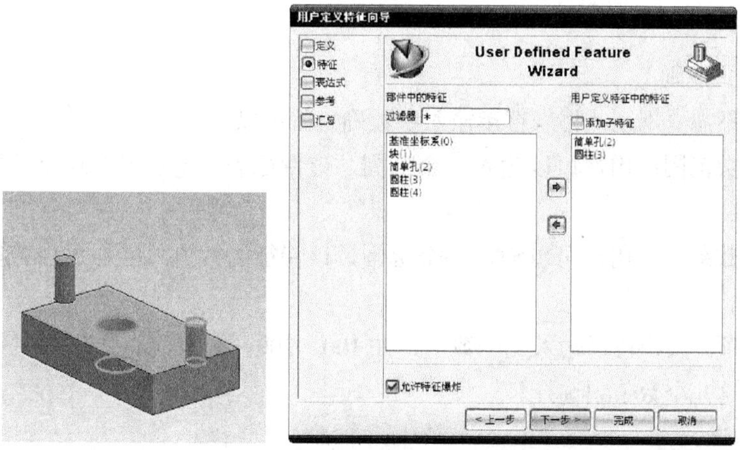

图 4-80　用户定义特征向导第二步

① 部件中的特征

该选项组按照特征数的顺序列出所有的已经存在的特征，以供用户选择。

② 用户定义特征中的特征

用户可以直接在左边的区域双击或者选中相应的特征然后单击⊞按钮，就可以将选中的特征加入到右边的区域中。如选中了"添加子特征"复选框，则当用户加入一个特征时，此特征的所有子特征都会被加入。当然也可以把右边已经加入的特征再去除。

在选中相应特征的同时，绘图区的对象上对应的区域高亮显示。

(3) 第三步

然后可以进一步单击"下一步"按钮，进入第三步，如图 4-81 所示。其中各选项含义分别如下。

图 4-81　用户定义特征向导第三步

① 可用表达式

该选项组包含了所有特征的每一个参数，如果想要将来生成的特征那个参数可以变化，就把它加入到右边的框内。

② 用户可编辑表达式

用户可以看到加入可变参数，同时可以通过下方的表达式规则定义这个参数发生变化的方法。

③ 表达式规则

- 无：不需要规则，将来直接输入参数确定就可以。
- 按整数范围：用户可以输入一个范围，该特征的数值只能在这个范围内进行整数变化。
- 按实数范围：用户可以输入一个范围，该特征的数值只能在这个范围内进行小数变化。
- 按选项：用户可以输入几个数值，如 100、200、300，以后使用这个特征的时候只能在这几个数值中选择。

(4) 第四步

然后可以继续单击"下一步"按钮，进入第四步，如图 4-82 所示。

在上方的列表框内，有已经定义好的放置自定义特征需要的参考，用户还可以使用"添加几何体"按钮添加相应的其他参考。这样在放置特征的时候就可以分别按照需要的参考进行精确定位。

(5) 第五步

然后可以继续单击"下一步"按钮，进入第五步，如图 4-83 所示。

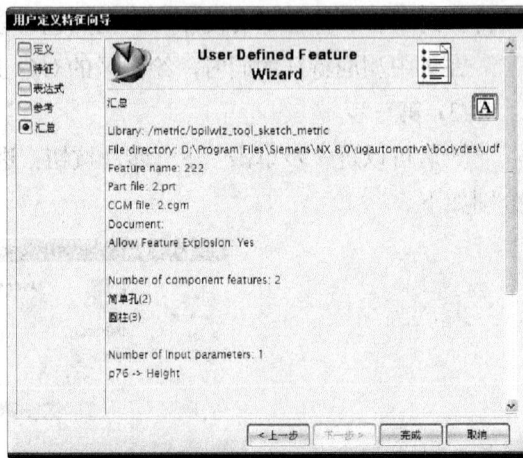

图 4-82　用户定义特征向导第四步　　　　图 4-83　用户定义特征向导第五步

单击"完成"按钮就可以完成自定义特征的定义了。

2. 插入

选择"工具"｜"用户定义特征"｜"插入"命令，打开"用户定义特征库浏览器"

对话框，如图 4-84 所示。

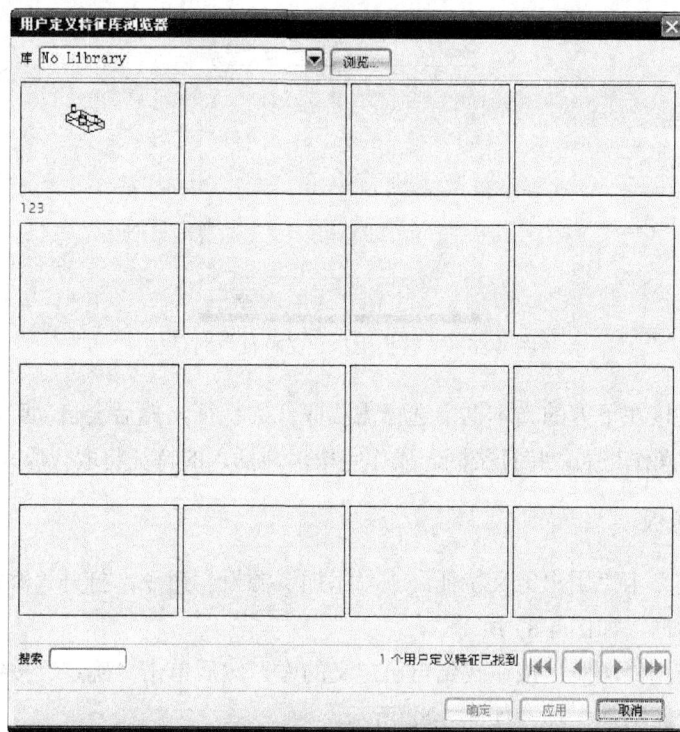

图 4-84　"用户定义特征库浏览器"对话框

　　用户可以直接按照预览的图片选择需要的特征，系统会出现特征属性对话框和"用户定义特征定义"对话框，可以预览图像和位置大小定义，如图 4-85 所示。

图 4-85　特征属性对话框和"用户定义特征定义"对话框

此时，用户就可以把特征按照自己的要求施加到对象上了。

3. 替换

　　选择"工具"｜"用户定义特征"｜"替换"命令，打开"替换用户定义特征"对话框，如图 4-86 所示。

图 4-86　"替换用户定义特征"对话框

　　用户可以直接在下方的文本框中选择需要取代的特征，然后会自动弹出"插入特征"对话框。之后的操作与插入特征类同。操作完毕，新插入的特征将取代原来的特征。

4. 添加资源板

　　选择"工具"｜"用户定义特征"｜"添加资源板"命令，打开"添加用户定义特征库资源板"对话框，如图 4-87 所示。

　　用户可以使用"浏览"按钮找到自己定义的库，然后单击"确定"按钮，在 UG NX 9 的导航器上就会新增加一项，如图 4-88 所示。

图 4-87　"添加用户定义特征库资源板"对话框

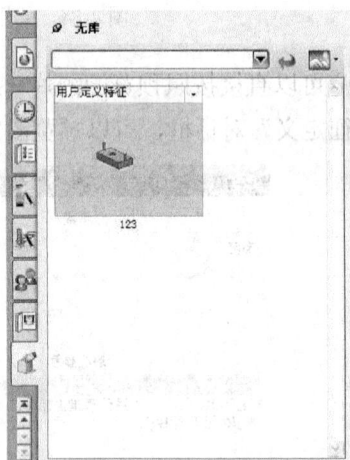

图 4-88　导航器新增加的按钮

　　在使用的时候，用户可以直接打开这个导航器，选中自己想要的特征，拖动到所要施加的平面就可以了，十分方便。

4.3.12　抽取

　　在工具栏中单击　按钮或选择"插入"｜"关联复制"｜"抽取几何体"命令，系统弹出如图 4-89 所示的"抽取几何体"对话框。

　　用户可以选择 7 种不同的抽取方法(复合曲线、点、基准、面、面区域、体和镜像体)。对应每一种方法，对话框的选项也不相同。下面详细介绍其中常用的 3 种方法。

1. 抽取面

在"类型"卷展栏中选择"面"选项，用户可以从实体、曲面上直接抽取相应的面，抽取的结果可以是"与原先相同"、"三次多项式"和"一般 B 曲面"这 3 种类型，分别对应"设置"卷展栏的"曲面类型"下拉列表框中的选项。

还可以通过"面"与"设置"卷展栏中的选项设置，选择各种详细选择面的方法。

2. 抽取面区域

在"类型"卷展栏中选择"面区域"选项，会出现如图 4-90 所示的"抽取几何体"对话框。

用户需要先选择种子面，然后选择边界面，最后所有夹在种子面和边界面中间的区域都被选中，同样是可以选择各种实体面和曲面。

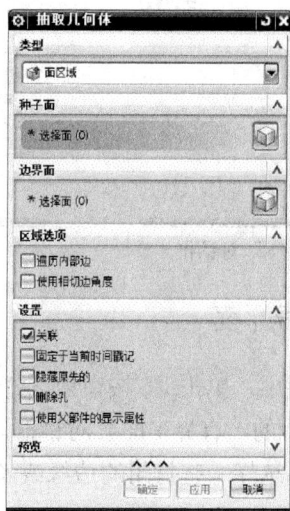

图 4-89　"抽取几何体"对话框(1)　　　　图 4-90　"抽取几何体"对话框(2)

3. 抽取体

在"类型"卷展栏中选择"体"选项，会弹出如图 4-91 所示的"抽取几何体"对话框。

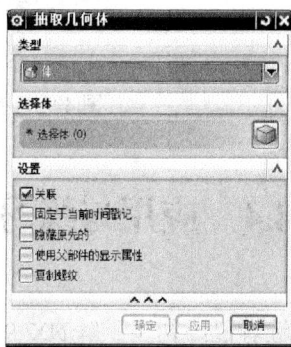

图 4-91　"抽取几何体"对话框(3)

用户可以直接选择一个实体进行抽取。

4.3.13 增厚片体

在工具栏中，单击 按钮或选择"插入"|"偏置/缩放"|"加厚"命令，弹出如图 4-92 所示的"加厚"对话框。

用户可以直接选择一个曲面，然后系统会出现曲面的法向方向。输入"偏置 1"和"偏置 2"的数值，即可在第一偏置和第二偏置中间生成增厚的片体，如图 4-93 所示。

图 4-92 "加厚"对话框

图 4-93 增厚片体实例

4.3.14 有界平面

在工具栏中，单击 按钮或选择"插入"|"曲面"|"有界平面"命令，会弹出如图 4-94 所示的"有界平面"对话框。

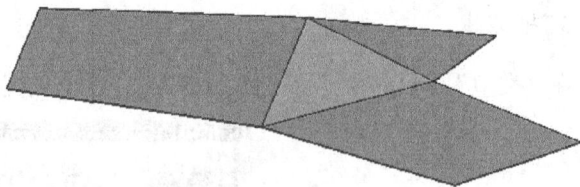

用户可以选择一些封闭的边缘或者线条，系统就会在这些对象中间生成一个平面，如图 4-95 所示。

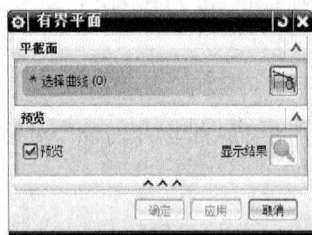

图 4-94 "有界平面"对话框

图 4-95 有界平面实例

4.4 应用与练习

通过本章上述内容的学习，读者已经初步了解 NX 9 三维建模操作。下面通过练习来再次回顾和复习本章的内容。

用户可以使用 NX 9 打开名为 4_1.prt 的 NX 9 模型文件。该模型文件为一个已经画好的轴承连接件，如图 4-96 所示。

本练习学习绘制这个零件。

(1) 新建一个零件，直接进入草图环境，将草图绘制在默认的 X-Y 平面上。分别绘制两个圆，一个直径为 25，一个为 50。并且使用垂直和水平的尺寸标注方法，把直径 25 的圆的圆心位置固定在(0,50)的位置，把直径 50 的圆的圆心位置固定在(-100,0)的位置，如图 4-97 所示。

图 4-96　轴承连接件示意图

图 4-97　草图第一步

(2) 选择"插入"|"来自曲线集的曲线"|"镜像曲线"命令，以 Y 轴为对称轴镜像直径 50 的圆，以 X 轴为对称轴镜像直径 25 的圆，如图 4-98 所示。

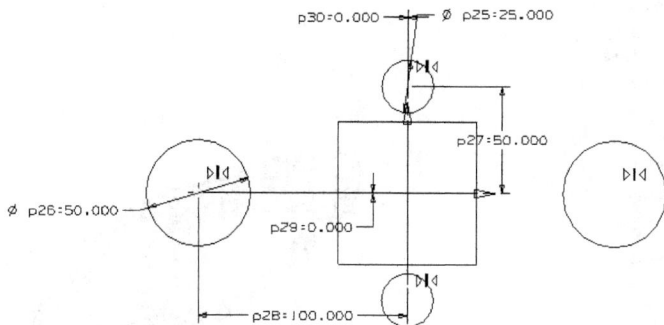

图 4-98　草图第二步

(3) 选择"插入"|"曲线"|"直线"命令，绘制 4 条直线，系统会自动捕捉相切的约束(如果没有自动捕捉请注意选择位置或绘制完后手工施加相切约束)，如图 4-99 所示。

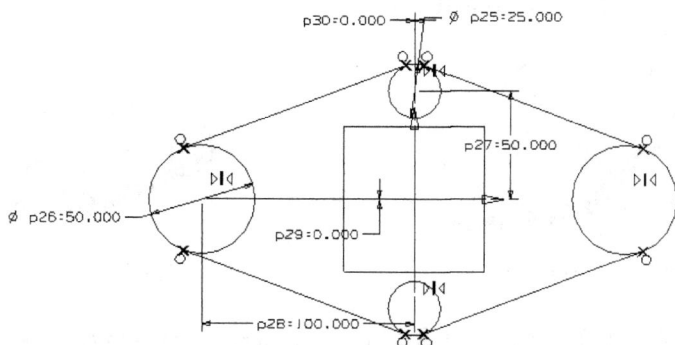

图 4-99　草图第三步

(4) 使用草图的"快速修剪"功能，裁减掉内部不需要的部分，只留下外面的草图轮廓，如图 4-100 所示。

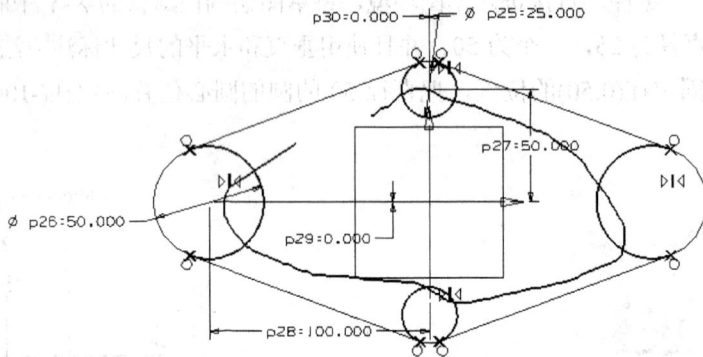

图 4-100   草图第四步

(5) 草图绘制完毕，退出草图环境，回到建模环境。可以直接右击选中草图，然后在弹出的快捷菜单中选择"拉伸"命令，如图 4-101 所示。"拉伸"命令中，分别设置开始距离为-10，结束距离为 10，共计拉伸厚度为 20，如图 4-102 所示。

图 4-101   "拉伸"命令   图 4-102   拉伸厚度设置

(6) 在拉伸完成后，选择在拉伸体的表面打一个通孔，如图 4-103 所示。用同样的方法，在对称的位置再打一个孔，如图 4-104 所示。

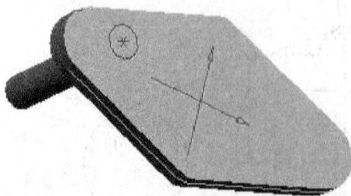

图 4-103   打孔定位   图 4-104   打孔完毕

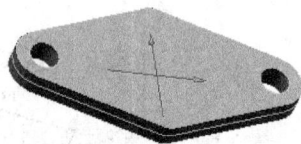

(7) 在实体的上表面，使用"凸台"命令，建立一个圆柱凸台，设置直径为 50，高度

为 30，锥角角度为 0，并且选择正交定位方式，分两次分别定义圆台中心到孔的中心距离
为 100，到 X 轴距离为 0，如图 4-105 所示。

图 4-105 定位圆台

(8) 两个定位施加完毕后，就建立了一个圆台，如图 4-106 所示。使用打孔功能，在
圆台中心打直径 25 的通孔，如图 4-107 所示。

图 4-106 圆台完成效果

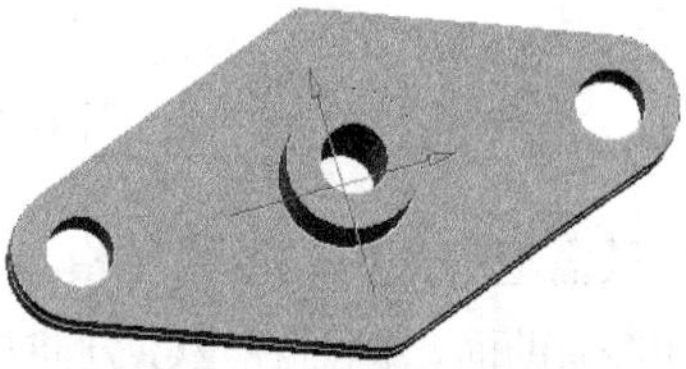

图 4-107 圆台中心打通孔

(9) 选择"插入"｜"设计特征"｜"槽"命令，使用沟槽功能在圆台外表面建立一
个矩形槽，槽的直径为 37.5，宽度为 13，如图 4-108 所示。

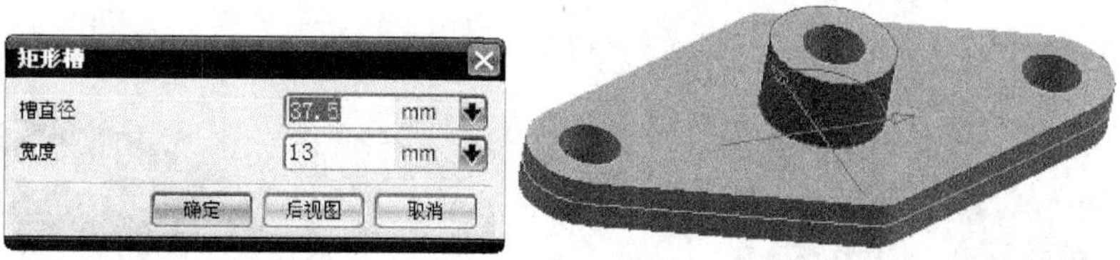

图 4-108 圆台外表面开槽

(10) 在沟槽的定位中，定义沟槽的最前段和圆台的上表面距离是 0，效果如图 4-109
所示。

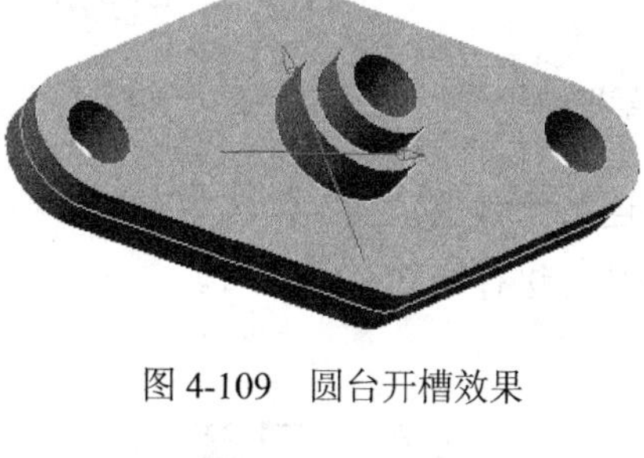

图 4-109 圆台开槽效果

(11) 为了配合零件的安装，圆台上孔的中心一定要有一个方形的定位销，这是为了工
程上防止滑动的需要。这样就需要用"腔体"命令建立一个定位销，但是"腔体"命令只
能施加在平面上，而孔是一个曲面，因而需要建立一个辅助面，让它和孔相切，以便把腔

体施加上去，如图 4-110 所示。

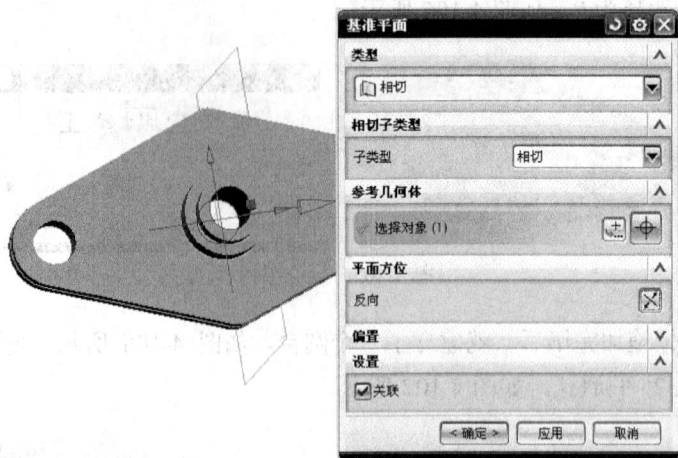

图 4-110　建立相切的辅助面

(12) 只需把约束情况设置为相切，然后选择孔上的一点，系统就会自动在该点处做出和孔相切的辅助面，同时在 ZC 方向再作一个辅助轴，以方便后面确定方向，完成的效果如图 4-111 所示。

(13) 选择"插入"｜"设计特征"｜"腔体"命令，使用矩形腔，长度为 100，宽度为 15，深度为 20，其他均使用默认设置，即可建立这个定位销的位置。最终效果如图 4-112 所示。

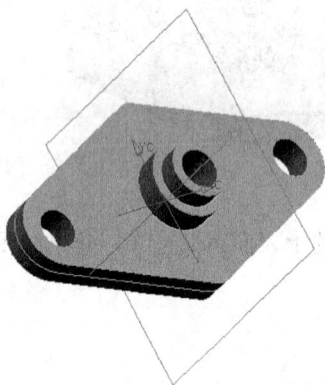

图 4-111　建立辅助面辅助轴

图 4-112　建立定位销

此时，一个完整的轴承连接件就做完了。读者如有任何不明白的地方，可以直接打开 4_1.prt 文件，找到对应的特征，进行详细查看即可。

4.5　习题

1. 如何对三维环境进行预设置？

2. 实体建模的一般操作步骤是什么?

3. 特征建模的一般操作步骤是什么?

4. 用户如何进行特征的自定义?

5. 绘制如图 4-113 所示的直管接头模型(尺寸可自定义)。

图 4-113　直管接头模型

第5章　NX 9高级建模

本章将详细介绍 NX 9 的高级建模功能。NX 9 的建模思路是按照实际的加工顺序来排列的。第 4 章讲述了基本毛坯的建立方法，本章的高级建模部分将继续讲解在毛坯基础上进行精加工的各种方法以及各种修改的编辑方法，以使读者能够进行相应模型的详细设计，达到实际应用的要求。同时还要注意各种编辑方法，使用户的操作更加灵活快捷。

通过本章的学习，读者需要掌握的内容如下：

- 多种特征操作的方法
- 自由曲面功能
- 各种特征的编辑方法

5.1　布尔运算

布尔运算提供对已创建的两个特征进行求和、求差和求交，最终生成一个实体的操作。对于每一种布尔运算，都必须指定一个目标体和一个或多个工具体。操作完成后，目标体被工具体改变，工具体变成目标体的一部分。布尔运算生成的新实体将继承原目标体的属性，如颜色、涂层、密度等。

布尔运算中涉及两种类型的体：目标体和工具体。目标体是指进行布尔运算操作时选中的第一个体对象，操作的结果体现在目标体上。在一次布尔运算中，目标体只能有一个。工具体是指进行布尔运算操作时选中的第二个或以后的体对象，这些体对象将加到目标体上，并构成目标体的一部分。

提示：
在一次布尔运算中工具体可以有多个，但每个工具体都要和目标体相交。

5.1.1　求和运算

"求和"运算是将两个或两个以上有面重叠或者体相交的实体合并为一个实体。

单击"特征"工具条中的"求和"按钮 🔩，或选择"插入"|"组合"|"求和"命令，弹出"求和"对话框，如图 5-1 所示。

图 5-1　"求和"对话框

此时"目标"选择按钮 🔲 高亮显示，选择目标体后，"体"选择按钮 🔲 自动被激活，再选择刀具体，单击预览按钮 🔍，如果显示结果符合设计要求，则单击"确定"按钮完成求和操作，具体步骤如图 5-2 所示。

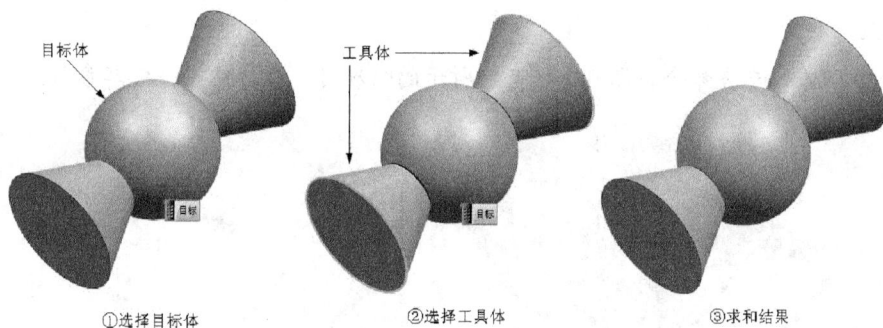

①选择目标体　　　　　　②选择工具体　　　　　　③求和结果

图 5-2　"求和"操作

提示：

布尔运算不但能生成新的实体，而且可以保留原来的目标体和刀具体。在对话框的设置选项中选中相应的复选框，即可保留想要的目标体和刀具体。

5.1.2　求差运算

求差运算是从一个目标体中减去一个或多个与之相交的体，得到一个或多个新的体。

单击"特征"工具条中的"求差"按钮 🔲，或选择"插入"|"组合"|"求差"命令，弹出"求差"对话框，如图 5-3 所示。求差的操作步骤如图 5-4 所示，其使用方法和相关设置与求和命令相似，这里不再赘述。

图 5-3　"求差"对话框

②选择工具体

①选择目标体

求差之前　　　　　　　　　　　　　　　求差效果

图 5-4　　"求差"操作

提示：

NX 9 版本的求差命令在遇到如图 5-5 所示的情况时，目标体将丢失其参数。

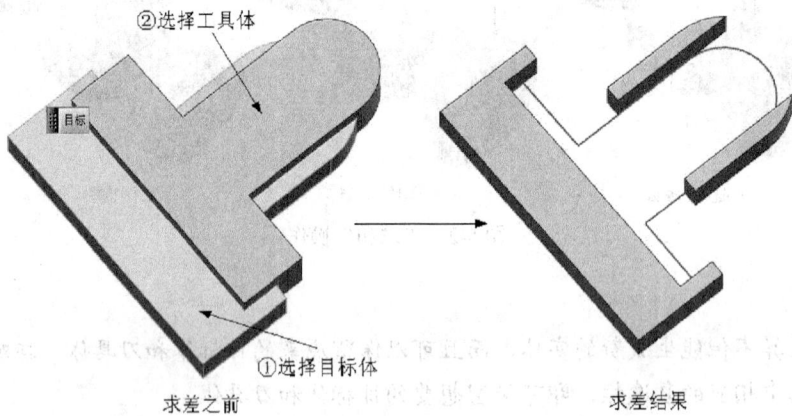

②选择工具体

目标

①选择目标体

求差之前　　　　　　　　　　　　　　求差结果

图 5-5　　"求差"成多个实体

提示：

求差命令可用于实体和片体之间，但是目标体和工具体选择的顺序不同，执行的结果也不同，如图 5-6 和图 5-7 所示。

目标体

目标

工具体

运算结果

图 5-6　　实体减片体

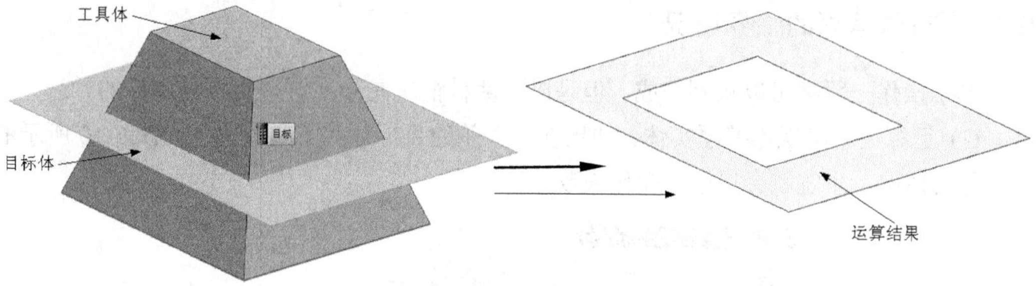

图 5-7　片体减实体

5.1.3　求交运算

求交运算是保留几个实体的公共部分，创建成一个新的体。

求交运算的操作步骤如图 5-8 所示，求交命令的使用方法和相关设置与求和命令类似，这里不再赘述。

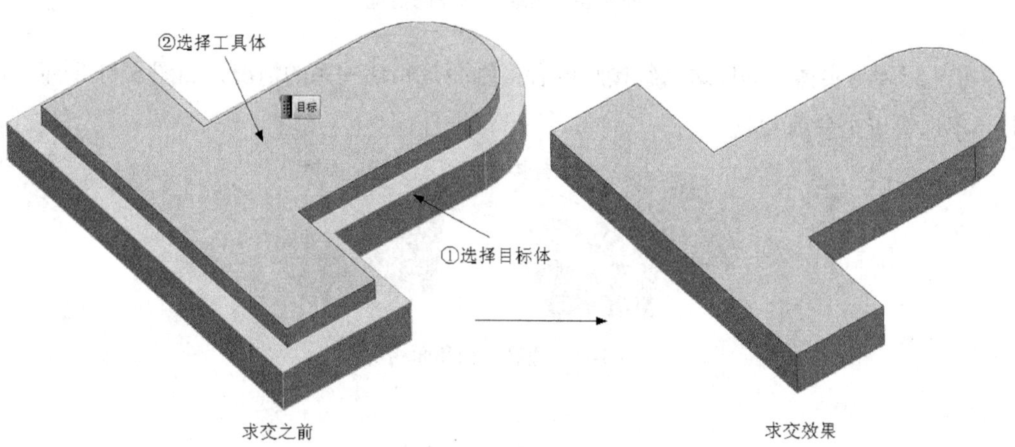

图 5-8　"求交"运算操作

提示：

求交运算也可以在实体与片体之间进行，但必须选择片体为目标体，实体为刀具体，如图 5-9 所示。

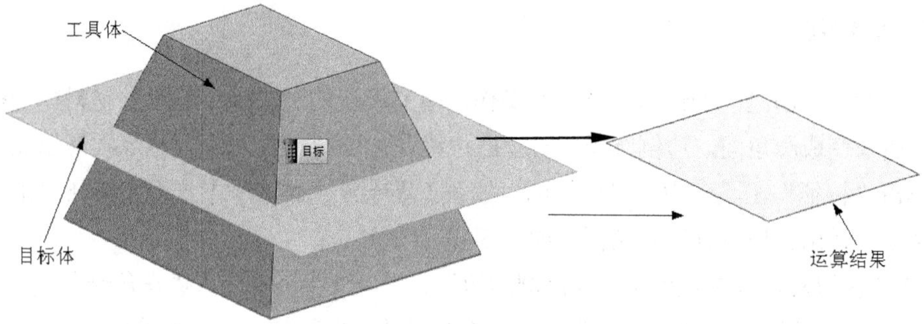

图 5-9　片体与实体求交

5.1.4　布尔运算的临界情况

布尔操作一般都可以顺利完成，但是以下两种情况是不允许进行布尔操作的。

(1) 运算结果出现零壁厚实体。如果参与求差的目标体和工具体出现如图 5-10 所示的零壁厚的情况，系统就会报错，操作失败。

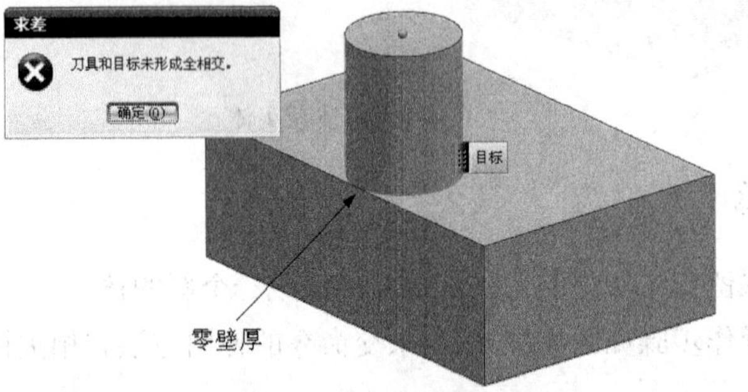

图 5-10　出现零壁厚的情况

(2) 实体与实体之间以边缘线接触或者接触面是相切关系的情况，如图 5-11 所示，此时布尔操作也不会成功。

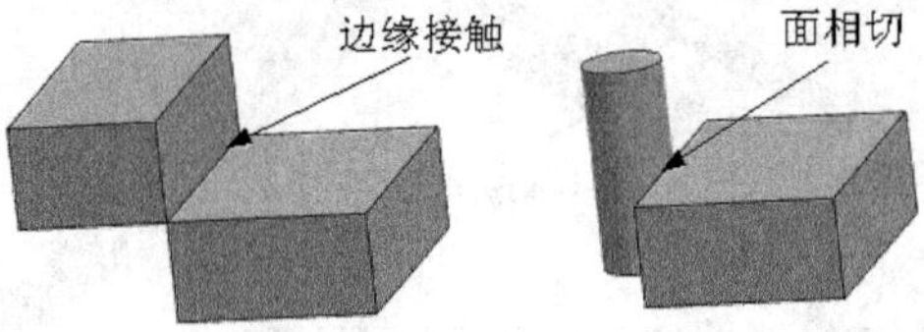

图 5-11　边缘接触和面相切

5.2　高级特征

特征操作是在特征建模的基础上增加一些细节的表现，也就是在毛坯的基础上进行详细设计的操作。

5.2.1　边倒圆

边倒圆是对面之间的锐边进行倒圆操作，即沿模型的边去除或者添加材料，使模型上的尖锐边缘变成圆角面。边倒圆操作对于凸边缘是去除材料，对于凹边缘则是添加材料。

单击"特征"工具条中的"边倒圆"按钮 或选择"插入"｜"细节特征"｜"边倒圆"命令，弹出"边倒圆"对话框，如图 5-12 所示。

NX 9 在该对话框中提供了"要倒圆的边"、"可变半径点"、"拐角倒角"、"拐角突然停止"、"修剪"、"溢出解"、"设置"和"预览"卷展栏。下面主要讲解前 4 个卷展栏。

图 5-12　"边倒圆"对话框

1. "要倒圆的边"卷展栏

- "选择边"按钮：单击该按钮选择要倒圆的边。
- "半径"文本框：用于设置边的倒圆半径。
- "列表"列表框：当选择多组边时，列表框中显示不同组边的倒圆半径，如图 5-13 所示。

提示：

当进行多组边倒圆(半径不同)时，每结束一组边的选择后，可以单击鼠标中键开始新边的选择。

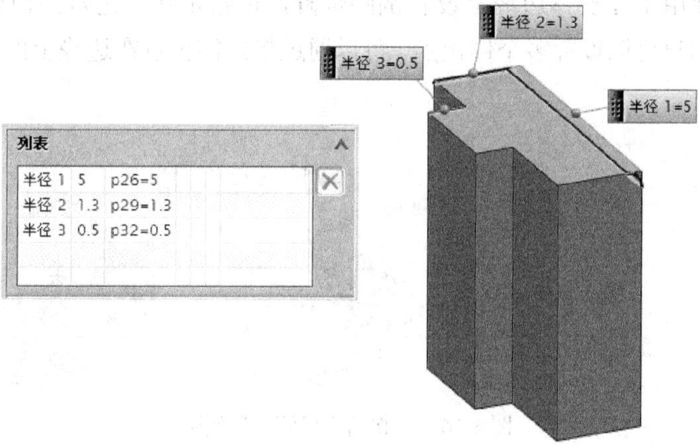

图 5-13　"要倒圆的边"列表

2. "可变半径点"卷展栏

该卷展栏可以让用户在要倒圆的边上设置多个倒圆半径，如图 5-14 所示。

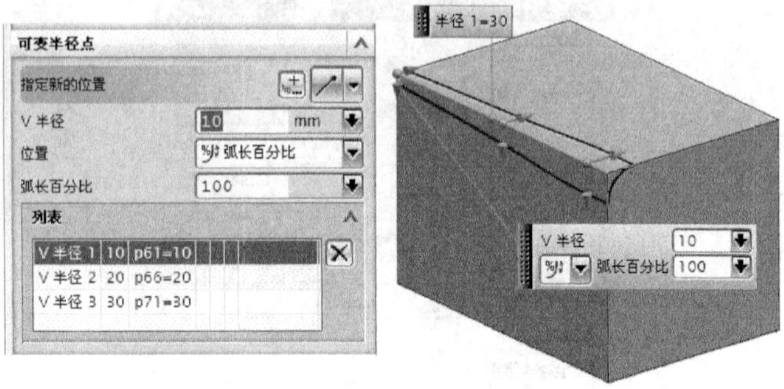

图 5-14　"可变半径点"倒圆

3. "拐角倒角"卷展栏

"拐角倒角"卷展栏主要是用来在多条边缘的交点处创建不同半径的边倒圆，目的是为了满足某些工艺或者外观上的要求，其参数设置和操作效果如图 5-15 所示。

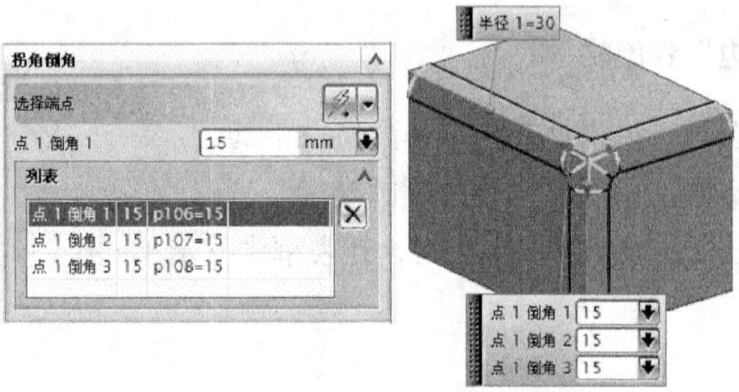

图 5-15　"拐角倒角"设置及操作效果

4. "拐角突然停止"卷展栏

该功能主要用于在实体边缘上设置倒圆位置，以指定在一定范围内创建边倒圆，如图 5-16 所示。用户可以设置多个停止点，可以通过指定停止点在边缘上的百分比来确定点的位置。

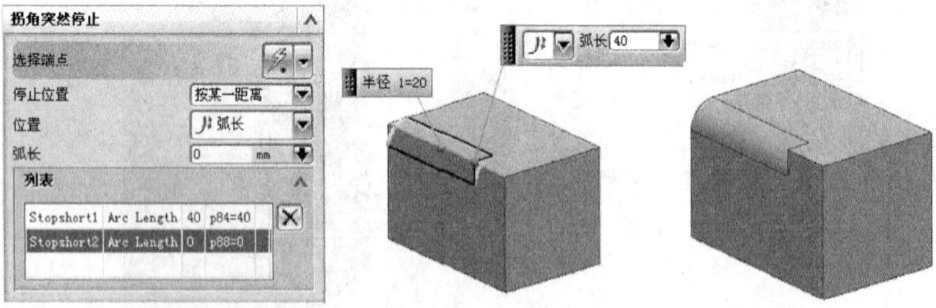

图 5-16　"拐角突然停止"倒圆

5.2.2　面倒圆

面倒圆是在选定面组之间添加相切圆角面。圆角形状可以是圆形、二次曲线或是规律控制的。倒圆面与指定表面可以自动修剪，并且修剪后的倒圆面可以附加到指定的两组面上。指定的两组面可以不相邻，也可以不属于同一实体。

在工具栏中单击 按钮或选择"插入"｜"细节特征"｜"面倒圆"命令，弹出如图 5-17 所示的"面倒圆"对话框。

1. "类型"卷展栏

该卷展栏中有两个选项可供选择，分别是"两个定义面链"和"三个定义面链"。选择"三个定义面链"时，对话框如图 5-18 所示。

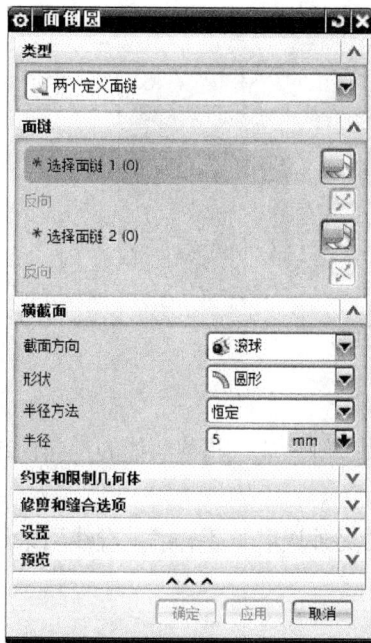

图 5-17　"面倒圆"对话框(1)　　　　　　图 5-18　"面倒圆"对话框(2)

2. "面链"卷展栏

(1) 选择面链 1

用于选择面倒角的第一个面集。单击 按钮，可以选择实体或片体上的一个或多个面作为第一个面集。选择第一个面集后，绘图工作区中会显示一矢量箭头。此矢量箭头应该指向倒角的中心，如果默认的方向不符合要求，可以单击"反向"按钮来反转方向。

(2) 选择面链 2

用于选择面倒角的第二个面集。单击 按钮，可以选择实体或片体上的一个或多个面作为第二个面集。选择第二个面集后，绘图工作区中会显示一矢量箭头。此矢量箭头应该指向倒角的中心，如果默认的方向不符合要求，可以单击"反向"按钮来反转它的方向。

3. "横截面"卷展栏

(1) "截面方位"下拉列表框

在"截面方位"下拉列表框中可以选择"滚球"和"扫掠截面"选项。

① "滚球"面倒圆

"滚球"面倒圆倒角的形状为球形，即系统假设一个指定的球和选取的两组面以相切的方式进行倒圆角，其截面曲线位于与两个指定组面相垂直的平面内。

"滚球"面倒圆如图 5-19 所示。

提示：

这种面倒圆类型的操作结果跟"边倒圆"类似，但功能比"边倒圆"强大得多。在"边倒圆"操作失败的情况下，可以尝试"滚球"类型的面倒圆，常常可以得到满意的效果。

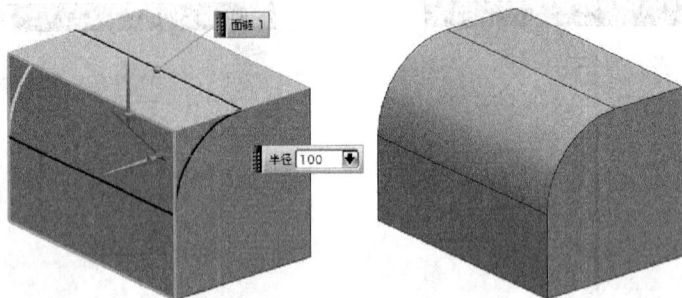

图 5-19　　"滚球"面倒圆

② "扫掠截面"面倒圆

"扫掠截面"面倒圆由一球滚动与两组指定组面接触形成，其截面线的走向由选定的脊线决定。

扫掠截面类型的操作跟滚球面倒圆类似，只是要另外选取一条脊线。脊线用来约束倒圆截面的走向，可以创建很规则的倒圆效果。

扫掠截面面倒圆如图 5-20 所示。

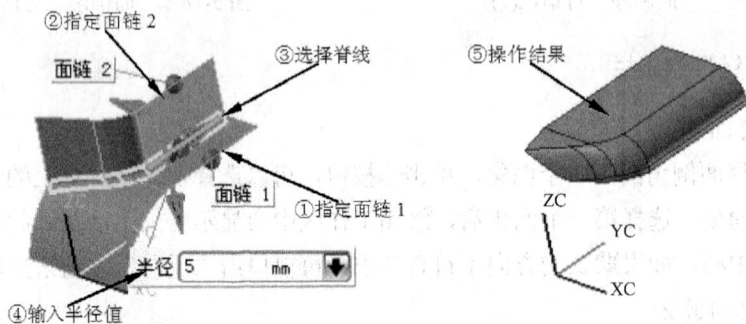

图 5-20　　"扫掠截面"面倒圆

(2) "形状"下拉列表框

有 3 种形状供用户选择："圆形"、"对称二次曲线"和"不对称二次曲线"。

① 圆形

"圆形"选项设置倒角类型为圆形方式，即用一个指定半径的假想球与选择的两个面集相切进行倒角。用户可用"半径方法"选项来控制倒角半径方式，其中包括"恒定"、"规律控制"和"相切约束"3 个选项。

- "恒定"选项：是用固定的半径进行倒角。选择该选项后，在"半径"文本框中输入大于 0 的半径值。
- "规律控制"选项：是通过定义规则曲线及曲线上一系列点的半径，实现变半径倒角。选择该选项后，在其下的"规律类型"中可定义规则曲线，并指定控制点及半径。
- "相切约束"选项：是通过指定在一个选择面集上的曲线，使倒角面与该面集在指定的曲线处相切。此时，"半径"文本框为灰显状态，不可用。

② 对称二次曲线

"对称二次曲线"选项设置倒角类型为对称的二次曲线方式。选择该选项后，"横截面"卷展栏变为如图 5-21 所示的形式。在"二次曲线法"下拉列表框中可以选择"边界和中心"、"边界和 Rho"和"中心和 Rho"3 种方式。

下面介绍各选项的用法。

- 边界方法和边界半径、中心方法和中心半径：用于设置在边界或中心的偏移值。该方法可以设置为"恒定"和"规则控制"两种方式。
- Rho 方法和 Rho 值：用于设置二次曲面拱高与弦高之比，Rho 值必须大于 0 且小于 1。Rho 值越接近 0，则倒角面越平坦，否则越尖锐。该方法可以设置为"恒定"、"规则控制"和"自动椭圆"3 种方式。

③ 不对称二次曲线

"不对称二次曲线"选项设置倒角类型为不对称的二次曲线方式。选择该选项后，"横截面"卷展栏变为如图 5-22 所示的形式。

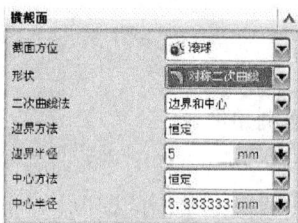

图 5-21   "横截面"卷展栏(1)   图 5-22   "横截面"卷展栏(2)

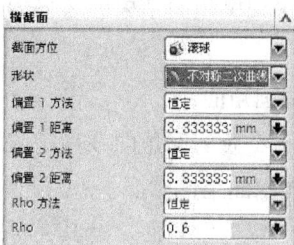

下面介绍各选项的用法。

- 偏置 1 方法和偏置 1 距离、偏置 2 方法和偏置 2 距离：用于设置在第一面集或第二面集上的偏移值。该方法可以设置为"恒定"和"规则控制"两种方式。
- Rho 方法和 Rho 值：含义与"对称二次曲线"方式类似。

4. "约束和限制几何体"卷展栏

(1) 选择重合曲线

□按钮用于选择重合曲线。单击该按钮，用户可以在第一个面集和第二个面集上选择一条或多条曲线作为重合曲线，使倒角面在第一个面集和第二个面集上相切到重合曲线处。在操作过程中，如果倒角面在第一个面集上，则相切到第一个面集上的重合曲线；如果倒角面在第二个面集上，则相切到第二个面集上的重合曲线。但是在操作时，并不一定要在两个面集上都指定重合曲线，如图 5-23 所示就是指定了重合曲线时的面倒角的图例。

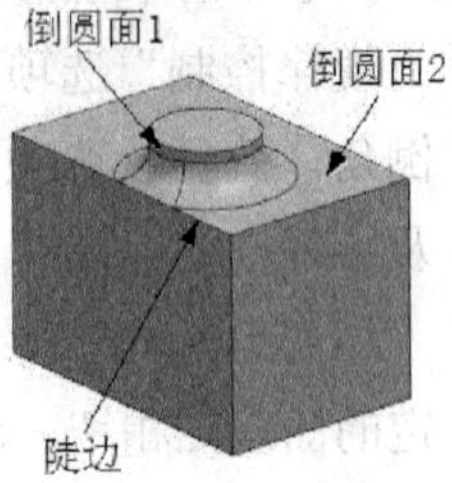

(2) 选择相切曲线

按钮用于选择相切控制曲线。系统会沿着指定的相切控制曲线，保持倒角表面和选择面集的相切，从而控制倒角的半径或二次曲线的偏移值。单击该图标，可以选择在两个面集上的曲线或边作为相切控制曲线。

图 5-23　指定了重合曲线的面倒角

5. "修剪和缝合选项"卷展栏

该卷展栏用于控制倒角时的修剪和附着方式。在"圆角面"下拉列表框中有"修剪至所有输入面"、"修剪至短输入面"、"修剪至长输入面"和"不修剪圆角面"4 个选项，其下还有"修剪输入面至倒圆面"和"缝合所有面"两个复选框。下面介绍这 6 项的用法。

(1) 修剪至所有输入面

该选项用于修剪倒角面和基本选择面集，但倒角面不附着到基本选择面集上。

(2) 修剪至短输入面

该选项用于使倒角面结束的边界为常参数直线，该直线由面集边界确定，并使倒角面尽可能短。

(3) 修剪至长输入面

该选项用于使倒角面结束的边界为常参数直线，该直线由面集边界确定，并使倒角面尽可能长。

(4) 不修剪圆角面

该选项用于不修剪倒角面或指定限制平面修剪倒角面。

(5) 修剪输入面至倒圆面

该选项用于修剪倒角面，使其在基本选择面集或限制平面的限制边上。

(6) 缝合所有面

该选项用于修剪倒角面和基本选择面集，并使倒角面附着在基本选择面集上。

6. "设置"卷展栏

"相遇时添加相切面"选项用于设置投影相切控制曲线。选中该复选框，则在第一选择面集上投影相切控制曲线，否则在第二选择面集上投影相切控制曲线。

选择"在锐边终止"选项时，系统会限制倒角边界，使最后倒角面的边不会溢出。

选择"移除自相交"复选框时，系统会自动去除面的自相交部分。

选择"跨锐边倒圆"选项时，在光滑边缘上自然过渡。

"公差"文本框用于控制倒角面的精度以及当倒角面从一个面向另一个面转化时的光滑度。

5.2.3　软倒圆

软倒圆是采用两组曲面上的曲线来控制圆角曲面的大小和形状，圆角曲面与两组曲面之间可以是相切连续或者曲率连续。软倒圆的横截面形状不是圆形，这样可以对倒圆的横截面形状有更多的控制。与其他倒圆相比，这种倒圆可以产生低重量或更少流阻特性的设计，对造型和工业设计方面的应用非常重要。

在工具栏中单击 按钮或选择"插入"｜"细节特征"｜"软倒圆"命令，会弹出如图 5-24 所示的"软倒圆"对话框。

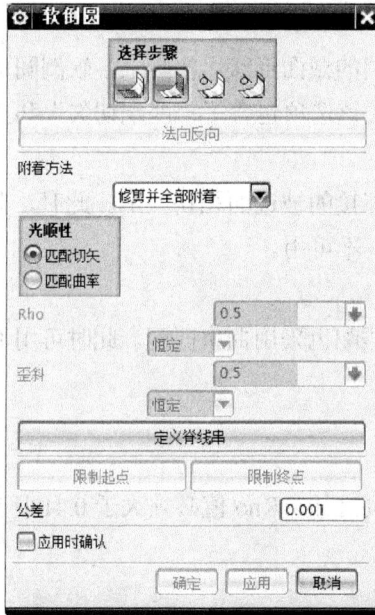

图 5-24　"软倒圆"对话框

该对话框上部的按钮是进行软倒圆的选择步骤；中部的选项组用于设置倒圆面的光滑性；其余选项用于设置倒角时的各项控制参数。

软倒圆与面倒圆的选项与操作基本相同。不同之处在于面倒圆可指定倒角类型及半径，而软倒圆则根据两相切曲线以及形状控制参数来决定倒角的形状。下面介绍该对话框中主要选项的用法。

1. 选择步骤

对话框上部为"选择步骤"按钮，其中包含了 4 个操作步骤。

(1) 设置第一倒角面

用于选择软倒圆的第一个面。单击该按钮，可以选择实体或片体上的一个或多个面作为第一个面。选择第一个面后，绘图工作区中会显示一个矢量箭头。此矢量箭头应该指向倒角的中心。如果默认方向不符合要求，可以使用"法向反向"按钮来反转其方向。

(2) 设置第二倒角面

用于选择面倒角的第二个面。单击该按钮，可以选择实体或片体上的一个或多个面作为第二个面。

(3) ⬛第一相切曲线

用于在第一个面集上选择相切曲线。单击该按钮，可以在第一个面上选择曲线作为相切曲线，使之成为倒角面的边缘，即倒角面沿指定的曲线与第一个面相切。

(4) ⬛第二相切曲线

用于选择第二个面上的相切曲线。单击该按钮，可以在第二个面上选择曲线作为相切曲线，使之成为倒角面的边缘，即倒角面沿指定的曲线与第二个面相切。

2. 光顺性

该选项组用于控制软倒圆的截面形状。实际上，软倒圆可以看成由位于脊线法向平面上的无穷多簇截面曲线组成。该选项包含了"匹配切矢"和"匹配曲率"两个单选按钮。

(1) 匹配切矢

该单选按钮使倒角面与邻接的被选面相切匹配。此时，截面形状是椭圆曲线，且 Rho 和"歪斜"选项为灰显状态，不可用。

(2) 匹配曲率

该单选按钮既采用相切匹配也采用曲率匹配。此时可用 Rho 和"歪斜"这两个选项组来控制倒角的形状。

3. Rho

用于设置曲面拱高与弦高之比，Rho 值必须大于 0 且小于 1。Rho 值越接近 0，倒圆面越平坦，否则越尖锐。

4. 歪斜

用来设置斜率，它的值必须大于 0 且小于 1。Skew 值越接近 0，则倒角面顶端越接近第一面集，否则越接近第二面集。在大多数情况下，不必关心 Rho 与"歪斜"的确切含义，只要知道它们的控制趋势即可。

5. 定义脊线串

该按钮用于定义软倒角的脊线。单击该按钮，弹出"脊线"对话框，系统提示用户在绘图工作区中选择某条曲线或实体边作为倒角的脊线。

5.2.4 球形拐角

在工具栏中选择 ⬛ 按钮，或选择"插入"｜"细节特征"｜"球形拐角"命令，会弹出如图 5-25 所示的"球形拐角"对话框。

用户可以选择相近的 3 个面，然后指定拐角半径和生成法向，就可以产生一拐角倒圆曲面，如图 5-26 所示。

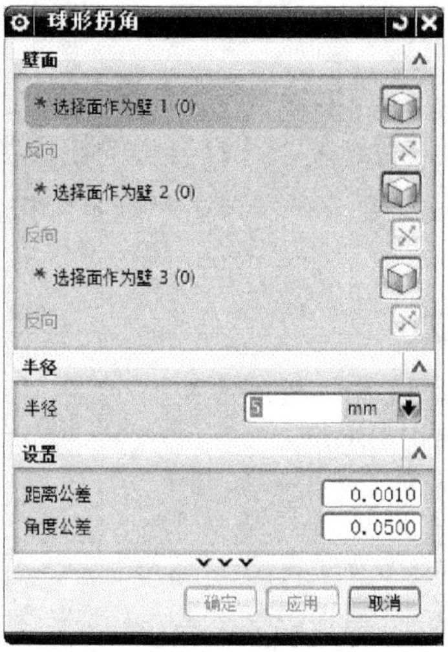

图 5-25　"球形拐角"对话框

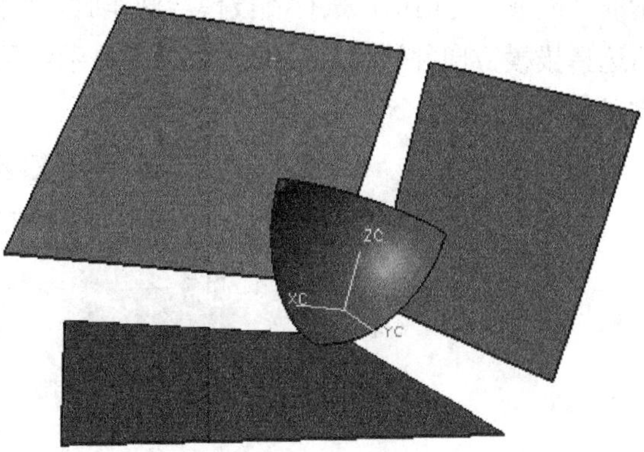

图 5-26　球形拐角

5.2.5　倒斜角

倒斜角是选择实体的边缘按照规定的尺寸进行倒角。

在工具栏中单击 按钮或选择"插入"｜"细节特征"｜"倒斜角"命令，弹出如图 5-27 所示的"倒斜角"对话框。

在"偏置"卷展栏中的"横截面"下拉列表中有 3 个选项，分别是"对称"、"非对称"和"偏置和角度"。

- "对称"：指选择的边在两组面中偏置的距离相同，即通常的倒 45°角。
- "非对称"：选择的边在两组面中偏置的距离可分别设置。
- "偏置和角度"：需要给出边在一个面上的偏置距离和截面线与这个面的角度。

图 5-27　"倒斜角"对话框

倒斜角时首先选择要倒斜角的边，根据选择的"倒斜角"横截面类型设置倒斜角参数，具体操作步骤如图 5-28 所示。

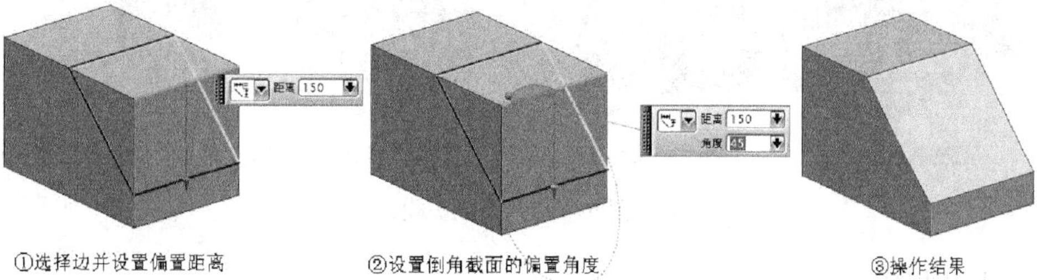

①选择边并设置偏置距离　　②设置倒角截面的偏置角度　　③操作结果

图 5-28　倒斜角操作

5.2.6　拔模

拔模是相对于指定的矢量方向，从指定的参考点开始对指定的实体边缘线或者表面添加斜度。

在工具栏中单击 按钮或选择"插入"｜"细节特征"｜"拔模"命令，弹出如图 5-29 所示的"拔模"对话框。执行"拔模"操作时，首先要根据设计要求选择合适的拔模类型，然后选择拔模方向并设置相关的参数，当显示结果符合设计要求时，单击"确定"按钮即可完成拔模。

图 5-29   "拔模"对话框

在"类型"卷展栏中可以选择 4 种拔模方法："从平面或曲面"、"从边"、"与多个面相切"和"至分型边"。下面分别介绍各种拔模类型和拔模步骤的用法。

1. 从平面或曲面拔模

该拔模类型用于从参考点所在平面或曲面开始，与拔模方向成拔模角度，对指定的实体表面进行拔模。在拔模过程中能确保零件的一个截面保持不变。先选择拔模方向，再确定固定面，然后选择要拔模的面并设置拔模角度，其操作过程如图 5-30 所示。

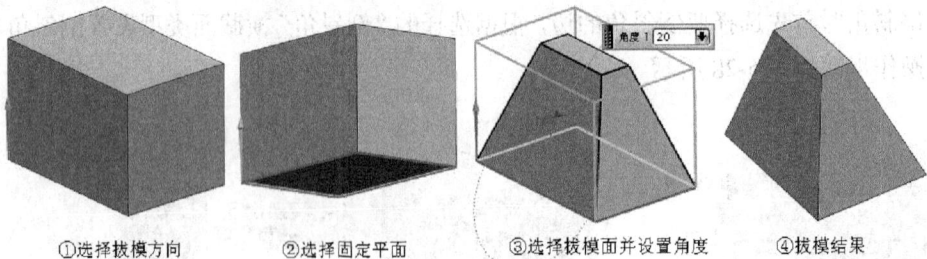

①选择拔模方向   ②选择固定平面   ③选择拔模面并设置角度   ④拔模结果

图 5-30   从平面拔模

2. 从边拔模

在拔模过程中，拔模面的一个边保持不变，该项可以在一个面内设置不同的拔模角度。先选择拔模方向，然后选择要拔模的面的边并设置拔模角度。如结果符合要求，则单击"确定"按钮。操作步骤如图 5-31 所示。

①选择拔模方向　　　　　②选择固定边　　　　　③拔模结果

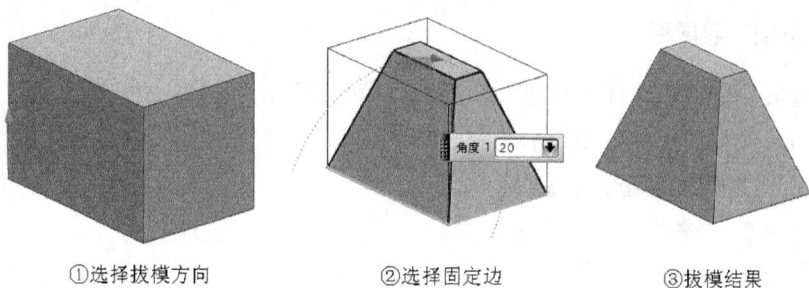

图 5-31　从边拔模

3. 与多个面相切拔模

拔模后确保拔模面一直与相邻面相切。先选择拔模方向，然后选择要拔模的相切面并设置拔模角度，具体操作如图 5-32 所示。

①选择拔模方向　　　　　②选择相切面并设置角度　　　　　③拔模结果

图 5-32　从多个相切面拔模

4. 至分型边拔模

在拔模过程中能确保零件的一个截面保持不变，并创建一个分型边。先选择拔模方向，再确定固定面，然后选择分型线并设置拔模角度。如结果符合要求，则单击"确定"按钮。具体操作步骤如图 5-33 所示。

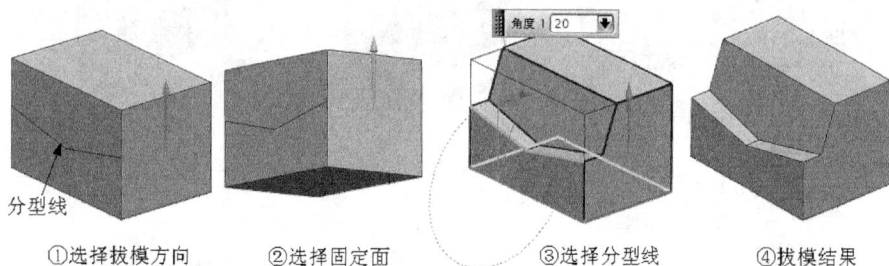

分型线　　　　　①选择拔模方向　　　　　②选择固定面　　　　　③选择分型线　　　　　④拔模结果

图 5-33　至分型边拔模

5.2.7　拔模体

拔模体是在分型面的两侧添加并匹配拔模，用材料自动填充底侧区域的一种操作。

在工具栏中单击 按钮或选择"插入"｜"细节特征"｜"拔模体"命令，弹出如图 5-34 所示的"拔模体"对话框。

1．"类型"卷展栏

在该卷展栏中可以选择"从边"和"要拔模的面"两种类型的拔模体。

"从边"类型拔模体各面指示如图 5-35 所示。

图 5-34　"拔模体"对话框

图 5-35　从边拔模体

单击"类型"下拉列表，选择"从边"类型，首先选择分型对象，即正负拔模方向的分界面，再设置拔模方向，然后选择要固定不动的边并设置合适的拔模角度，预览符合要求后，单击"确定"按钮完成操作。具体操作步骤如图 5-36 所示。

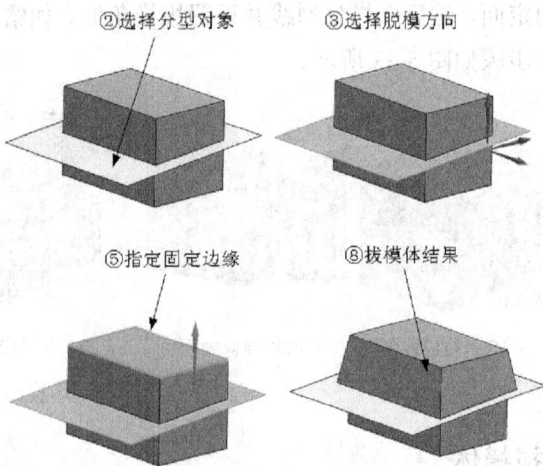

图 5-36　"拔模体"操作步骤

"要拔模的面"类型的操作和"从边"类型拔模体的方法基本一致，不同的是此时选择的是拔模面而不是边。该类型通过指定拔模面的方式实现拔模。如果要进行双侧拔模，则必须要指定分型对象、脱模方向和要拔模的面；如果进行切槽拔模，则只需指定脱模方向和要拔模的面即可。

2. "固定边缘"卷展栏

该卷展栏仅在选择"从边"类型拔模体时，才出现在"拔模体"对话框中。

- 上面和下面：分别在分型面的上面和下面指定固定边缘。
- 仅分型上面：仅在分型面的上面指定固定边缘。
- 仅分型面下面：仅在分型面的下面指定固定边缘。

各种固定边缘的效果如图 5-37 所示。

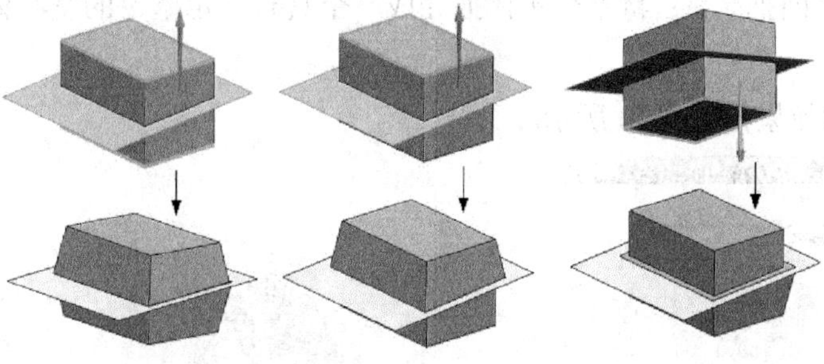

(a) 上面和下面　　　　(b) 仅分型上面　　　　(c) 仅分型面下面

图 5-37　"固定边缘"效果

3. "匹配分型对象处的面"卷展栏

由于上下两边分别拔模，两个实体在分型面处会出现错开现象，选中"极限面点替代固定点"复选框，系统将自动通过填充材料甚至翻转脱模方向等方法使两个实体在分型面处对其融合，反之则不融合，如图 5-38 所示。

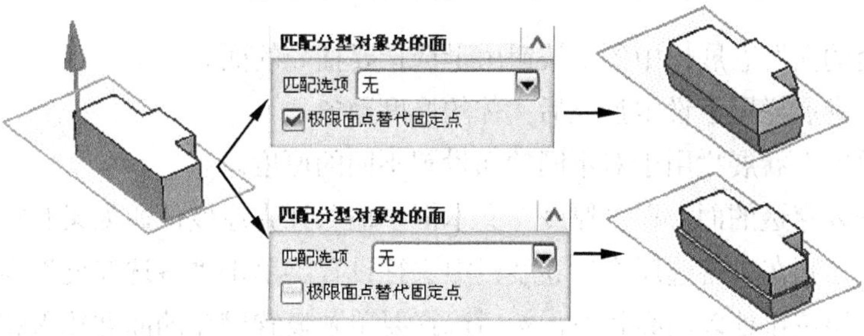

图 5-38　匹配分型对象处的面

4. "移动至拔模面的边"或"移动至拔模面的面"卷展栏

在拔模过程中，如果有些边(面)不参与拔模会导致拔模失败，此时可以将这些分型面加入到拔模面中。

5.2.8　抽壳

抽壳是应用壁厚并打开选定的面来修改实体。

在工具栏中单击█按钮或选择"插入"｜"偏置/缩放"｜"抽壳"命令，会弹出如图 5-39 所示的"抽壳"对话框。

指定抽壳类型后，设置相应的抽壳参数，再按规定的步骤即可完成实体的抽壳操作。下面介绍"抽壳"对话框中各选项的用法。

1."类型"卷展栏

在下拉列表中可以选择"移除面，然后抽壳"和"对所有面抽壳"两种类型。

- "移除面，然后抽壳"：从目标实体中移除一个或多个面。除了选择的面，将剩余的面偏置成具有一定壁厚的实体，适合注塑件或钣金件的设计。
- "对所有面抽壳"：将整个实体抽壳成一个具有一定壁厚的空心体，适合吹塑件的设计。

两种类型的效果如图 5-40 所示。

图 5-39 "抽壳"对话框

(a) 移除面，然后抽壳　　(b) 对所有面抽壳

图 5-40 抽壳类型

2."要穿透的面"、"厚度"与"备选厚度"卷展栏

"要穿透的面"卷展栏中的█按钮用于选择要抽壳的面。

"厚度"卷展栏用于设定抽壳后实体的厚度数值。

"备选厚度"卷展栏用于对不同的面设置不同的厚度。

首先选择要穿透的面，在"厚度"文本框中输入抽壳厚度值。如果有特别的面需要不同的壁厚设置，则在"备选厚度"卷展栏中进行设置。单击"备选厚度"卷展栏中的"选择面"按钮，该按钮处以高亮状态，然后选择要单独设置壁厚的面并输入相应的壁厚，单击"确定"按钮即可，如图 5-41 所示。

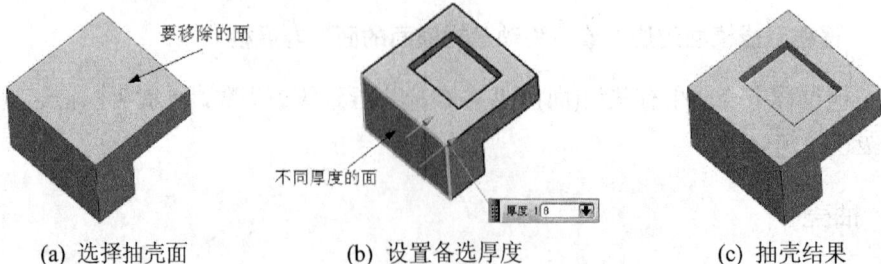

(a) 选择抽壳面　　(b) 设置备选厚度　　(c) 抽壳结果

图 5-41 "抽壳"操作步骤

3. "设置"卷展栏

在该选项中设置或改变近似偏置面、相切边缘和公差选项。

提示：

抽壳操作实际上是对实体的部分面域进行偏置产生厚度，因此，抽壳可以向内抽壳，也可以向外抽壳，在对话框中单击"反向"按钮即可实现。在设计一些对内部尺寸要求严格的零件时，可以采取向外偏置的方法，如图 5-42 所示。

(a) 向内抽壳　　　(b) 向外抽壳

图 5-42　抽壳效果

5.2.9　螺纹

螺纹是将符号或详细螺纹添加到实体的圆柱面。这些圆柱面包括孔、圆柱、圆台以及圆周曲线扫掠所产生的减去或添加部分。

螺纹就是在旋转体表面加工螺纹特征。在工具栏中单击 按钮或选择"插入"｜"设计特征"｜"螺纹"命令，弹出如图 5-43 所示的"螺纹"对话框。

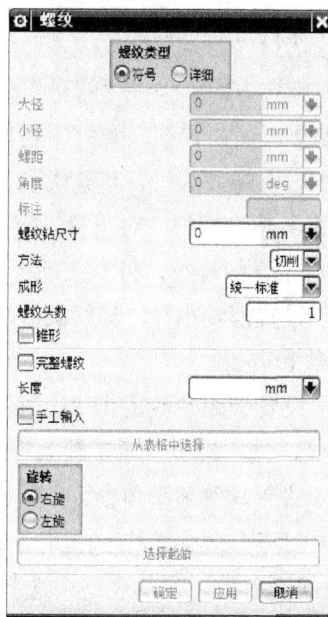

图 5-43　"螺纹"对话框

1. "螺纹类型"选项组

该选项组主要供用户选择创建螺纹的类型。NX 9 螺纹类型有"符号"和"详细"两种。产生螺纹时，如果选择的圆柱面为外表面则产生外螺纹；如果选择的圆柱面为内表面，则产生内螺纹。

(1) 符号

用于创建符号螺纹。符号螺纹用虚线表示，并不显示螺纹实体。这样做的好处是在工程图阶段可以生成中国国标的符号螺纹，同时节省内存，加快运算速度。本书推荐用户采用符号螺纹的方法。"符号"螺纹效果如图 5-44 左图所示。

(2) 详细

用于创建详细螺纹。详细螺纹把所有螺纹的细节特征都表现出来，创建一个仿真螺纹。该操作很消耗硬件内存和速度，生成或更新都需要较长的时间。因而一般情况下不建议使用该方法创建螺纹。

"详细"螺纹效果如图 5-44 右图所示。

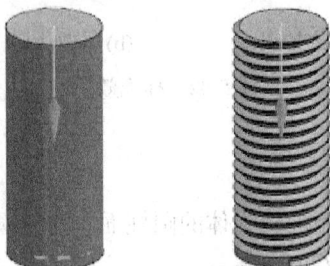

图 5-44　符号螺纹与详细螺纹

2. 螺纹参数

在"螺纹"对话框中，无论选择"符号"螺纹类型，还是"详细"螺纹类型，都需要定义大径、小径、螺距、角度和旋转方向。但在"符号"螺纹中，可以选择手工输入螺纹参数，也可以从表中选择标准参数；而"详细"螺纹中则只能手工输入参数。

- "大径"：该文本框用于设置螺纹大径，其默认值是根据选择的圆柱面直径和内外螺纹的形式，通过查螺纹参数表获得。对于符号螺纹，当不选中"手工输入"复选框时，该值不能修改。对于详细螺纹，外螺纹的"大径"值不能修改。

- "小径"：该文本框用于设置螺纹小径，其默认值是根据选择的圆柱面直径和内外螺纹的形式，查螺纹参数表取得。

- "螺距"：该文本框用于设置螺距参数，其默认值根据选择的圆柱面通过查螺纹参数表获得。对于符号螺纹，当不选中"手工输入"复选框时该值不能修改。

- "角度"：该文本框用于设置螺纹牙型角参数，默认值为螺纹的标准角度 60°。对于符号螺纹，当没有选中"手工输入"复选框时，该值不能修改。

- "标注"：设置螺纹的规格参数。当从表格中选择时，螺纹规格自动显示在标注框中。

3. 其他选项

- "螺纹钻尺寸"文本框：可以通过设置外螺纹的螺纹轴的尺寸或内螺纹的钻孔尺寸来确定螺纹的名义尺寸。
- "方法"下拉菜单：用来创建螺纹符号的方法，即螺纹的加工方法，有 Cut(车螺纹)、Rolled(滚螺纹)、Ground(磨螺纹)、Milled(铣螺纹)4 种方法。
- "成形"下拉菜单：设置螺纹的形状标准。其中包括 Unified(统一螺纹)、Metric(公制螺纹)、Trapezoidal(梯形螺纹)、Acme(英制螺纹)、Stub Acme(粗短英制螺纹)、Lowenherz(公制粗螺纹)、Buttress(锯齿螺纹)、Spark Plug(火花塞螺纹)、NPT(标准锥管螺纹)、Hose Coupling(软管配对螺纹)和 Fire Hose(消防接头螺纹)等 21 种标准。当选中"手工输入"复选框时，该选项不能更改。
- "螺纹头数"文本框：设置螺纹的头数是单头还是多头。
- "锥形"复选框：设置是否创建锥螺纹。
- "完整螺纹"复选框：设置是否创建全螺纹。
- "长度"文本框：设置创建的螺纹长度，其默认值根据选择的圆柱面通过查螺纹参数表获得。螺纹长度沿平行轴线方向，从起始面进行测量。当"完整螺纹"复选框被选中时，此处为灰显状态，不可用。

4. 输入方法

- "手工输入"复选框：用于确定螺纹参数是手工输入还是从螺纹列表中选择。
- "从表格中选择"按钮：当选择了圆柱面后该按钮被激活。单击该按钮，弹出如图 5-45 所示的"螺纹"对话框，可以从列表中选择标准的螺纹规格，各参数将自动输入到螺纹参数文本框中。

图 5-45　"螺纹"对话框

5. "旋转"选项组

选中相应的单选按钮，设置该螺纹是左旋螺纹还是右旋螺纹。

6. "选择起始"按钮

用于选择螺纹的起始面。系统默认的螺纹起始位置为圆柱的端面。当系统不能自动判断螺纹的起始位置时，需要用户通过该选项设置螺纹的起始位置。

下面以符号螺纹为例，介绍螺纹操作的基本过程，具体操作步骤如下。

(1) 选择"插入"|"设计特征"|"螺纹"命令，或者单击"特征操作"工具条中的"螺纹" 按钮，弹出"螺纹"对话框，选中"符号"单选按钮。

(2) 系统提示"选择一个圆柱进行表格查询，或选择手工输入来跳过表格"，在绘图区选择圆柱面，通过表格查询方式来确定螺纹参数。系统显示螺纹线和螺纹方向预览，单击"选择起始"按钮，选择圆柱的上表面作为螺纹起始面。

(3) 弹出"螺纹"方向选择对话框，选择起始条件为"不延伸"，单击"确定"按钮返回"螺纹"对话框。单击"确定"按钮，完成螺纹的创建，具体操作步骤如图 5-46 所示。

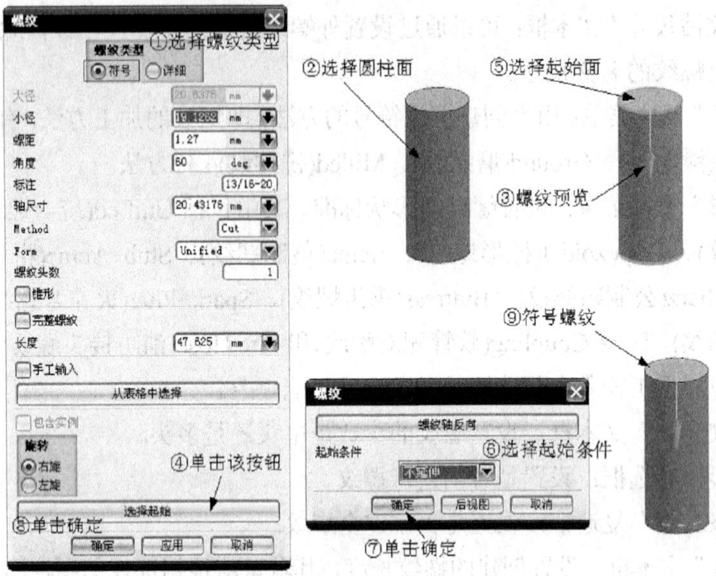

图 5-46　创建"符号"螺纹

5.2.10　阵列面

在工具栏中单击 按钮或选择"插入"|"关联复制"|"阵列面"命令，弹出如图 5-47 所示的"阵列面"对话框。在"阵列定义"卷展栏的"布局"下拉列表中包括"线性阵列"、"圆形阵列"和"镜像"等阵列方式。下面介绍各阵列方式的具体使用方法。

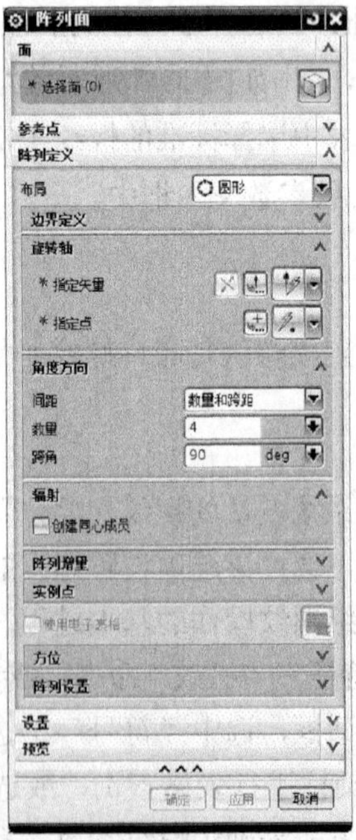

图 5-47　"阵列面"对话框

1. 线性阵列

该方式用于以线性阵列的形式来复制所选的实体特征，该阵列方式使阵列后的特征成线性排列。

在"阵列定义"卷展栏的"布局"下拉列表中选择"线性"选项，"阵列面"对话框如图 5-48 所示。该阵列方式可以设置同时沿两个方向进行线性阵列，例如传统意义上经常用到的 X 和 Y 方向。可以通过指定矢量的方式确定这两个阵列方向。"方向 1"区域的"间距"文本框用于设置线性阵列操作时沿方向 1 上相邻特征之间的偏置距离；"数量"文本框用于设置阵列操作时沿方向 1 上的特征个数。"方向 2"区域的"间距"和"数量"文本框用于设置阵列操作时沿方向 2 的相应参数。

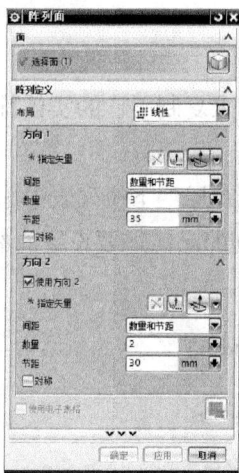

图 5-48　"线性阵列"的"阵列面"对话框

创建线性阵列的具体操作步骤如下。

(1) 在工具栏中单击 按钮，弹出"阵列面"对话框，在"阵列定义"卷展栏的"布局"下拉列表中保持线性阵列方式的默认选择状态。

(2) 选择"简单孔(2)"为操作对象，或者用鼠标指定操作对象，如图 5-49 所示。

(3) 设置方向 1：指定矢量为长方体的长度方向、"数量"为 3、"节距"为 35mm；设置方向 2：指定矢量为长方体的宽度方向、"数量"为 2、"节距"为 30mm。系统在绘图区中显示如图 5-50 所示的阵列效果预览。

图 5-49　指定阵列对象

图 5-50　效果预览

(4) 单击对话框中的"确定"按钮，结果如图 5-51 所示。

提示：

线性阵列不能对细节特征进行阵列。如果想对细节特征(倒圆角、拔模等)一起阵列，可以将要阵列的特征定义为特征集，然后再对特征集进行阵列操作，如图 5-52 所示。

图 5-51　线性阵列效果

(a) 选择特征集　　　　　(b) 阵列效果

图 5-52　特征集阵列

2. 圆形阵列

该方式用于以圆形阵列形式来复制所选的实体特征，该阵列方式使阵列后的成员成圆周排列。

在"阵列定义"卷展栏的"布局"下拉列表中选择"圆形"选项，"阵列面"对话框如图 5-53 所示。与线性阵列不同的是，需要设置的参数是"旋转轴"和"角度方向"。

圆形阵列如图 5-54 所示。

图 5-53　"圆形阵列"的"阵列面"对话框

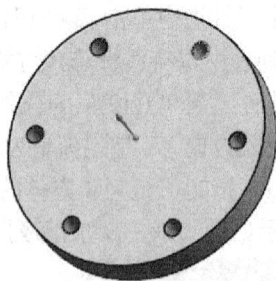

图 5-54　圆形阵列

提示：

如果一次圆形阵列多个特征，需要先选择作为测量半径基准的那个特征的特征对象。

3. 镜像

该方式用于以镜像平面来镜像所选的特征对象，镜像后的特征对象和原特征对象相关联，其本身没有可编辑的特征参数。

在"阵列定义"卷展栏的"布局"下拉列表中选择"镜像"选项，"阵列面"对话框如图 5-55 所示。用户在绘图工作区中选择需要镜像的特征"面"，然后再选择一个"镜像平面"，系统会将所选的特征面相对于指定的镜像平面产生一个镜像的特征面，如图 5-56所示。

图 5-55　"镜像"的"阵列面"对话框　　　　　　　图 5-56　镜像阵列

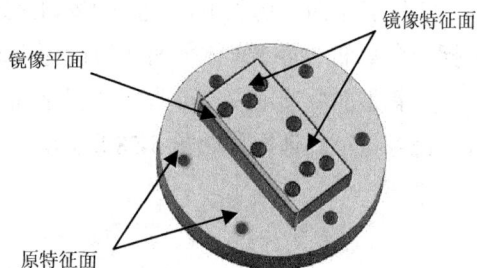

5.2.11　镜像特征

该方式用于以基准平面来镜像所选实体中的某些特征。单击工具栏上的 按钮，或选择"插入"|"关联复制"|"镜像特征"命令，会弹出"镜像特征"对话框，如图 5-57所示。

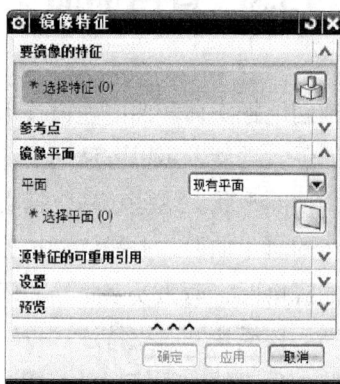

图 5-57　"镜像特征"对话框

设置各选项后，选择需要镜像的特征，并指定镜像平面，则系统会将所选特征相对于指定的平面进行镜像。下面介绍该对话框中各选项的用法。

1．"特征"卷展栏

按钮用于选择实体中的特征作为镜像特征。单击该按钮，可以在绘图工作区中直接选择需要镜像的特征；也可在"相关特征"列表框中，选择需要镜像的特征名称。可以选择实体上的一个或多个特征作为镜像的特征，但必须确保镜像后的所有特征都能与该实体接触。

选中"添加相关特征"复选框，则在选择镜像特征后，该特征所包含的子特征也将作为镜像特征。

选中"添加体中的全部特征"复选框，则系统将选取实体中的所有特征作为镜像特征。

2. "镜像平面"卷展栏

在"平面"下拉列表框中可以选择"现有平面"和"新平面"两种方式。

"现有平面"选项下，使用🗔按钮来选择镜像平面。单击该按钮，可在绘图工作区中选择一个基准平面或实体平面作为镜像平面。

"新平面"选项下，可直接选择平面，也可使用"平面"对话框来选择平面。

镜像特征具体操作如图 5-58 所示。

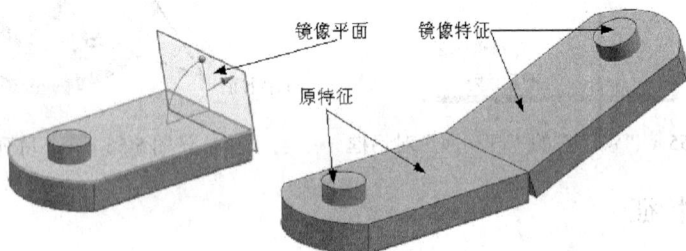

图 5-58　镜像特征

5.3　自由曲面

NX 9 自由曲面建模模块独创地把实体和曲面建模技术融合在一组强大的工具中，提供生成、编辑和评估复杂曲面的强大功能，可以方便地设计如飞机、汽车、电视机及其他工业造型设计产品上的复杂自由曲面形状。这些技术包括直纹面、扫描面、通过一组曲线的自由曲面、通过两组正交曲线的自由曲面、曲线广义扫掠、标准二次曲线方法放样、等半径和变半径倒圆、广义二次曲线倒圆、两张及多张曲面间的光顺桥接、动态拉动、等矩或不等距偏置、曲面剪裁/编辑等。该模块同时支持通过一组曲线线架逼近或通过测量点云逼近生成曲面等逆向工程的功能。生成的曲面模型既可通过修改定义曲面的曲线、改变参数数值，也可利用图形或数学规律来控制曲面形状，如可变半径倒圆或可修改截面积的扫掠曲面。

5.3.1　直纹面

在"曲面"工具栏中单击🗟按钮或选择"插入"｜"网格曲面"｜"直纹"命令，会弹出如图 5-59 所示的"直纹"对话框。

系统会要求用户先后选择两个截面线，选择完毕以后都会出现相应的方向箭头。

用户可以选择"参数"、"弧长"、"根据点"、"距离"、"角度"、"脊线"和"可扩展"7 种对齐方式。这几种方式在后面的很多命令中都会碰到，因此在这里详细介绍一下。

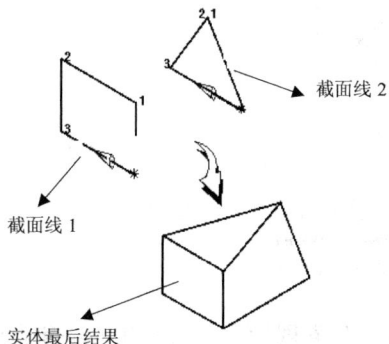

图 5-59　"直纹"对话框

1. 等参数对齐

在构造特征的时候，等参数曲线和截面线所形成的间隔点，是根据相等的参数间隔方法建立的。若整个截面线上包含直线，则用等弧长的方式间隔点；如包含曲线则用等角度的方式间隔点。

2. 等弧长对齐

在构造特征的时候，两组截面线和等参数线建立连接点，这些连接点在截面线上的分布和间隔方式是根据等弧长方式建立。

3. 根据点对齐

该方法特别适用于对于不同形状截面的对齐。如果截面带有尖角尤其推荐使用这种方法，如图 5-60 所示。

4. 等距离对齐

沿每个截面线，在规定方向等距离间隔点，结果是所有等参数曲线都位于正交于规定矢量的平面中，如图 5-61 所示。

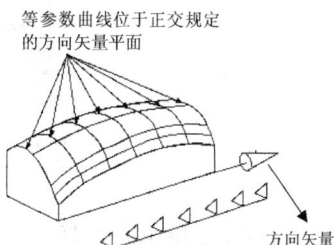

图 5-60　根据点对齐图解

图 5-61　距离对齐图解

5. 角度对齐

在每个截面线上，绕着一规定的轴等角度间隔生成，这样，所有等参数曲线都位于含有该轴线的平面中，如图 5-62 所示。

图 5-62 角度对齐图解

6. 脊线对齐

该方法把点放在选择的曲线和正交于输入曲线的平面的交点上，最后的结果基于脊柱曲线的范围。

提示：

需要注意选择截面线时候的矢量方向，系统生成曲面的时候会按照图示的矢量方向进行对齐，如果选择反了，就会产生扭曲的效果。

5.3.2 通过曲线组

在"曲面"工具栏中单击 按钮或选择"插入"｜"网格曲面"｜"通过曲线组"命令，会弹出如图 5-63 所示的"通过曲线组"对话框。

用户可以先后选择多条截面线，选择完毕后会出现相应的方向箭头。

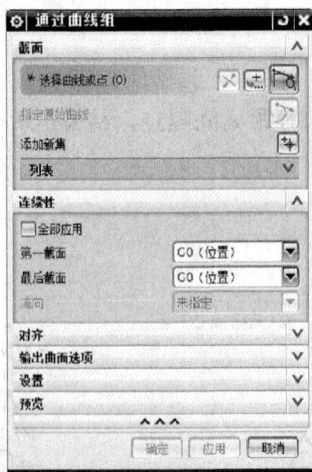

图 5-63 "通过曲线组"对话框

下面介绍该对话框中的主要设置。"对齐方式"卷展栏中的内容和方法和直纹面基本一致。

1. 补片类型

打开"输出曲面选项"卷展栏，在"补片类型"下拉列表框中可以选择"单个"、"多个"或"匹配线串"方式进行补片。

采用"单个"方式进行补片，系统会自动计算 V 方向阶次，其数值等于截面线数量减一。因为 NX 9 最高阶次是 24，所以单补片方式最多只能选择 25 条截面线。

如果采用"多个"方式进行补片，用户可以自己定义 V 方向阶次，但所选择的截面线数量至少比 V 方向的阶次多一组。建议采用多补片，阶次为 3 次的特征类型。

如果采用"匹配线串"方式进行补片，则系统根据线串定义 V 方向阶次。

2. V 向封闭

在"输出曲面选项"卷展栏中选中"V 向封闭"复选框，并且选择封闭的截面线，系统将自动生成封闭的实体。

3. V 方向阶数

该数值在"设置"卷展栏"放样"选项组中的"阶次"数值框中进行设置。只有采用多补片的方法，才能选择此项。但所选择的截面数量至少比 V 方向的阶次多一组。

4. 公差

用于控制生成的曲面和实际截面线之间的误差拟合大小。其相关数值在"设置"卷展栏的"公差"选项组中进行设置。

5. 第一截面线串约束条件

可以根据生成的片体的实际需要定义边界约束条件，以让它在第一条截面线串处和一个或者多个被选择的体表面相切或者等曲率过渡。该条件在"连续性"卷展栏的"第一截面"下拉列表框中进行设置。

6. 最后一条截面线串的约束条件

在最后一个截面线上施加约束，和第一截面线方法一样。该条件在"连续性"卷展栏的"最后截面"下拉列表框中进行设置。

如图 5-64 所示的曲面就是采用这种方法分别和两个曲面都相切过渡创建的。

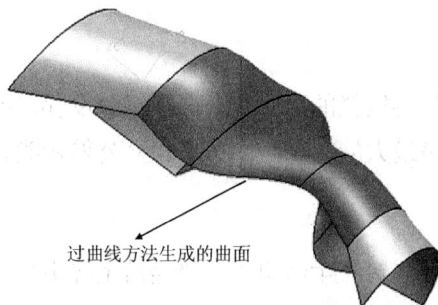

过曲线方法生成的曲面

图 5-64　通过曲线组方法实例

5.3.3 通过曲线网格

在"曲面"工具栏中单击 按钮或选择"插入"｜"网格曲面"｜"通过曲线网格"命令，弹出如图 5-65 所示的"通过曲线网格"对话框。

该方法就是使用一组同方向的截面线定义为"主线串"，另外一组大概和主线串垂直的截面线则成为"交叉线串"。先定义若干主线串，接着选择若干交叉线串，选择完毕后会出现相应的方向箭头。

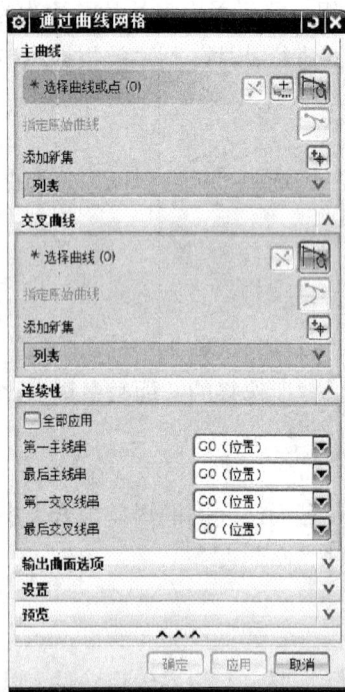

图 5-65 "通过曲线网格"对话框

下面介绍该对话框中的主要设置选项。

1. 着重

"输出曲面选项"卷展栏中的"着重"下拉列表框中有 3 个选项可供选择，分别是"两者皆是"、"主线串"和"交叉线串"，用于控制系统在生成曲面的时候更靠近主线串还是交叉线串，或是在两者中间(因主线串和交叉线串有可能不相交)。

2. 相交公差

该系列数值在"设置"卷展栏的"公差"选项组中设置，用于控制在主线串和交叉线串不相交的时候，两组线串最大的间距必须小于相交公差才能完成建模。

3. 连续性

在该卷展栏中可以设置"第一主线串"、"最后主线串"、"第一交叉线串"和"最后交叉线串"的约束条件。和以前的约束条件一样。

4. 构造方式

在"输出曲面选项"卷展栏的"构造"下拉列表框中进行设置。该下拉列表中主要有 3 个选项。

- "法向"：使用标准方法构造曲面，该方法比其他方法建立的曲面有更多的补片数。
- "样条点"：利用输入曲线的定义点和该点的斜率值来构造曲面。要求每条线串都要使用单根 B 样条曲线，并且有相同的定义点。该方法可以减少补片数，简化曲面。
- "简单"：用最少的补片数构造尽可能简单的曲面。

5. 重新构建

在"设置"卷展栏"主线串"或"交叉线串"选项卡的"重新构建"下拉列表框中进行设置，有 3 个选项："无"、"阶次和公差"和"自动拟合"。可以使用这个选项重新构造主线串和交叉线串的阶数，选择"阶次和公差"选项采用手工方法，选择"自动拟合"选项采用自动方法。

如图 5-66 所示的曲面就是采用这种方法创建的。

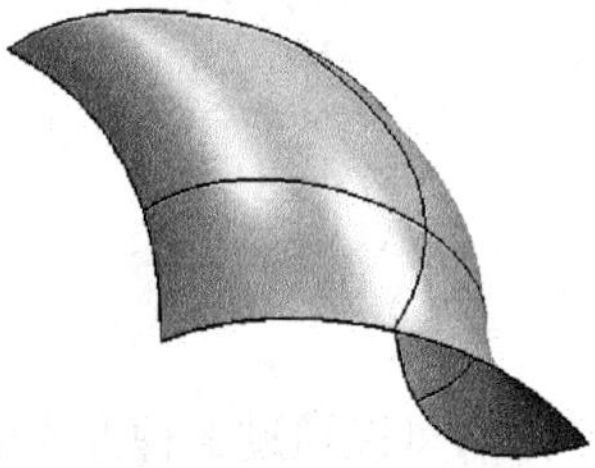

图 5-66　通过曲线网格方法实例

5.4　编辑特征

编辑特征主要是完成特征创建以后，对特征不满意的地方进行编辑的过程。用户可以重新调整尺寸、位置及先后顺序等，以满足新的设计要求，提高工作效率和制图的准确性。

"编辑特征"工具条如图 5-67 所示，主要包括编辑特征参数、特征尺寸、可回滚编辑、编辑位置、替换特征、替换为独立草图、更新延迟至编辑完成后、更新模型等，本节将对其中几个常用的功能展开阐述。

图 5-67　"编辑特征"工具条

5.4.1　特征参数

编辑特征参数是对已存在特征的定义参数根据需要进行修改，并将所做的特征修改重新反映出来。用户在创建特征时所定义的参数都可以通过该功能进行修改。

在工具栏中单击 按钮或选择"编辑"|"特征"|"编辑参数"命令，弹出如图 5-68 所示的"编辑参数"对话框。

图 5-68　"编辑参数"对话框

用户可以通过 3 种方式编辑特征参数：可以在绘图工作区中双击要编辑参数的特征；也可以在该对话框的特征列表框中选择要编辑参数的特征名称，或者在模型导航器上右击相应的特征后，在弹出的快捷菜单中选择"编辑参数"命令。随选择特征的不同，弹出的对话框形式也有所不同。

1. 特征参数与特征类型

在选择相应的特征后，弹出创建所选特征时对应的对话框，选择需要的类型，修改需要改变的参数值即可。

2. 重新附着

用于重新指定所选特征的附着平面。可以把建立在一个平面上的特征重新附着到新的特征上去。已经具有定位尺寸的特征，需要重新指定新平面上的参考方向和参考边。特征参考可以是附着面、通过面、边或基准轴等。可重新定义参考的特征包括孔、腔体、槽等。

提示：

不同类型的特征具有不同的特征对话框，但是所有的特征对话框的选项和用户定义该对象时需要的参数类型是一致的。因此，用户只要对特征的建立有较好的理解，对于编辑参数来说就容易操作了。

5.4.2　移动特征

移动特征是将非关联的特征，按照用户指定的方式和参数移动到一个新的位置。

单击"编辑特征"工具条中的"移动特征" 按钮，弹出"移动特征"对话框，其中的列表框中显示了当前工作区域内所有的可移动特征，如图 5-69 所示。选择要移动的特征，单击"确定"按钮，弹出"移动特征"设置对话框，如图 5-70 所示。

图 5-69　"移动特征"对话框　　　　　图 5-70　"移动特征"设置对话框

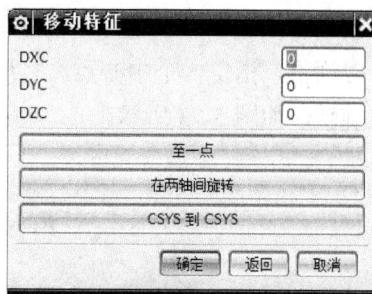

特征移动的方法有"坐标偏移法"、"至一点"、"在两轴间旋转"和"CSYS 到 CSYS" 4 种。

1. 坐标偏移法

该方法通过矩形坐标(DXC、DZC、DYC)来指定移动距离和方向,相对工作坐标移动特征。

DXC、DYC、DZC 文本框用于输入沿 X、Y、Z 轴的移动增量,输入的偏置量为正值表示沿指定的坐标轴的正向移动,若为负值则表示沿指定坐标轴的负方向移动,如图 5-71 所示。

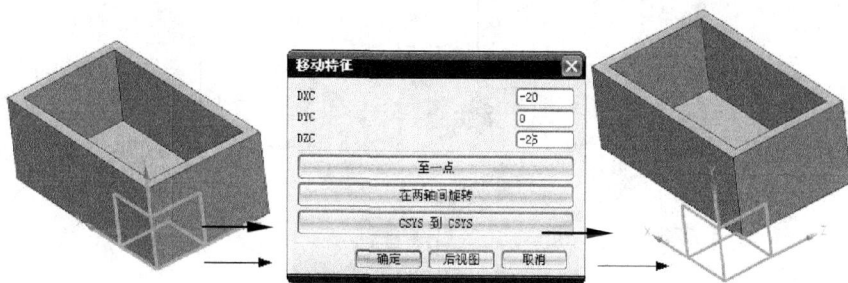

图 5-71　坐标偏移法

2. 至一点方式

单击"至一点"按钮,弹出"点"对话框,用户利用该对话框选择目标点,则特征从参考点移动到目标点,如图 5-72 所示。

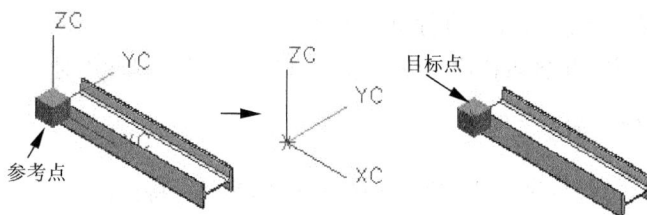

图 5-72　至一点方式

3. 在两轴间旋转方式

该方法通过单击"在两轴间旋转"按钮来实现。它通过参考轴和目标轴旋转移动特征。

激活移动特征命令后，选择对话框中要移动的对象。单击"在两轴间旋转"按钮，弹出"点"对话框，指定一个中心点。之后弹出"矢量"对话框，依次设置参考轴和目标轴即可完成旋转，如图 5-73 所示。

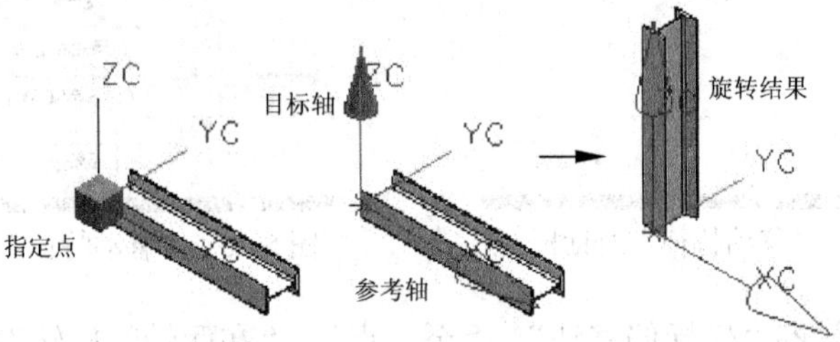

图 5-73　在两轴间旋转方式

4. CSYS 到 CSYS 方式

该方法通过单击"CSYS 到 CSYS"按钮来实现，它是将特征从参考坐标系中的位置重定位到目标坐标系中的统一位置。

激活移动特征命令后，选择对话框中要移动的对象。单击"CSYS 到 CSYS"按钮，弹出 CSYS 对话框，依次设置参考坐标系和目标坐标系即可，如图 5-74 所示。

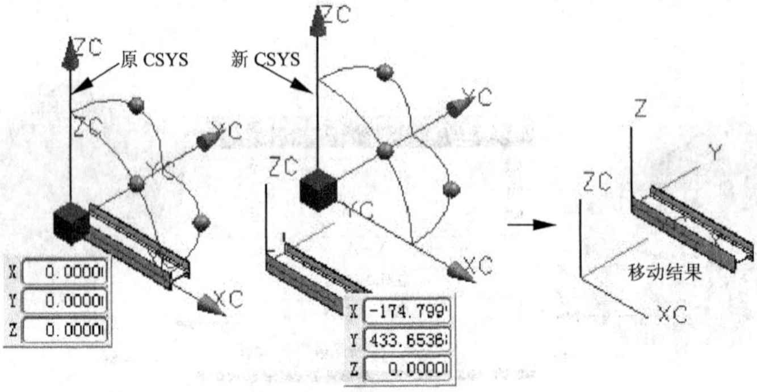

图 5-74　CSYS 到 CSYS 方式

5.4.3　特征重排序

在 NX 9 中，特征的生成是按照一定的顺序进行的，系统按照生成顺序自动对特征名进行编号，该编号称为时间标记。特征重排序就是更改特征应用到模型时的顺序，在选定参考特征之前或之后对所需特征进行重排序。

在工具栏中单击"特征重排序"按钮，弹出"特征重排序"对话框，如图 5-75 所示。

1. "参考特征"列表框

该列表框显示了经过过滤器过滤后供用户选择的参考特征。

2. 选择方法

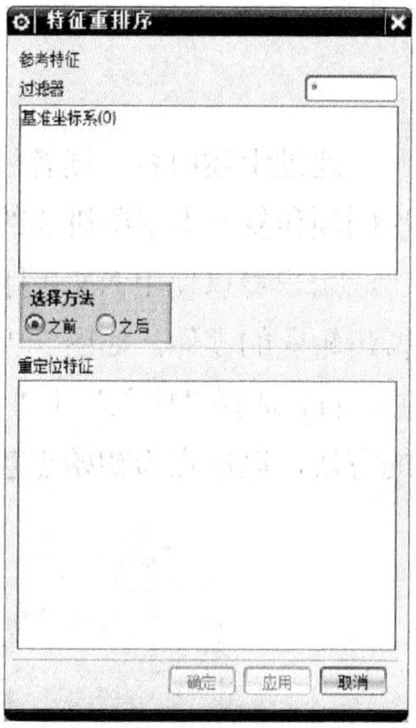

用于指定特征排列的方式，有"之前"和"之后"两种方式。"之前"方式表示将排序的特征放在参考特征之前。"之后"方式表示将排序的特征放在参考特征之后。

3. "重定位特征"列表框

该列表框显示要进行重新排序的特征，根据选择方法的不同对选中的特征进行排序。

下面要实现边倒圆和矩形垫块特征次序的变换。原实体是先拉伸再进行边倒圆，最后在拉伸实体表面上生成矩形垫块。现在要将边倒圆和矩形垫块特征的次序重新排列，实现先生成矩形垫块，再在对拉伸特征边倒圆。首先从"参考特征"列表中选择"边倒圆"特征，选择方法为"在后面"，则"边倒圆"后面的特征出现在"重定位特征"列表中。在"重定位特征"列表中选择"矩形垫块"特征，把"矩形垫块"特征放在"边倒圆"特征前，单击"确定"按钮便形成新的排序，如图 5-76 所示。

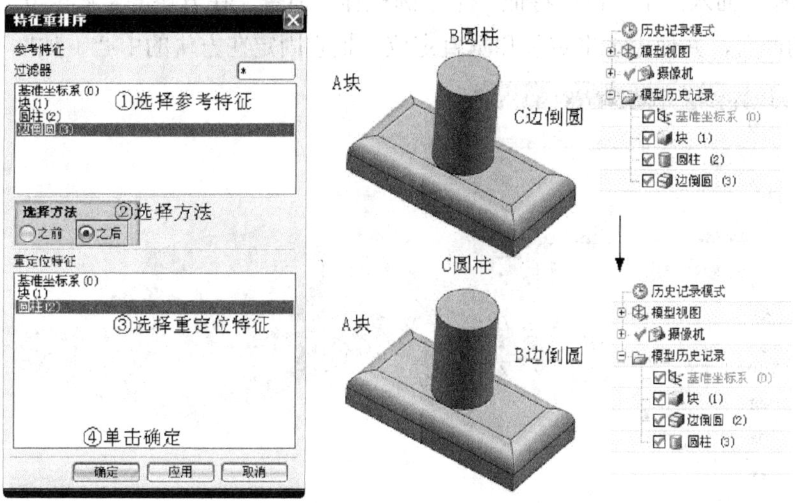

图 5-75　"特征重排序"对话框

图 5-76　特征重排序

提示：

如果特征有相关的子特征，操作后其子特征也会被重新排序。如果要重定位的特征是参考特征的父特征，则会弹出警告信息提示不能重排序，如图 5-77 所示。

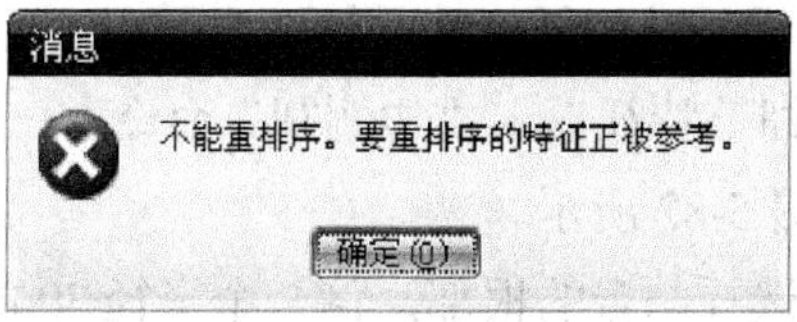

图 5-77　警告消息

5.5　应用与练习

通过上述内容，读者已经学会了 NX 9 三维建模的高级功能。下面就通过一个练习再次回顾和复习本章所讲述的内容。

用户可以使用 NX 9 打开名为 5_1.prt 的 NX 9 基本文件，就会看到一个已经画好的悬臂齿轮座的零件，如图 5-78 所示。

(1) 选择"插入"｜"设计特征"｜"长方体"命令，建立一个长 260、宽 160、高 20 的方块，以原点为初始点建立，如图 5-79 所示。

图 5-78　悬臂齿轮座

图 5-79　建立方块

(2) 选择"插入"｜"设计特征"｜"圆柱体"命令，在方块的中心建立一个高 30，直径 120 的凸台，并使用水平定位和垂直定位，把它固定在方块的中心，如图 5-80 所示。

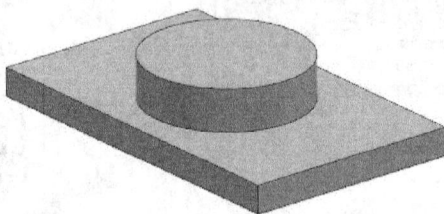

图 5-80　建立凸台

(3) 选择"插入"｜"组合"｜"求和"命令，选择凸台为"目标"体，选择方块为"刀具"体，进行"求和"操作，如图 5-81 所示。

(4) 选择"插入"｜"细节特征"｜"边倒圆"命令，一次选择方块的 4 条边，进行统一倒角，半径为 40，如图 5-82 所示。

(5) 继续使用该命令，选择凸台的根部，倒一个半径 30 的角，如图 5-83 所示。

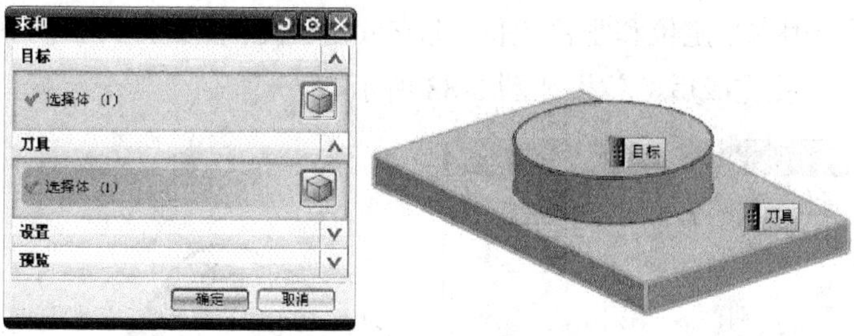

图 5-81　方块与凸台求和

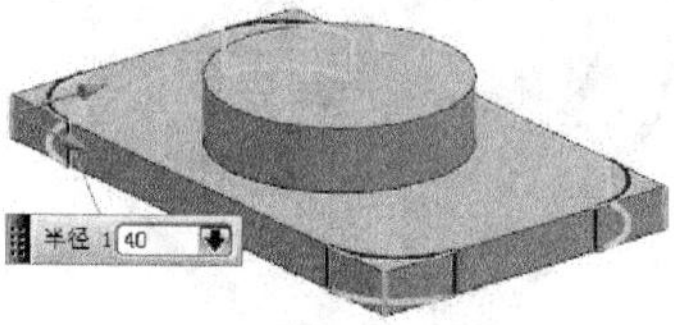

图 5-82　方块倒角

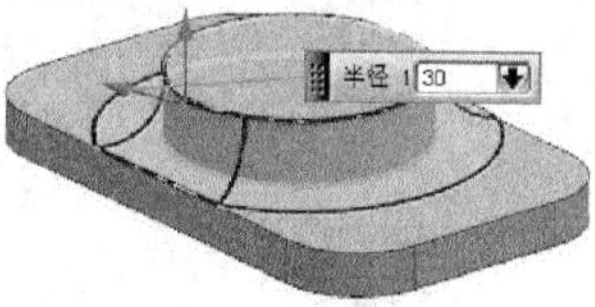

图 5-83　凸台倒角

(6) 使用"插入"｜"设计特征"｜"孔"命令，在方块上打一个通孔，直径为 25，同样使用水平定位和垂直定位，把它固定在距离长边 30，距离短边 30 的位置，如图 5-84 所示。

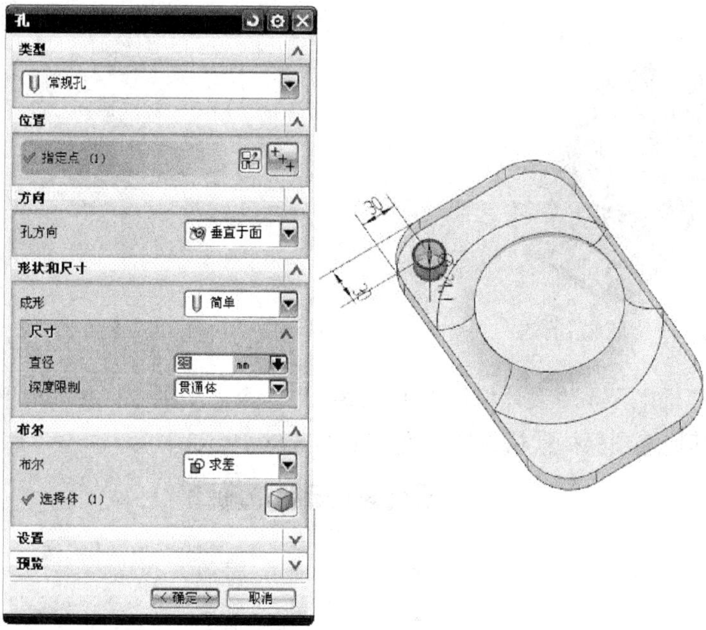

图 5-84　方块打孔

(7) 选择"插入"｜"关联复制"｜"阵列面"命令，使用矩形阵列方法，沿 XC 方向数目为 2，距离为 200(即 X 方向 200)，沿 YC 方向数目为 2，距离为 100，如图 5-85 所示。

(8) 阵列完成后的效果如图 5-86 所示。

(9) 再次使用"插入"｜"设计特征"｜"孔"命令，在原来凸台的中心打一个通孔，直径为 80，同样使用水平定位和垂直定位，把它固定在距离长边 80，距离短边 130 的位置，如图 5-87 所示。打孔完成后，效果如图 5-88 所示。

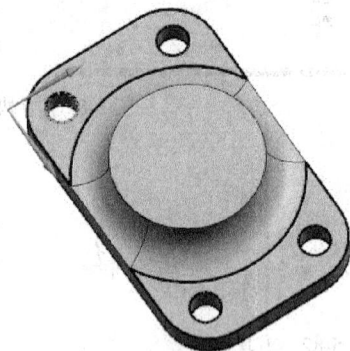

图 5-85　阵列圆孔

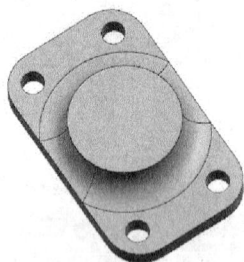

图 5-86　阵列完成后的效果

图 5-87　凸台打孔

(10) 选择"插入"｜"设计特征"｜"螺纹"命令，在刚才打孔的内壁上做一个螺距为 6 的螺纹，其他选项保持默认设置不变，如图 5-89 所示。

图 5-88　打孔结果

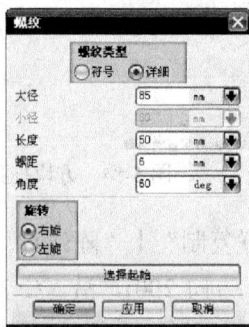

图 5-89　建立螺纹

(11) 这样一个完整的悬臂齿轮座就完成了，如图 5-90 所示。具体过程可参考 5_1.prt。

图 5-90   完成的悬臂齿轮的座

5.6   习题

1. 布尔运算有几种方式？如何进行操作？

2. 拔模操作有几种类型，分别是什么？

3. 什么叫作直纹面？

4. 如何编辑特征的编辑？

5. 绘制如图 5-91 所示的玻璃杯实体，其轮廓曲线如图 5-92 所示。

图 5-91   玻璃杯实体

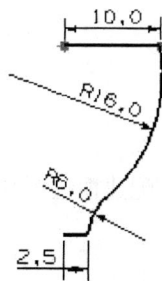

图 5-92   轮廓曲线

第6章 装配

本章主要讲述了 NX 9 在基本装配方面的应用。NX 9 适合于零件装配，如机械设备的设计创建。读者在学习本章之后，可以掌握 NX 9 的装配环境、NX 9 装配的多种方法、爆炸图的生成、装配序列化、装配排列、装配切割和提升体等。熟练地应用这些功能，最后才能完成大产品的定型设计。

通过本章的学习，读者需要掌握的内容如下：

- 熟悉装配环境
- 装配的方法
- 爆炸图
- 装配中各种细节的处理

6.1 NX 9 装配概述

NX 9 的装配建模过程其实就是建立组件装配关系的过程。可以使用下面的公式说明 UG 装配的原理：

Assembly=Σ Component   (装配模型=Σ 组件)

NX 9 装配模块除了可以快速将组合零组件成产品外，还可以在装配的上下文范围内建立新的零件模型，并产生明细列表。而且在装配中，可以参照其他组件进行组件配对设计，并可对装配模型进行间隙分析、重量管理等操作。装配模型生成后，可建立爆炸视图，并可将其引入到装配工程图中。

NX 9 提供了 3 种方法来满足不同的装配需求。它们是自底向上建模、自顶向下建模以及这两种方法组合的混合建模。

6.1.1 "装配模块"主菜单

执行装配操作时，首先在主菜单上选择"装配"命令，将会弹出如图 6-1 所示的"装配"菜单。下面就菜单中的各命令选项进行介绍。

1. 关联控制

该命令的延展菜单如图 6-2 所示，主要包含一些在装配中快速编辑和查找相应组件的功能。

图 6-1　"装配"菜单

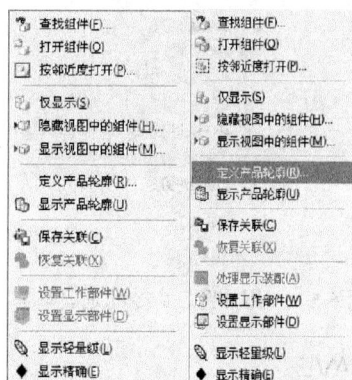

图 6-2　"关联控制"命令的延展菜单

2. 组件、组件位置、布置

包含对组件进行操作和匹配的详细功能。"组件"与"组件位置"命令的延展菜单如图 6-3 和图 6-4 所示。

图 6-3　"组件"命令的延展菜单

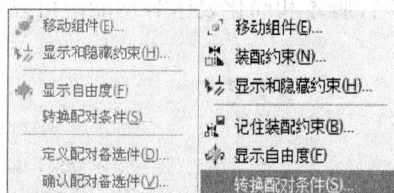

图 6-4　"组件位置"命令的延展菜单

3. 爆炸图

用于产生装配的爆炸视图，其延展菜单如图 6-5 所示。

4. 序列

用于产生装配的序列化标识，就是可以显示装配的先后顺序和不同的视角，用于指导实际的装配过程。

5. 变量配置

用于配置相同的零件在装配结构中的不同位置。

6. 克隆

用于对现有装配进行复制的功能，其延展菜单如图 6-6 所示。

7. 替换引用集

用于对引用集进行编辑操作。

图 6-5   "爆炸图"命令的延展菜单 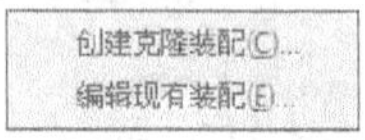   图 6-6   "克隆"命令的延展菜单

8. WAVE

WAVE 命令的延展菜单如图 6-7 所示。

WAVE 属性连接器用于对几何公差等组件属性进行相关设计。

WAVE 高级功能属于 NX 9 的高级装配模块。该功能主要用来对系统级模型进行控制，包括大量的控制尺寸属性、逻辑的能力。

9. 高级

该命令的延展菜单如图 6-8 所示，适用于大装配的处理功能。该延展菜单中包括打开区域、执行脚本和简化表达等功能，可以对大装配进行轻松地操作。

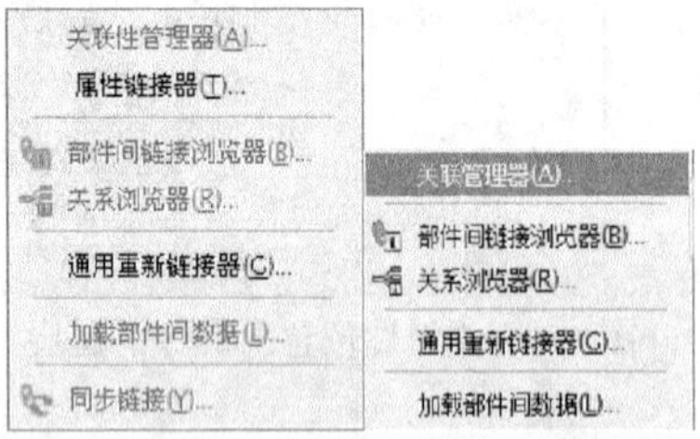

图 6-7   WAVE 命令的延展菜单 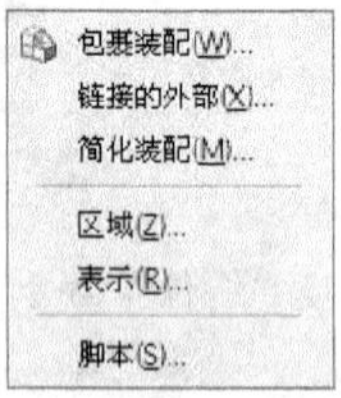   图 6-8   "高级"命令的延展菜单

6.1.2   "装配"工具栏

相对于菜单，用户也可以采用工具栏方式进行操作。同时，还可以通过选择【启动】|【装配】命令打开各种 UG 装配操作的快捷菜单，如图 6-9 所示。

图 6-9   "装配"工具栏

单击不同的按钮还可以弹出相应的工具栏，这些将在后面分别讲述。

6.1.3   装配导航器

用户必须掌握装配导航器才能灵活运用 NX 9 的装配功能。在 NX 9 环境界面的右侧可以打开装配导航器并进行操作，如图 6-10 所示。

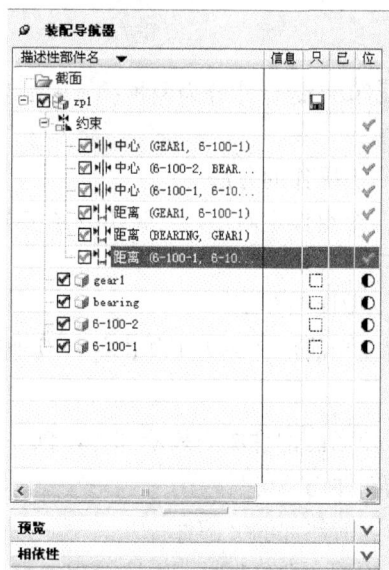

图 6-10　装配导航器

装配导航器有两种不同的显示模式：浮动模式和固定模式。

1. 显示模式

在浮动模式下，装配导航器以窗口形式显示，当鼠标指针离开导航器的区域时，导航器会自动收缩，当用户单击"装配导航器"字样旁边的纽扣按钮 时，导航器就会切换到固定模式并固定在绘图区域不再收缩，再次单击按钮即可返回到浮动模式。

2. 装配导航器图标

在装配导航器中，将组件的装配结构用类似于树结构的图形来表示，非常清楚地表达了各个组件之间的装配关系。而在该树状结构图中，装配中的子装配和组件都用不同的图标来表示。同时，零组件处于不同的状态时其表示按钮也不同。

下面对各种按钮的含义进行说明。

 按钮表示装配或是子装配，它分为以下 3 种情况：

(1) 当按钮为黄色时，表示该装配或子装配被完全加载；

(2) 当按钮为灰色但是按钮边缘仍为实线时，表示该装配或子装配被部分加载；

(3) 当按钮为灰色但是按钮边缘为虚线时，表示该装配或子装配没有被加载。

 按钮表示组件，它分为以下 3 种情况：

(1) 当按钮为黄色时，表示该组件被完全加载；

(2) 当按钮为灰色但按钮边缘仍为实线时，表示该组件被部分加载；

(3) 当按钮为灰色但按钮边缘为虚线时，表示该组件没有被加载。

检查框表示装配和组件的显示状态，分为以下 3 种情况：

(1) 按钮表示当前组件或装配处于显示状态，此时检查框显红色；

(2) 按钮表示当前组件或装配处于隐藏状态，此时检查框显灰色；

(3) 按钮表示当前组件或子装配处于关闭状态。

3. 窗口右键操作

UG NX 9 装配导航器的窗口右键操作分为两种：一种是在相应的组件上右击；另一种是在空白区域右击。

(1) 组件右键操作(窗口右键操作的方法一)

在装配导航器中的任意一个组件上右击，会弹出如图 6-11 所示的快捷菜单及工具栏 。

下面就菜单中的各个命令做详细介绍。

- "设为工作部件"：使当前部件成为工作部件，其他部件将变灰并且不可使用。
- "设为显示部件"：使当前部件成为显示部件，恢复到单个零件的状态，其他部件均不可见。
- "显示父项"：显示当前部件的父部件。
- "打开"：用于打开部件，有多种打开方式可以选择。
- "关闭"：用于关闭部件。

图 6-11　右击导航器的快捷菜单

- "替换引用集"：用于在不同的引用集之间切换。
- "显示轻量级"：用于"显示轻量级"与"显示精确"显示状态之间的切换。
- "设为唯一"：用于设置当前部件为唯一部件。
- "替换组件"：使用其他部件来替换该部件。
- "装配约束"：定义部件配合关系。
- "移动"：用于打开手动移动部件对话框，重新定位部件。
- "抑制"：用于设定当前部件与父部件的是否抑制的关系。
- "隐藏"：不显示当前部件。
- "仅显示"：仅仅显示当前部件，与"隐藏"命令正好相反。
- "剪切"：和 Windows 的剪切操作一样，可以剪切部件。
- "复制"：和 Windows 的复制操作一样，可以复制部件。
- "删除"：用于删除当前部件。
- "显示自由度"：显示当前部件的装配自由度。
- "属性"：用于定义当前部件的属性。

(2) 空白区域右键操作(窗口右键操作的方法二)

在装配导航器的任意空白区域中右击，会弹出一个快捷菜单，如图 6-12 所示。菜单里的命令选项和装配导航工具栏中的按钮是相对应的。

下面介绍各主要选项的含义。

图 6-12　快捷菜单

- "包括被抑制的组件"：用于在装配导航树上显示抑制组件。
- "WAVE 模式"：将装配导航器显示模式变为 WAVE 模式。
- "查找组件"：用于在装配导航树中快速查找用户在图形区选择的组件名称，找到以后就高亮显示。
- "查找工作部件"：系统会查找目前工作部件的名称。

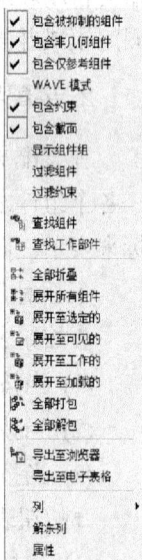

- ▤ "全部折叠"：将所有展开的装配树变成第一级显示。
- ▤ "全部展开"：打开每一级的模型树。
- ▤ "展开至选定的"：打开选择的装配树节点。
- ▤ "展开至可见的"：打开所有可见的装配树节点。
- ▤ "展开至工作的"：展开工作部件的装配树节点。
- ▤ "展开至加载的"：展开所有加载的装配树节点。
- ▤ "全部打包"：用于将同级装配中的所有相同组件用一个节点表示，后面的数字表示件数。
- ▤ "全部解包"：用于在装配树中，将表示相同组件的节点展开，用不同的节点表示。
- ▤ "导出至浏览器"：自动将装配导航器的内容输出到 IE 浏览器。
- "导出至电子表格"：自动将装配导航器内容输出到 Excel 表格。
- "列"：用于选择在装配导航器中要显示哪些列。
- "属性"：用于定义装配导航器的属性。

在 NX 9 中，装配导航器中还有两个项目："预览"窗口和"相依性"窗口。它们位于导航器的下方，可以预览所选组件的窗口并且可以明确地看出部件之间的父子关系，如图 6-13 和图 6-14 所示。

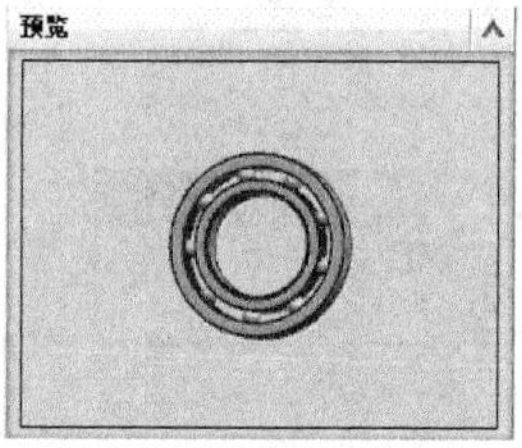

图 6-13　预览窗口

图 6-14　相依性窗口

熟悉了装配环境后，用户就可以进行真正的装配操作了。

6.2　自底向上

从本节开始，将详细讲述 NX 9 的具体装配方法。一般情况下，装配组件有两种方式。一种是首先全部设计好了装配中的组件，然后将组件添加到装配中，在工程应用中将这种装配方式称为自底向上装配。另一种是需要根据实际情况才能判断要装配件的大小和形状，因此要先创建一个新组件，然后在该组件中建立几何对象或将原有的几何对象添加到新建的组件中，这种装配方式称为自顶向下装配。

下面先来介绍第一种组件的创建方式。

6.2.1　添加已存在组件

添加组件到装配体中是自底向上装配方法中的一个重要步骤，是指通过逐个添加已存在的组件到工作组件中作为装配组件，从而构成整体装配体。当组件文件被修改时，所有引用该组件的装配体在打开时都会自动更新到相应组件文件。

选择"装配"|"组件"|"添加组件"命令，或者单击"装配"工具条中的"添加组件"按钮，将弹出如图 6-15 所示的"添加组件"对话框。各参数的含义分别如下。

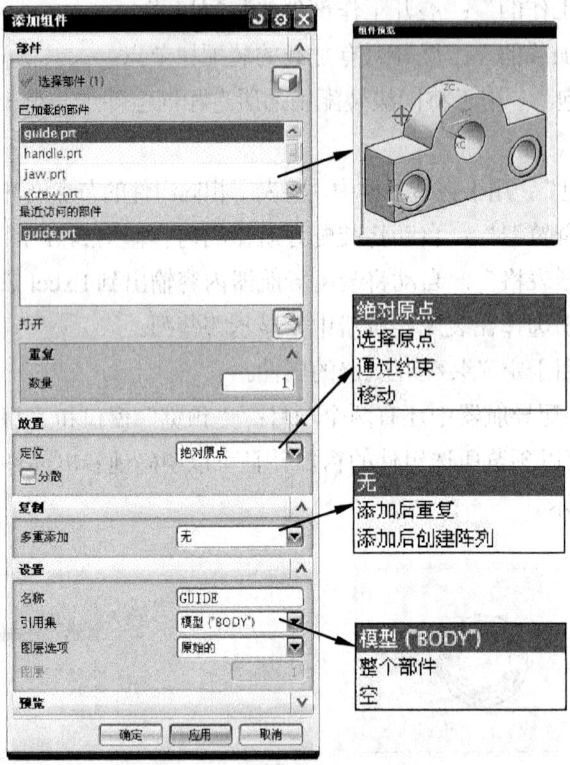

图 6-15　"添加组件"对话框

1．"部件"卷展栏

该卷展栏用于选择要添加的部件。选择要进行装配的部件有 3 种方法，分别如下。

- 选择已加载的部件：从"已加载的部件"列表框中选择待装配的部件，或者单击"选择部件"按钮，在绘图区选择已经加载的部件，将已经加载的部件再次添加到装配体中。
- 选择最近访问的部件：从"最近访问的部件"列表框中选择待装配的部件，将其添加到装配体中。
- 打开部件：单击"打开"按钮，通过浏览方式选择待装配的部件。其中，"重复"选项组中的"数量"文本框用于指定要添加的选定部件的实例数。当重复"数量"大于 1 时，将弹出如图 6-16 所示的"添加组件"提示对话框。

提示：

在"已加载的部件"和"最近访问的部件"列表框中，可以按 Ctrl 键选择多个部件，或多次单击"打开"按钮浏览部件，最后将多个部件一起加载。选择好部件后，将弹出"组件预览"窗口，如图 6-17 所示。

图 6-16 "添加组件"提示对话框

(a) 单部件预览 (b) 多部件预览

图 6-17 "组件预览"窗口

2. "放置"卷展栏

"定位"下拉列表框用于设置组件在装配体中的定位方式。NX 9 提供了"绝对原点"、"选择原点"、"通过约束"和"移动"4 种定位方式,分别介绍如下。

- 绝对原点:以系统坐标原点作为导入组件的基准点。
- 选择原点:以用户指定的点作为导入组件的基准点。
- 通过约束:通过装配约束关系来确定部件在装配中的位置,如图 6-18 所示。

图 6-18 "通过约束"放置

- 移动:以用户指定的点作为导入组件的基准点。打开"移动组件"对话框,通过指定移动方位来确定组件基准点,如图 6-19 所示。

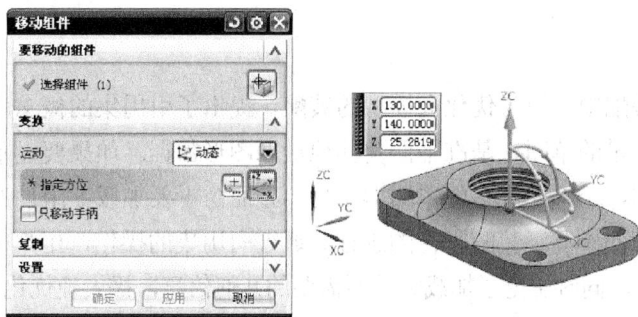

图 6-19 "移动"放置

提示：

当选中"分散"复选框时，导入的多个组件将以分散的方式进行定位，防止在添加多个实例(在数量框中指定的)时，它们出现在同一个位置上。

3. "复制"卷展栏

该卷展栏用于指定是否重复添加被选组件。如果要重复添加，则可以指定多重添加方式。"多重添加"下拉列表列举了 3 种添加方式，分别如下。

- 无：不重复添加所选组件，但不影响"重复"中的设置。
- 添加后重复：重复添加组件，直到取消定位操作。

提示：

当选择"绝对原点"定位方式时，该选项处于灰色状态，即不能使用该方式。

- 添加后创建阵列：添加所选组件，并按随后选择的"创建阵列方式"阵列组件，如图 6-20 所示。

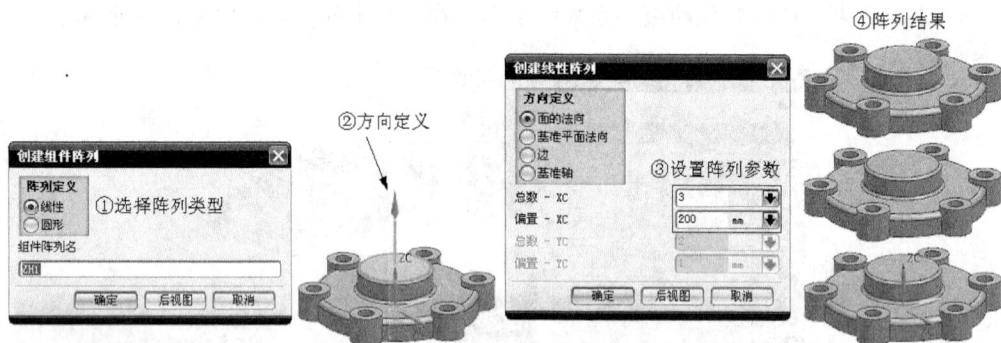

图 6-20   添加后生成阵列

4. "设置"卷展栏

- "名称"文本框：定义所选组件在装配体中的名称，仅在选择单个组件时有效。
- "引用集"下拉列表：用于为要添加的组件指定引用集，引用集的类型有"模型"、"整个部件"和"空" 3 种类型。
- "图层选项"下拉列表：用于确定所选组件添加到哪一个图层中。

6.2.2 引用集

在 NX 9 的装配中，为了优化大模型的装配，提出了引用集的概念。这是因为在零件设计中，包含了大量的草图、基准平面及其他辅助图形数据。如果要显示装配中各组件和子装配的所有数据，一方面容易混淆图形，另一方面由于要加载零组件的所有数据，需要占用大量内存，因此不利于装配工作的进行。通过引用集的操作，用户可以在需要的几何信息之间自由操作，同时避免了加载大量不需要的几何信息，极大地优化了装配的过程。

1．引用集的概念

引用集是用户在零组件中定义的部分几何对象，它代表相应的零组件进行装配。引用集可以包含下列数据：实体、组件、片体、曲线、草图、原点、方向、坐标系、基准轴及基准平面等。引用集一旦产生，就可以单独装配到组件中。一个零组件可以有多个引用集。

NX 9 对于不同的零件，默认的引用集也不一样。对于不包含实体的零件(如只有线条)，每个零组件有两个默认的引用集。

(1) 整个部件：该默认引用集表示整个部件，即引用部件的全部几何数据。在添加部件到装配中时，如果不选择其他引用集，默认就是使用该引用集。

(2) 空集：该默认引用集是空的引用集。它的引用集是不含任何几何对象的引用集，当组件以空的引用集形式添加到装配中时，在装配中看不到该组件。

如果零件中已经包含了实体，则有 4 个默认引用集。除了上述两个，还有以下两个。

(1) 模型：只包含整个实体的引用集。

(2) 轻量化：轻量化模型，只包含零件的小平面模型。

如果组件几何对象不需要在装配模型中显示，可使用空的引用集，以提高显示速度。

2．打开引用集对话框

在主菜单中选择"格式"｜"引用集"命令，将弹出"引用集"对话框，如图 6-21 所示。

设置该对话框中的选项，可进行引用集的建立、删除、更名、查看、指定引用集属性以及修改引用集的内容等操作。下面对该对话框中的各个选项进行说明。

(1) 添加新的引用集□

该按钮用于建立引用集。组件和子装配都可以建立引用集。组件的引用集既可在组件中建立，也可在装配中建立。如果要在装配中为某组件建立引用集，首先要使其成为工作部件。

图 6-21　"引用集"对话框

(2) 移除⊠

该按钮用于移除组件或子装配中已建立的引用集。在"引用集"对话框中选中需删除的引用集后，选择"移除"按钮⊠即可将该引用集删除。

(3) 属性⊿

在列表框中选中某一引用集后，单击"属性"按钮⊿，将弹出"引用集属性"对话框。在该对话框中输入属性的名称和属性值，按 Enter 键即可完成对该引用集属性的编辑，如图 6-22 所示。

(4) 信息①

该按钮用于查看当前零组件中已存在的引用集的相关信息。

在列表框中选中某一引用集后，该选项被激活。单击"信息"按钮①，弹出"信息"窗口，列出当前工作组件中所有引用集的名称，如图 6-23 所示。

(5) 设为当前的⊡

该按钮用于将选择的引用集设置为当前引用集。

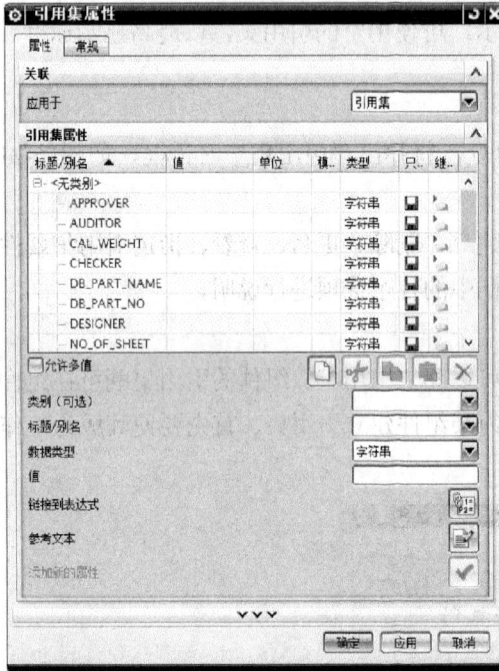

图 6-22　　"引用集属性"对话框

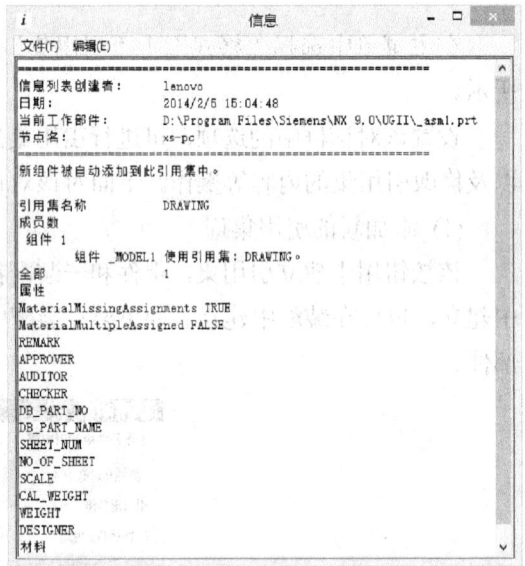

图 6-23　　"信息"窗口

在组件组件建模时，考虑到装配的应用，应按企业 CAD 标准建立必须的引用集，如实体。引用集不仅可清晰显示装配件，并可减少装配组件文件的大小。

6.2.3　装配约束

在装配的过程中，用户除了添加组件，还需要确定组件间的相对关系。这个时候就需要使用装配约束来为组件之间施加约束。所以，装配约束即指组件的装配关系，以确定组件在装配中的相对位置。

装配约束由一个或多个约束组成，约束限制组件在装配中的自由度。定义约束时，在图形窗口中系统会自动显示约束符号。用户在向装配环境添加组件的时候，就可以施加约束；如果没有施加，还可以在以后才施加约束。

如果组件的全部自由度被限制，称为完全约束，在图形窗口中看不到自由度符号。如果组件有自由度没被限制，则称欠约束。在 NX 9 装配中，允许欠约束存在。

在创建组件到装配的过程中，用户可以设置"定位"选项为"通过约束"，则指定了组件添加到装配中的绝对位置后，将会弹出"装配约束"对话框。用户也可以选择"装配"｜"组件位置"｜"装配约束"命令或者在"装配"工具栏中单击 按钮，打开"装配约束"对话框，如图 6-24 所示。

"类型"卷展栏用于确定装配中的约束关系。NX 9 中有多种装配约束类型，如图 6-25 所示。

图 6-24 "装配约束"对话框

图 6-25 装配约束类型

1. 接触对齐

该约束用于两个组件，使其彼此接触或对齐，如图 6-26 所示。

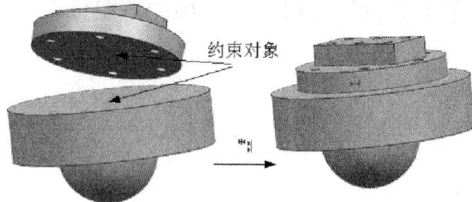

图 6-26 接触对齐

在"类型"卷展栏中选择"接触对齐"类型后，在"要约束的几何体"卷展栏的"方位"下拉列表中可以选择"首选接触"、"接触"、"对齐"和"自动判断中心/轴"选项。

● 首选接触

当接触和对齐都可能时，显示接触约束；当接触约束过度约束装配时，则显示对齐约束。在大多数模型中，接触约束比对齐约束更常用。

● 接触⬚

该类型定位两个对象相接触，约束对象的曲面法向在相反的方向上。

● 对齐⬚

该装配类型对齐装配对象，约束对象的曲面法向在相同方向上。

● 自动判断中心/轴⬚

该选项主要用于定义两圆柱面、两圆锥面或圆柱面与圆锥面同轴约束。

2. 同心

该约束用于定义两个组件的圆形边界或椭圆边界的中心重合，并使边界的面共面，如图 6-27 所示。

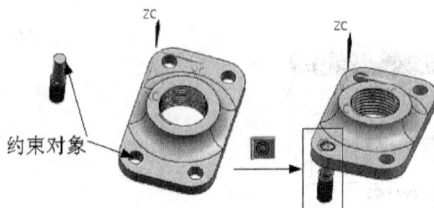

约束对象

图 6-27   "同心"约束

3. 距离

该约束用于指定两个相配对象间的最小三维距离，距离可以是正值，也可以是负值。正负号确定相配对象是在目标对象的哪一边。如图 6-28 所示。

选择"距离"类型，并选定了两个相配对象后，"装配约束"对话框中将出现"距离"卷展栏。在该卷展栏的"距离"文本框中可以直接输入数值。

4. 固定

该约束用于组件固定在当前位置，一般用在第一个装配元件上。如果要移动固定组件，系统会提示是否确定要移动它的"移动组件"确认信息对话框，如图 6-29 所示。单击"是"按钮，即可移动该组件；单击"否"按钮，则不移动该组件。

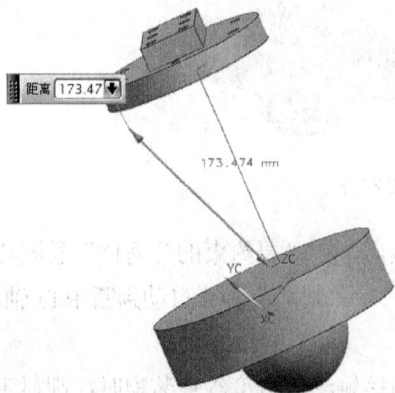

距离 173.47

173.474 mm

移动组件

您正在试图移动固定组件。是否确定想要移动它？

是(Y)   否(N)

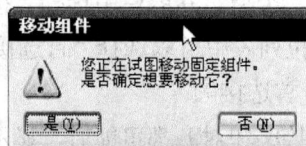

图 6-28   "距离"约束   图 6-29   "移动组件"确认信息对话框

5. 平行

该约束用于使两个对象的方向矢量彼此平行。

6. 垂直

该约束用于两个对象的方向矢量彼此垂直。

7. 对齐/锁定

该约束用于将两个对象上的轴线、直线对齐，锁定在一起。

8. 拟合(等尺寸配对)

该约束用于定义将半径相等的两个圆柱面拟合在一起，此约束对确定孔中销或螺栓的位置非常有用。如以后半径变为不相等，则该约束无效。

9. 胶合

该约束用于将组件"焊接"在一起。

10. 中心

该约束用于约束两个对象的中心，使其中心对齐。

当选择"中心"类型后，"要约束的几何体"卷展栏中将出现"子类型"和"轴向几何体"下拉列表。"子类型"下拉列表中有"1 对 2"、"2 对 1"和"2 对 2"3 个选项，"轴向几何体"下拉列表中有"使用几何体"和"自动判断中心/轴"两个选项。下面对"子类型"下拉列表中的选项进行讲解。

- 1 对 2：将相配组件中的一个对象定位到基础组件中的两个对象的对称中心上，如图 6-30 所示。

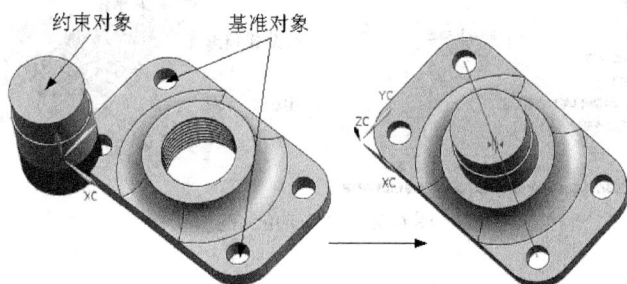

图 6-30　"1 对 2"中心约束

- 2 对 1：将相配组件中的两个对象定位到基础组件中的一个对象上，并与其对称，如图 6-31 所示。
- 2 对 2：使相配组件中的两个对象与基础组件中的两个对象成对称布置。

注意：

相配组件是指需要添加约束进行定位的组件，基础组件是指位置固定的组件。

图 6-31   "2 对 1"中心约束

11. 角度

该约束是在两个对象之间定义角度尺寸，用于约束相配组件到正确的方位上。角度约束可以在两个具有方向矢量的对象间产生，角度是两个方向矢量间的夹角。

当选择"角度"类型后，"要约束的几何体"卷展栏中出现"子类型"下拉列表，该下拉列表中有"3D 角"和"方向角度"两个选项。下面对这两个选项进行讲解。

- 3D 角：该约束需要"源"几何体和"目标"几何体，不指定旋转轴，可以任意选择满足指定几何体之间角度的位置，如图 6-32 所示。

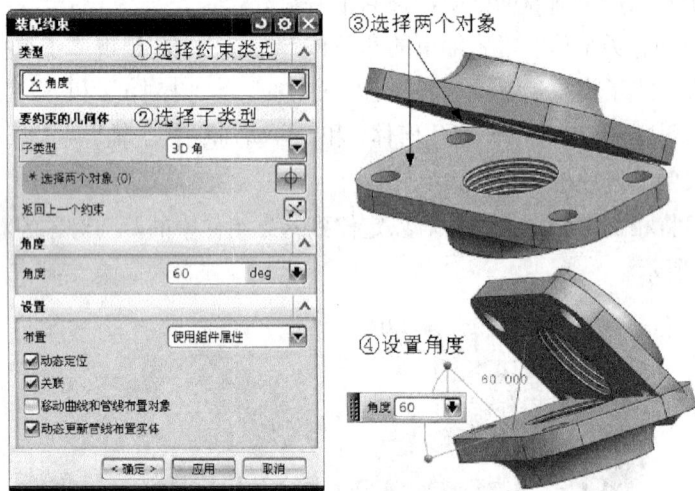

图 6-32   "3D 角"约束

提示：

在添加角度约束时，先选择的对象会相对后选择的对象发生角度变化，如图 6-33 所示。因此，添加角度约束时要注意对象的选择顺序。

- 方向角度：该约束需要"源"几何体和"目标"几何体，还特别需要一个定义旋转轴的预先约束，否则创建定位角约束失败。

提示：

在实际应用过程中，应尽可能创建 3D 角度约束，而不创建方向角度约束。

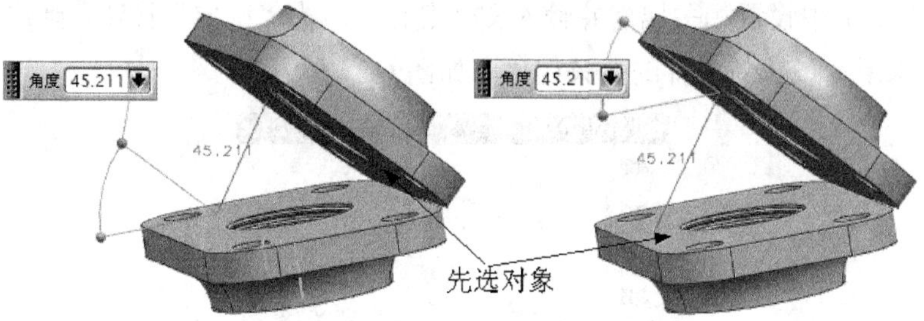

图 6-33　对象选择顺序对约束的影响

6.3　自顶向下

自顶向下的装配方法主要是基于有些模型实现不能确定其位置和大小，只能等其他组件装配完毕以后，通过其他组件来定位其形状和位置。NX 9 支持多种自顶向下的装配方式。

6.3.1　装配方法一

首先在装配中建立几何模型，然后产生新组件，并把几何模型加入到新建组件中。

以第一种方法添加组件时，可以在列表中选择在当前工作环境中现存的组件，但处于该环境中现存的三维实体不会在列表框中显示，不能被当作组件添加，它只是一个几何体，不含有其他组件信息，若要使其也加入到当前的装配中，就必需用自顶向下装配方法进行创建。该方法是在装配组件中建立一个新组件，并将装配中的几何实体添加到新组件中。

该方法的具体操作步骤如下。

(1) 打开一个含几何体的文件，或者先在该文件中建立几何体。

(2) 创建新组件。在主菜单上选择"装配"｜"组件"｜"新建组件"命令，或者在"装配"工具栏中单击 按钮，会弹出"新组件文件"对话框，如图 6-34 所示。

图 6-34　"新组件文件"对话框

(3) 在对话框中设置相关属性并输入文件名称,单击"确定"按钮,弹出"新建组件"对话框,要求用户设置新组件的有关信息,如图 6-35 所示。

图 6-35 "新建组件"对话框

该对话框中各选项说明如下。

① 添加定义对象

选中该复选框,则从装配中复制定义所选几何实体的对象到新组件中。

② 组件名

该文本框用于指定组件名称,默认为组件的存盘文件名,该名称可以修改。

③ 引用集

"引用集"下拉列表框中有 3 个选项,分别为"模型"、"仅整个部件"和"其他"。当选择"其他"选项时,可以在"引用集名称"文本框中指定引用集名称。

④ 图层选项

该下拉列表用于设置产生的组件加到装配组件中的哪一层,包括 3 个选项。

- 工作:表示新组件加到装配组件的工作层。
- 原始的:表示新组件保持原来的层位置。
- 按指定的:表示将新组件加到装配组件的指定层。此时激活"图层"文本框,用于指定层号。

⑤ 组件原点

该下拉列表用于指定组件原点采用的坐标系,是工作坐标还是绝对坐标。下拉列表框中两个选项为 WCS 和"绝对坐标系"。

⑥ 删除原对象

选中该复选框,则在装配组件中删除定义所选几何实体的对象。

(4) 在上述对话框中设置各选项后,单击"确定"按钮。至此,在装配中产生了一个含所选几何对象的新组件。

6.3.2 装配方法二

首先在装配中产生一个新组件,它不含任何几何对象,然后使其成为工作组件,再在其中建立几何模型。

建立不含几何对象的新组件的操作步骤如下。

(1) 打开一个文件。

该文件可以是一个不含任何几何体和组件的新文件，也可以是一个含有几何体或装配组件的文件。

(2) 创建新组件。

在主菜单上选择"装配"｜"组件"｜"新建组件"命令，或者是在"装配"工具栏中单击 按钮，将会弹出"新组件文件"对话框。在对话框中设置相关属性并输入文件名称，单击"确定"按钮。弹出"新建组件"对话框，要求用户设置新组件的有关信息。直接单击"确定"按钮，则在装配中添加了一个不含对象的新组件。新组件产生后，由于其不含任何几何对象，因此装配图形没有什么变化。

(3) 新组件几何对象的建立和编辑。

新组件产生后，可在其中建立几何对象，首先必须改变工作组件到新组件中。选择"装配"｜"关联控制"｜"设置工作部件"命令，或者在"装配"工具栏中单击 按钮，会弹出"设置工作部件"对话框，如图 6-36 所示。该对话框中显示了开始创建的新组件，在"选择已加载的部件"列表框中双击该组件的名称后，该组件将自动成为工作组件，工作组件将高亮显示。

下面就可以进行建模操作了，有两种建立几何对象的方法。

第一种是直接建立几何对象，如果不要求组件间的尺寸相互约束，则改变工作组件到新组件，直接在新组件中建立和编辑几何对象。

第二种是建立约束几何对象。如果要求新组件与装配中其他组件有几何约束性，则应在组件间建立链接关系。

在组件间建立链接关系的方法是：保持显示组件不变，按照上述设置工作组件的方法改变工作组件到新组件，然后在"装配"工具栏中单击 按钮，将会弹出"WAVE 几何链接器"对话框，如图 6-37 所示。

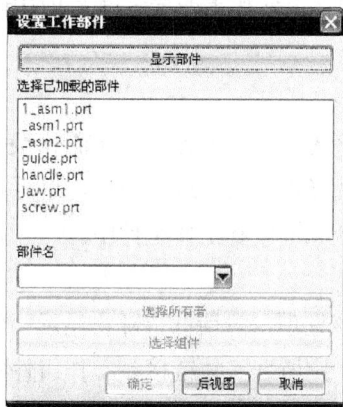

图 6-36　"设置工作部件"对话框　　　　　图 6-37　"WAVE 几何链接器"对话框

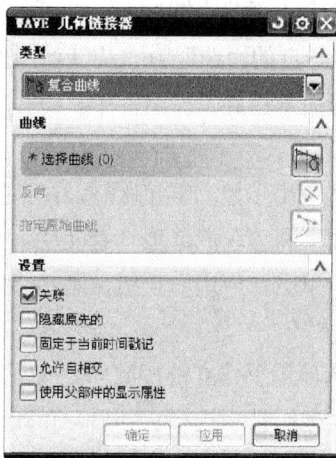

该对话框用于链接其他组件中的点、线、面和体等到当前工作组件中。"类型"卷展栏中的下拉列表中各类型如图 6-38 所示。

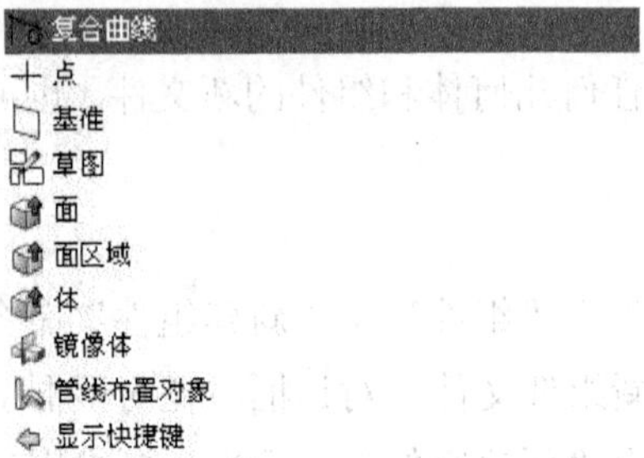

图 6-38 下拉列表

- 复合曲线

该选项用于建立链接曲线。在下拉列表中选择该选项，从其他组件上选择线或边缘后，单击"应用"按钮，则所选线或边缘链接到工作组件中。

- 点

该选项用于建立链接点。在下拉列表中选择该选项，对话框中部将显示"点"卷展栏，按照一定的点选取方式从其他组件上选择一点后，单击"应用"按钮，则所选点或由所选点连成的线链接到工作组件中。

- 基准

该选项用于建立链接基准平面或基准轴。在下拉列表中选择该选项，对话框中部将显示"基准"卷展栏，按照一定的基准选取方式从其他组件上选择基准平面或基准轴后，单击"应用"按钮，则所选择基准平面或基准轴链接到工作组件中。

- 草图

该选项用于建立链接草图。在下拉列表中选择该选项，对话框中部将显示"草图"卷展栏，从其他组件上选择草图后，单击"应用"按钮，则所选草图键接到工作组件中。

- 面

该选项用于建立链接面。在下拉列表中选择该选项后，对话框中部将显示"面"卷展半，按照一定的面选取方式从其他组件上选择一个或多个实体表面后，单击"应用"按钮，则所选表面链接到工作组件中。

- 面区域

该选项用于建立链接区域。在下拉列表中选择该选项，对话框中部将显示"种子面"、"边界面"和"区域选项"卷展栏。从其他组件上选择种子面与边界面后，进行相关的区域设置，单击"应用"按钮，则由指定边界包围的区域链接到工作组件中。

- 体

该选项用于建立链接实体。在下拉列表中选择该选项，对话框中部将显示"体"卷展栏。从其他组件上选择实体后，单击"应用"按钮，则所选实体链接到工作组件中。

- 镜像体

该选项用于建立链接镜像实体。在下拉列表中选择该选项，对话框中部将显示"体"

和"镜像平面"卷展栏。从其他组件上选择实体，并指定镜像平面后，单击"应用"按钮，则所选实体至所选平面镜像到工作组件。

- 管线布置对象

该选项用于对布线对象建立链接。在下拉列表中选择该选项，对话框中部将显示"管线布置对象"卷展栏。在该卷展栏中进行设置。

注意：

其他组件中的对象链接到工作组件后，是以特征形式存在。如果要删除，需要用删除特征的方法。

(4) 使用 WAVE 几何链接器的具体步骤。

① 使父几何体被显示，并且使含有新的连接几何体的组件为工作组件。

② 改变到要求的工作层。

③ 在"装配"工具栏中单击"WAVE 几何链接器"按钮 ，打开如图 6-37 所示的"WAVE 几何链接器"对话框。

④ 选择要连接的几何体类型，用户可以选择任一几何体过滤器来精确选择需要的对象。

⑤ 选中"关联"复选框。

⑥ 其他选项保持默认设置不变，也可根据实际需要进行设置。

⑦ 用光标在图形区选择父几何体。

⑧ 单击"确定"按钮。

自顶向下装配方法主要用在上下文设计方面，即在装配中参照其他零组件对当前工作组件进行设计的方法。其显示组件为装配组件，而工作组件是装配中的组件，所做的任何工作发生在工作组件上，而不是在装配组件上。当工作在装配上下文中，可以利用链接关系建立从其他组件到工作组件的几何配对。利用这种配对方式，可引用其他组件中的几何对象到当前工作组件中，再用这些几何对象生成几何体。这样，不仅可以提高设计效率，而且保证了组件之间的配对性，便于参数化设计。

6.4 爆炸图

爆炸图是在装配环境下把组成装配的组件拆分开来，更好地表示整个装配的组成状况，便于观察每个组件的一种方法，如图 6-39 所示。

装配爆炸图的创建可以方便查看装配中的零件及其相互之间的装配关系。爆炸图在本质上也是一个视图，与其他用户定义的视图一样，一旦定义和命名就可以被添加到其他图形中。爆炸图与显示部件关联，并存储在显示部件中。用户可以在任何视图中显示爆炸图形，并对该图形进行任何操作，该操作也将同时影响到非爆炸图中的组件。装配爆炸图一般是为了表现各个零件的装配过程以及整个部件或机器的工作原理。

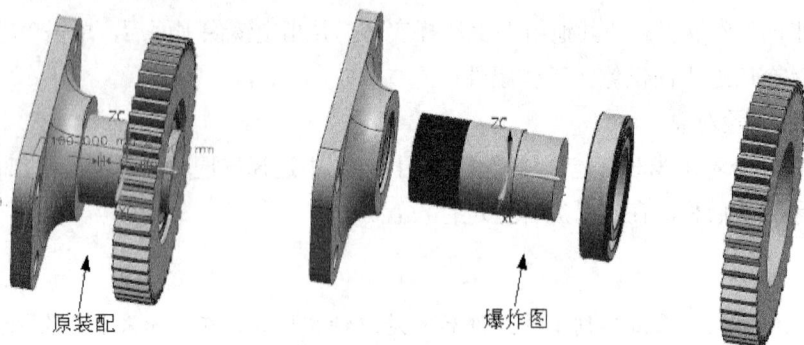

原装配   爆炸图

图 6-39　爆炸图

选择"装配"|"爆炸图"命令，弹出如图 6-40 所示的"爆炸图"子菜单。

图 6-40　"爆炸图"子菜单

单击"装配"工具条中的"爆炸图"按钮，系统打开"爆炸图"工具条，如图 6-41 所示。该工具条提供创建和编辑装配中组件的爆炸图的命令。

图 6-41　"爆炸图"工具条

提示：

操作时不能爆炸装配部件中的实体对象，同时不能在当前模型中输入输出爆炸视图。一个模型允许有多个装配爆炸图，NX 在默认情况下，使用 Explosion 加序号作为爆炸图的名称。

6.4.1　新建爆炸图

完成组件装配后，就可以通过新建爆炸图来表达装配组件内部各组件之间的相互关系。

1. 创建爆炸图

选择"装配"|"爆炸图"|"新建爆炸图"命令，或者在"爆炸图编辑"工具栏中单击"新建爆炸图"按钮，将会弹出"新建爆炸图"对话框。在"名称"文本框中输入

爆炸图名称，或接受默认名称，单击"确定"按钮就建立了一个新的爆炸图，如图 6-42 所示。

新创建了一个爆炸图后，视图切换到刚刚创建的爆炸图，"爆炸图"工具条中的以下项目被激活："编辑爆炸图"按钮、"自动爆炸组件"按钮、"取消爆炸组件"按钮和"工作视图爆炸"下拉列表。

提示：

如果用户在一个已存在的爆炸图中创建新的爆炸图，则会弹出如图 6-43 所示的"新建爆炸图"对话框，提示用户是否将已存在的爆炸图复制到新建的爆炸图。单击"是"按钮后，新建的爆炸图和原爆炸图完全一样。如果希望创建新的爆炸图，可以切换到无爆炸图状态，进行创建即可。

图 6-42　"新建爆炸图"对话框(1) 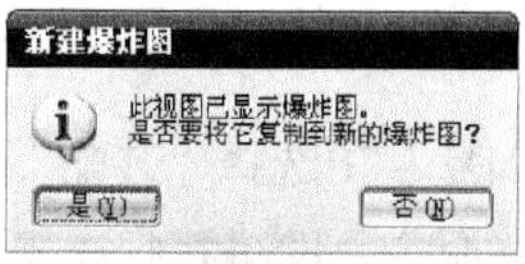　　　　　图 6-43　"新建爆炸图"对话框(2)

2. 爆炸组件

爆炸图创建完成时，是一个待编辑的爆炸图，在图形区中的图形并没有发生变化，接下来就必须使组件炸开。

NX 9 中可以使用自动爆炸的方式完成爆炸图，即基于组件配对条件沿表面的正交方向自动爆炸组件。执行该操作时，可选择"装配"｜"爆炸图"｜"自动爆炸组件"命令，或者在"爆炸图编辑"工具栏中单击 按钮，将弹出如图 6-44 所示的"类选择"对话框，在该对话框中单击"全选"按钮选中所有组件，即可对整个装配进行爆炸图的创建，若利用鼠标选择，则可以连续地选中任意多个组件即可以实现对这些组件的炸开。

完成了组件的选择后，单击"确定"按钮，将会弹出"自动爆炸组件"对话框，用于指定自动爆炸参数，如图 6-45 所示。该对话框中包括"距离"文本框和"添加间隙"复选框，用于设置自动爆炸组件之间的距离。

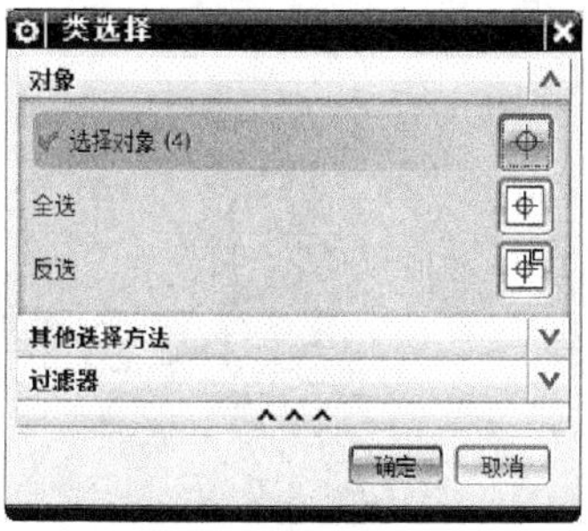

图 6-44　类选择对话框　　　　　图 6-45　"自动爆炸组件"对话框

自动爆炸方向由"距离"文本框中输入数值的正负来控制。在对话框中输入距离后，若选中"添加间隙"复选框，单击"确定"按钮，则完成一种自动爆炸方式的操作。

在"自动爆炸组件"对话框中，"添加间隙"复选框控制着自动爆炸的方式：如果不选中该复选框，则指定的距离为绝对距离，即组件从当前位置移动指定的距离值；如果选中该复选框，指定的距离为组件相对于配对组件移动的相对距离。

自动爆炸只能爆炸具有配对条件的组件，对于没有配对条件的组件需要使用手动编辑的方式。

6.4.2 编辑爆炸图

采用自动爆炸组件，往往不能得到理想的爆炸效果，通常还需要对爆炸图进行编辑。编辑爆炸图是重定位当前爆炸图中选定的组件。编辑爆炸图是对所选取的部件输入分离参数，或对已存在的爆炸视图中的部件修改分离参数。如果选取的部件是子装配，则系统默认设置它的所有子节点均被选中，如果要取消某个子节点，则用户需要自行设置。

1. 手动编辑爆炸图

在 NX 9 中选择"装配"｜"爆炸图"｜"编辑爆炸图"命令，即可执行该操作。或者在"爆炸图编辑"工具栏中单击 按钮，将弹出"编辑爆炸图"对话框，如图 6-46 所示，在该对话框可以实现单个或多个组件位置的调整，在其中输入所选组件的偏置距离和设置偏置方向后，即可完成该组件位置的调整。

图 6-46 "编辑爆炸图"对话框

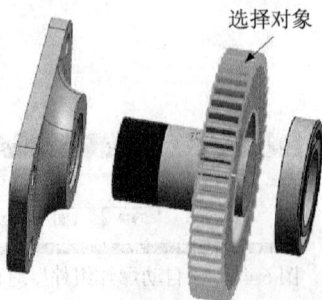

提示：
当在移动手柄上选择旋转时，对话框中的可变显示区会自动激活，此时可以在"角度"文本框中输入旋转的角度，也可以直接利用移动手柄旋转。

选中"选择对象"单选按钮，在爆炸图中选择要编辑的装配体或组件，如图 6-47 所示。选中"移动对象"单选按钮或"只移动手柄"单选按钮，图形窗口出现如图 6-48 所示的移动手柄。选择移动把手、旋转把手或原点把手，可以在图形窗口中直接拖动、旋转所选组件，也可以通过输入距离来对组件及移动手柄进行定位。

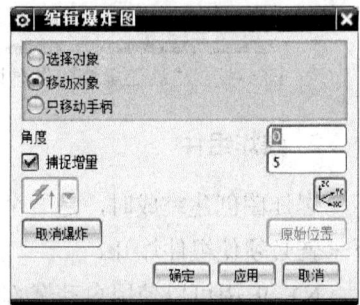

图 6-47 选择对象　　　　图 6-48 移动对象

提示：

当选中"移动对象"单选按钮后，拖动手柄时被选组件和手柄一起移动；当选择"只移动手柄"时，拖动手柄只有手柄移动。

单击"确定"按钮，即可完成编辑爆炸图的操作，结果如图 6-49 所示。

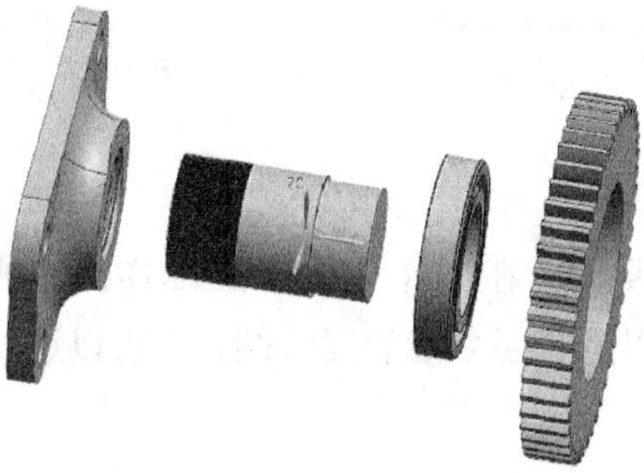

图 6-49　爆炸图编辑结果

2. 取消爆炸组件

选择"装配"|"爆炸图"|"取消爆炸组件"命令，或者单击"爆炸图"工具条中的"取消爆炸组件"按钮 时，系统会提示用户选取要进行复位操作的组件，随后系统即可使已爆炸的组件回到其原来的位置，如图 6-50 所示。

图 6-50　取消爆炸组件

3. 删除爆炸图

选择"装配"|"爆炸图"|"删除爆炸图"命令，或者单击"爆炸图"工具条中的"删除爆炸图"按钮 时，会弹出如图 6-51 所示的"爆炸图"对话框，其中显示了当前装配结构中的所有爆炸图的名称，用户可在列表框中选择要删除的爆炸图，单击"确定"按钮，系统将删除该爆炸图。

提示：

如果当前视图是所选的爆炸图，则操作不能完成。而且在绘图工作区中显示的爆炸图不能直接删除，如图 6-52 所示。如果要删除它，可以先从"工作视图爆炸" Explosion 2 列表框中将该视图定义为不显示。

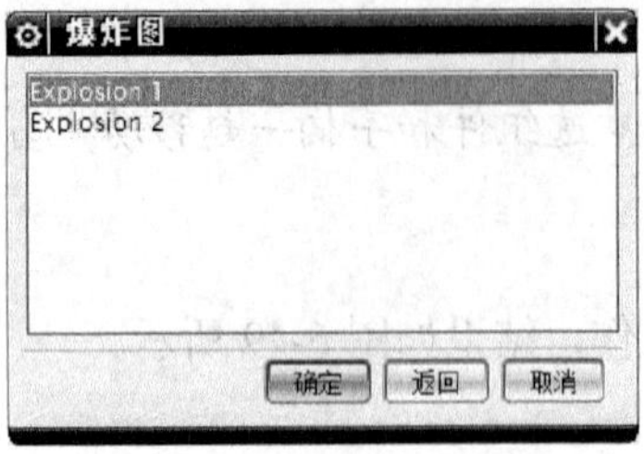

图 6-51　"爆炸图"对话框

图 6-52　"删除爆炸图"提示对话框

4. 工作视图爆炸

工作视图爆炸是定义要显示在工作视图中的爆炸图。通过"爆炸图"工具条中的 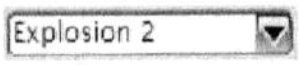 Explosion 2 下拉列表框可以选择要激活的爆炸图，也可以选择"无爆炸"选项，不激活任何爆炸图。

5. 隐藏爆炸图

隐藏爆炸图是将当前爆炸图隐藏，使绘图工作区中的组件回到爆炸前的状态。选择"装配"|"爆炸图"|"隐藏爆炸图"命令，即可将视图切换至无爆炸图。如果此时绘图工作区中本来就没有爆炸图，则该命令不会被激活，因此不能进行此项操作。

6. 显示爆炸图

显示爆炸图是将已建立的爆炸图显示在图形区中。选择"装配"|"爆炸图"|"显示爆炸图"命令，如果此时装配中只存在一个爆炸图，则系统会直接将其打开，并显示在绘图工作区中；如果已经建立了多个爆炸图，则会弹出一个对话框，让用户在列表框中选择要显示的爆炸图。

7. 隐藏组件

隐藏组件是将当前图形窗口中的组件隐藏起来。选择"装配"|"关联控制"|"隐藏视图中的组件"命令，或者在"爆炸图编辑"工具栏中单击 按钮，将会弹出"隐藏视图中的组件"对话框。选择要隐藏的组件后，单击"确定"按钮，则所选组件在图形窗口中隐藏起来。

8. 显示组件

显示组件是将已隐藏的组件重新显示在图形窗口中。选择"装配"|"关联控制"|"显示视图中的组件"命令，或者在"爆炸图编辑"工具栏中单击 按钮，将会弹出"显示视图中的组件"对话框。该对话框中列出了所有隐藏组件，用户完成组件选择后，单击"确定"按钮，则所选组件重新显示在图形窗口中。如果没有组件隐藏，执行此项操作时会出现信息提示窗口，说明"显示部件没有对该操作有效的组件"。

6.5　部件族

部件族提供通过一个模板零件快速定义一类似组件(零件或装配)的家族的方法。该功能主要用于建立系列标准件，可以一次生成所有的相似组件。

选择"工具"｜"部件族"命令，可以看到如图 6-53 所示的"部件族"对话框。

下面详细介绍该对话框中的各个选项。

图 6-53　"部件族"对话框

1. 可导入部件族模板

该复选框用于连接 UG\Manager 和 IMAN 进行 PDM 产品管理。默认情况下，它已处于选中状态，用户不需要选择。

2. 可用的列

其中的下拉列表框列出所有可以选择的参数，用户可以从中选择来驱动系列件，有以下 6 个选项。

(1) 属性：用于将已经定义好的属性值设为模板，可以为系列件生成不同的属性值。

(2) 组件：用于选择装配中的组件作为模板，将来可以生成不同的装配组合。

(3) 表达式：用于选择表达式作为模板，将来可以使用不同的表达式值生成系列件。

(4) 镜像：用于选择镜像体作为模板，将来可以选择生成或是不生成镜像体。

(5) 密度：用于选择密度作为模板，可以为系列件生成不同的密度值。

(6) 特征：用于选择特征作为模板，将来可以选择生成或是不生成指定的特征。

然后可以在下拉列表框下方的列表框中选择相应的选项，双击该选项或者单击"添加列"按钮，就可以把该项添加到"选定的列"列表框中。如有不需要的选项，还可以单击"选定的列"下方的"移除列"按钮删除。

3. 族保存目录

可以使用"浏览"按钮指定将来生成的系列件的存放目录。

4. 部件族电子表格

一共有 5 个选项，用于控制如何生成系列件。

(1) 创建：单击此按钮，系统自动启动 Excel 表格，选中的相应条目都会列举在其中，如图 6-54 所示。

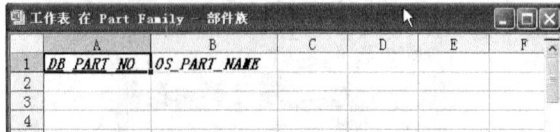

图 6-54　自动 Excel 表格

(2) 编辑：在生成 Excel 表格并保存返回 UG 环境后，单击此按钮可以重新打开 Excel 表格进行编辑。

(3) 删除：删除定义好的部件族电子表格。

(4) 恢复：在切换到 UG 环境后，单击此按钮可以再回到 Excel 编辑环境。

(5) 取消：用于取消对于 Excel 表格正在进行的这次编辑，Excel 表格还保持上次保存的状态。通常在"确认部件"以后发现参数不正确，可以取消这次编辑。

5. Excel 表格的使用

在打开的 Excel 表格中，用户可以在 Part Name(部件名)中依次填写生成系列件的名称，在参数中输入相应的数值，在特征中输入生成(YES)或者是不生成(NO)等。

全部输入完毕以后，选中所有的区域，如图 6-55 所示。

然后选择 Excel 菜单上的"部件族"命令，一共有 6 个选项，如图 6-56 所示。

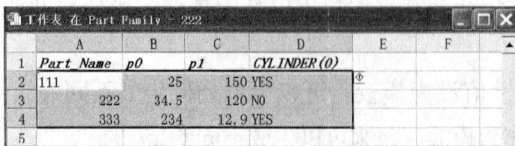

图 6-55　选中 Excel 表格中的区域

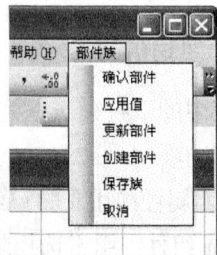

图 6-56　Excel 表格上的操作菜单

(1) "确认部件"：不生成实际的零件，但是可以验证用户数据的正确性。

(2) "应用值"：直接应用修改以后的数值。

(3) "更新部件"：如果已经生成了了零件，可以通过修改 Excel 表格来重新更新零件数据。

(4) "创建部件"：系统将在指定的目录下生成全部零件。

(5) "保存族"：这是最常用的命令。用户可以把 Excel 表格和零件一起存在.prt 文件中，在需要的时候才生成，而且在装配中还可以选择不同的系列件。

(6) "取消"：取消操作。

选择 Excel 菜单上的"文件"｜"关闭&返回部件族"命令，可以重新回到 UG NX 9 环境。

6.6　装配序列化

装配序列化的功能主要有两个作用：一个是规定一个装配的每个组件的时间与成本特性；另一个是用于表演装配顺序，指导一线的装配工人进行现场装配。

完成组件装配后，可建立序列化来表达装配各组件间的装配顺序。进行 UG/Assemblies 序列化的操作，可以选择"装配"｜"序列"命令，或是在"装配"工具栏中单击 按钮，系统会自动进入"装配序列"环境并显示"序列化编辑"工具栏和"装配序列播放"工具栏，如图 6-57 所示。

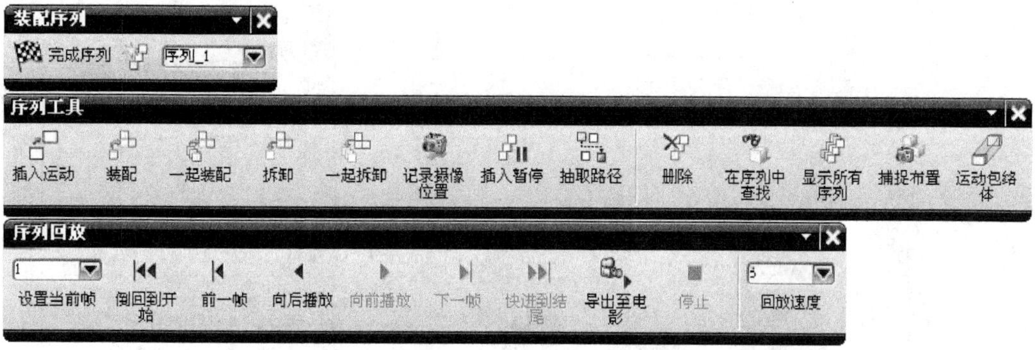

图 6-57　"序列化编辑"工具栏和"装配序列播放"工具栏

以下对工具栏中的各个按钮的含义进行讲述。

(1) 完成序列：和草图中的图标一样，单击该按钮，将退出序列化环境。

(2) 新建序列：创建一个序列。系统会自动为这个序列取名字为"序列_1"，以后新建的序列为"序列_2"、"序列_3"等依次递加。用户也可以自己修改名称。

(3) 插入运动：单击该按钮，会弹出如图 6-58 所示工具栏。

用户可以使用该方法建立一段装配动画模拟。首先单击 按钮，选择需要运动的组件对象。然后单击 按钮，来移动对象或者单击 按钮来移动坐标系。

单击 按钮，会弹出运动记录参数的"首选项"对话框，如图 6-59 所示。

图 6-58　"录制组件运动"工具栏

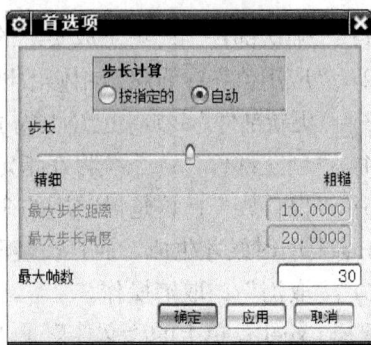

图 6-59　运动记录参数的"首选项"对话框

用户可以制定步进的精确程度和运动动画的帧数。

单击■按钮，用来捕捉当前的视角，以便于回放的时候在合适的角度观察运动情况。

(4)　装配：单击该按钮后，弹出"选择"对话框，按照装配步骤选择需要添加的组件，该组件会自动出现在绘图区右侧，如图 6-60 所示。

用户可以依次选择要装配的组件，生成装配序列。

注意：

默认状态下，系统只有一个屏幕显示，用户可以在装配序列导航器上选中相应的序列，然后在"详细信息"选项卡中，双击"显示拆分屏幕"选项，把开关变为"开"，就可以左右双屏显示状态了，当然可以修改其他相应的选项，如图 6-61 所示。

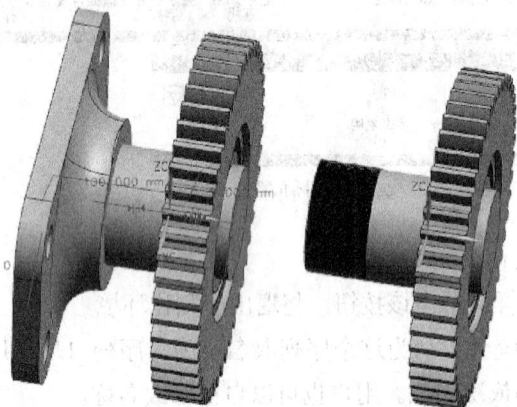

图 6-60　装配序列环境

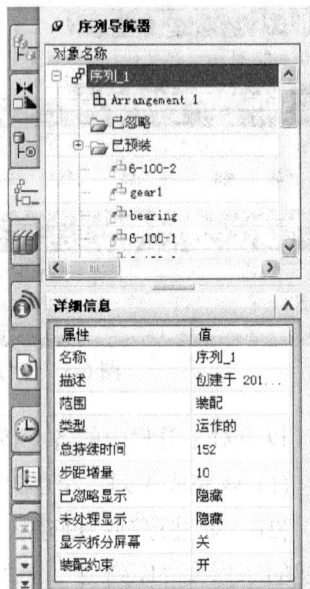

图 6-61　装配序列导航器

(5)　一起装配："装配"功能只能一次装配一个组件，该功能会在"装配"功能选中之后可选，就是可以选择多个组件，一次全部进行装配。

(6)　拆卸：单击该按钮后，会弹出"选择"对话框，按照拆卸步骤在绘图区的右侧选择需要拆卸的组件，该组件会自动恢复到绘图区左侧。该功能主要是模拟反装配的拆卸序列。

(7) 一起拆卸：一起装配的反过程。

(8) 记录摄像位置：可以为每一步序列生成一个独特的视角。当序列演变到该步时，自动转换到定义的视角。

(9) 插入暂停：系统会自动插入暂停并分配固定的帧数，当回放的时候，系统看上去像暂停一样，直到走完这些帧数。

(10) 删除：删除一个序列步。

(11) 在序列中查找：单击该按钮，会弹出"类选择"对话框，可以选择一个组件，然后查找应用了该组件的序列。

(12) 显示所有序列：显示所有的序列。

(13) 捕捉布置：可以把当前的运动状态捕捉下来，作为一个装配排列。用户可以为这个排列取一个名字，系统会自动记录这个排列。具体装配排列的使用方法将在后面详细介绍。

定义完成序列以后，用户就可以通过装配序列播放工具栏来设置当前帧数和播放速度，播放速度可设置为 1~10，数字越大，播放的速度就越快。

定义好装配序列后就可以播放了。这个功能对于非设计本装配的工作人员了解装配结构是非常有帮助的。

6.7　变形组件装配

所谓变形组件，是指在建模的时候是一个样子，在装配的时候需要根据实际配合的情况来发生形变的组件，如弹簧和皮带。变形组件装配一般也称之为柔性装配。

选择"工具"|"定义可变形部件"命令，会弹出"定义可变形部件"对话框，如图 6-62 所示。

系统以向导的形式来引导用户完成设计，一共有 5 步，都列在对话框左边的选择框内。

(1) 定义：该步骤用来定义变形件的名称和帮助页。

(2) 特征：该步骤用来定义可变形的特征。定义完"定义"后，单击"下一步"按钮，对话框如图 6-63 所示。

在"部件中的特征"列表框中，列出的是当前零件的所有特征，用户可以选择需要发生变形的特征，将其加入"可变形部件中的特征"列表框。双击则可以选择或者放弃一个特征。"添加子特征"复选框用于控制在选择父特征的时候，是否也连带选择该特征的子特征。

选择完定义的特征以后，单击"下一步"按钮，切换到定义表达式步骤。

(3) 表达式：该步骤用来定义选择的特征中哪些表达式是用户希望变化的，可以选择变化的方法，如图 6-64 所示。

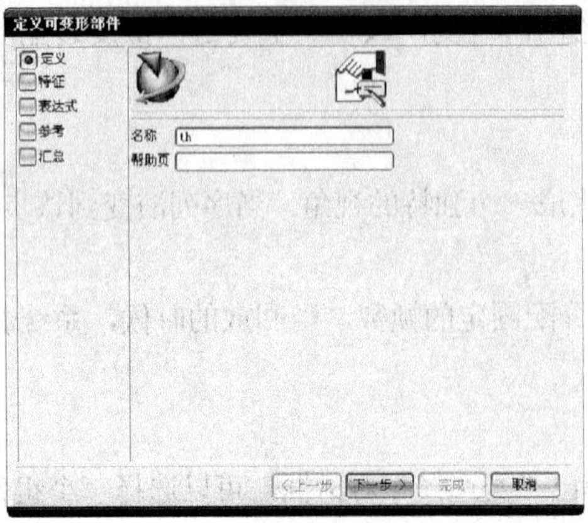

图 6-62 "定义可变形部件"对话框的"定义"界面

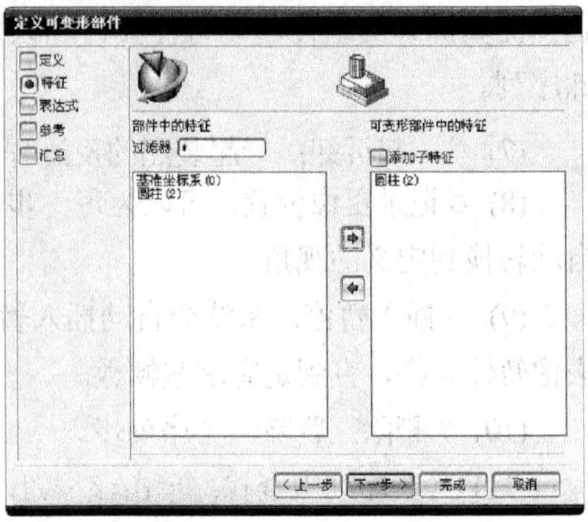

图 6-63 "特征"界面

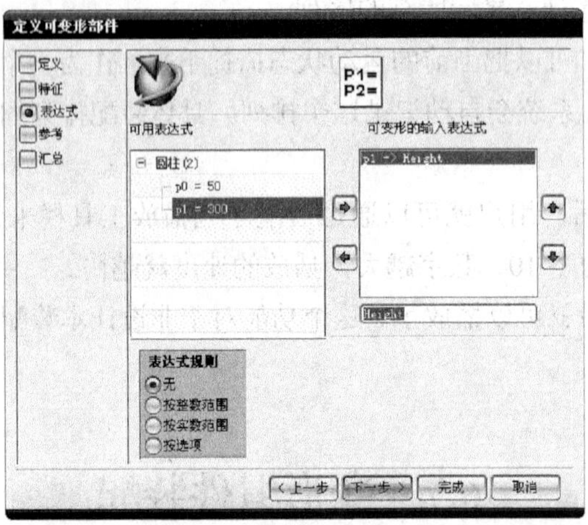

图 6-64 "表达式"界面

在"可用表达式"列表框中，用户可以选择上一步选中的特征下的所有表达式，选择需要的加入右边的"可变形的输入表达式"列表框中。对于每一个表达式，有多种定义其范围的方式。

- 无：不定义范围，在需要的时候直接输入。
- 按整数范围：通过定义最小值与最大值规定取值范围，但只能是整数位变化。
- 按实数范围：通过定义最小值与最大值规定取值范围，但可以小数位变化。
- 按选项：通过选项选择，用户可以自己制定选择的值。例如，一个值只能为 5 和 10，用户在"值选项"列表框中第一行输入 5，第二行输入 10 就可以了。

定义好表达式以后，单击"下一步"按钮，进行参考步骤的定义。

(4) 参考：用于指定将来生成的变形体的定位参考，如图 6-65 所示。

可以单击"添加几何体"按钮，通过弹出的"添加几何体"对话框来选择变形体的参考。如果没有，该项可以使用默认设置。定义好参考以后，单击"下一步"按钮，进入最后一步。

(5) 汇总：系统将所有的信息都显示在这一步，用户可以检查前几步定义的正确性，如果不对，可以单击"上一步"按钮，返回到相应的步骤进行修改即可。全部定义完成以后，单击"完成"按钮即可完成操作。

最后将定义好的变形件添加到装配中，在指定组件的位置以后，会弹出一个"变形件参数构造"对话框，如图 6-66 所示。

图 6-65　"定义变形体"对话框第四步　　　　图 6-66　"变形件参数构造"对话框

实际对话框根据选择的参数和限制范围的方法不同略有区别。定义好用户需要的参数之后，就可以将需要的变形件加入装配了，以后还可以根据需要随时调整参数。

6.8　装配布置

在 UG NX 9 中，对于同一个零件，可以在装配中处于不同的位置，这样，装配结构没有变，但是可以更好地展现装配的真实性。同时对于相同的多个零件，可以彼此处于不同的位置，如图 6-67 所示。

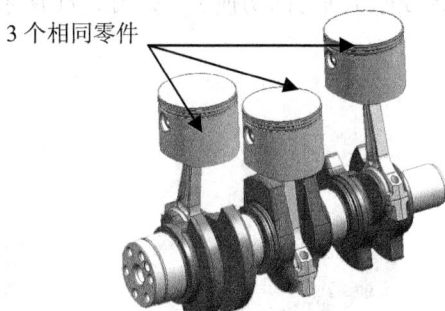

3 个相同零件

图 6-67　装配布置示例

用户可以定义装配排列来为组件中一个或多个组件指定可选位置，并将这些可选位置与组件存储在一起。该功能不能为单个组件创建排列，只能为装配或子装配创建排列。

用户可以选择"装配"｜"布置"命令或者在"装配"工具栏上单击 按钮，还可以通过在装配导航器窗口上右击选择"布置"｜"编辑"命令，如图 6-68 所示。

上面 3 种方法都可以打开"装配布置"对话框，如图 6-69 所示。

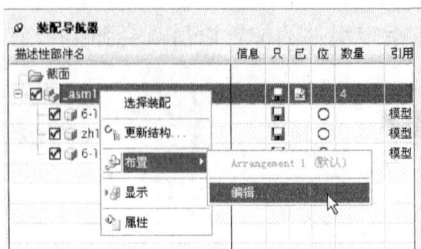

图 6-68　从装配导航器打开装配布置

图 6-69　"装配布置"对话框

可以通过在"装配布置"对话框中复制和重命名排列，来创建其他排列。至少必须有一个激活的排列和一个默认的排列。

下面介绍各个按钮的作用。

(1) 使用：使用当前排列。在刚进入装配排列环境的时候，该按钮不可选。确定使用该排列以后，在该排列的前方会出现一个绿色的对勾表示选中状态。

(2) 复制：复制一个排列，在刚进入装配排列环境的时候，只有一个默认的名为 Arrangement1 的排列，用户可以通过复制这个排列来建立新的排列 Arrangement2、Arrangement3 等。

(3) 删除：删除一个排列。

(4) 重命名：重新命名一个排列。

(5) 信息：弹出一个信息窗口，显示当前排列的有关信息。

(6) 设置为默认：设置为默认的排列。

用户打开"编辑装配排列"对话框以后，应该首先复制一个排列，然后使用装配中的重定位把需要的组件定位到新的位置上，然后退出对话框，保存文件就可以了。需要多个排列位置的可以多次重复这个工作，如图 6-70 所示。

完成设置以后，就可以在不同的排列之间切换了，如图 6-71 所示。改变排列以后，如图 6-72 所示。

图 6-70　多排列设置

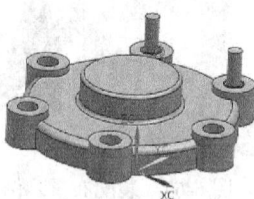

图 6-71　装配排列一

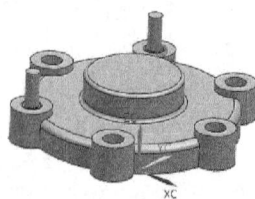

图 6-72　装配排列二

6.9　装配切割

装配切割提供一非破坏性方法通过一单个操作去生成切开视图。它具有以下特点：

- 用户可以选择多个目标和工具体去建立装配切割；
- 工具体可以从工作部件或从工作部件的组件选择；
- 目标体必须从工作部件的组件选择；
- 用户可以在一目标体上执行多个切割；
- 该命令可以作为一个特征显示在模型导航器的特征树上。

用户可以选择"插入"｜"组合"｜"装配切割"命令或者在"特征操作"工具栏上单击 按钮，会弹出"装配切割"对话框，如图 6-73 所示。

用户只需要按照提示先选择目标体，然后选择工具体，系统就会自动使用工具体去裁减目标体，生成切开视图的效果。这个命令解决了对于 UG 装配体进行 1/4 或者 3/4 切割的难题。

如图 6-74 所示的是一个完整的齿轮装配，使用了任意绘制的方块，对它进行了 1/4 立体剖视。

图 6-73 "装配切割"对话框

图 6-74 装配切割实例

6.10 提升体

提升体命令是专门用来解决零件和装配中的不同状态的问题。例如，一个圆盘，作为单个零件的时候是完整的，但是作为组件加入到一个大装配中的时候，需要它上面表现出很多孔的特征。这个时候就可以使用"提升体"命令，把这个组件提升到装配级别建立孔的特征，这样用户以后在装配中就可以看到孔，在单个零件的时候就是完整的而没有任何变化。

可以选择"插入"｜"关联复制"｜"提升体"命令或者在"特征"工具栏上单击 图标，会弹出"提升体"对话框，如图 6-75 所示。

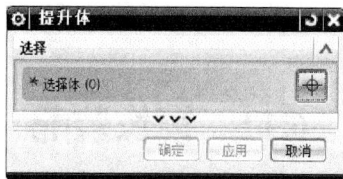

图 6-75 "提升体"对话框

此时，用户直接选择需要提升的组件就可以了。同样完成操作以后，在模型导航器的特征树上会出现这个特征。

注意：

首次使用该功能，会弹出如图 6-76 所示的提示，用户需要选择"文件"｜"实用工具"｜"用户默认设置"命令打开"用户默认设置"对话框，找到和"装配"相关的项，打开"部件间建模"选项卡，选中"允许提升体"复选框，如图 6-77 所示。

下面以一个例子来进行说明。如图 6-78 所示的就是一个圆盘面的零件模型。

图 6-76　"提升体"提示

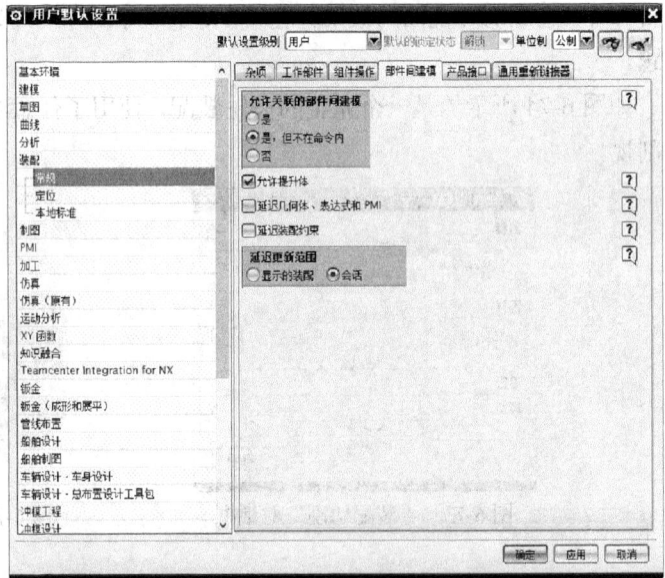

图 6-77　设置变量

在加入到装配以后，可以使用提升体命令选择该组件，然后在它上面打几个定位孔。这样在装配中就如图 6-79 所示。而实际零件不会发生任何变化。

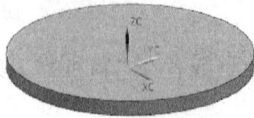

图 6-78　零件模型

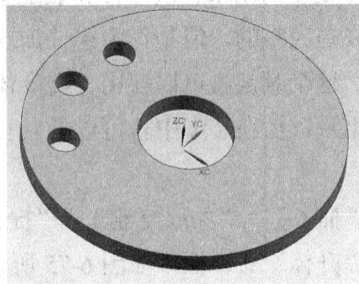

图 6-79　装配模型

6.11　镜像装配

镜像装配主要是用在处理左右对称的装配情况，类似单个实体的时候对于特征的镜像，特别适用于像汽车底盘等这样的对称的装配，只需要完成一边的装配就可以了。

选择"装配"｜"组件"｜"镜像装配"命令，会弹出"镜像装配向导"对话框，如图 6-80 所示。NX 9 版本的镜像装配采用镜像装配向导方式来引导用户创建镜像组件，并可以在镜像方位中定位新的部件实例，还可以创建包含链接镜像的几何体部件。单击"下一步"按钮，就可以进入"选择镜像组件"对话框，如图 6-81 所示。

图 6-80 "镜像装配向导"对话框

图 6-81 选择镜像组件

这个时候就可以选择需要镜像的装配组件，然后单击"下一步"按钮，打开"选择镜像面"对话框。如果没有可选择的镜像面，可以单击"创建基准平面" ▢ 按钮进行后续操作以创建一个镜像面，如图 6-82 所示。

单击"下一步"按钮，打开"镜像类型设置"对话框，如图 6-83 所示。

图 6-82 选择镜像面

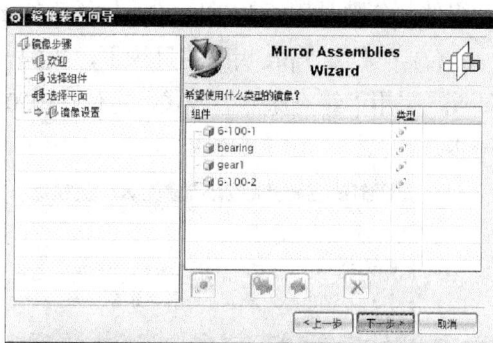

图 6-83 镜像类型设置

可以设置对于选中的每一个组件对应的镜像类型，可以进行相关性镜像，或者就是简单的复制，或者不镜像。单击"下一步"按钮，系统需要用户确认加入新的组件，然后系统会预览这个操作，并弹出"镜像位置选择"对话框，如图 6-84 所示。

对应一个镜像面，可能会出现多种都符合条件的镜像结果，用户可以在所有的可能中选择自己需要的类型。单击"下一步"按钮，系统需要用户确认新的镜像组件的名称和存放目录，如图 6-85 所示。

单击"下一步"按钮，系统会提示生成的镜像组件信息。这是最后一步确认，以后就可以单击"完成"按钮完成整个操作了。

图 6-84　镜像位置选择

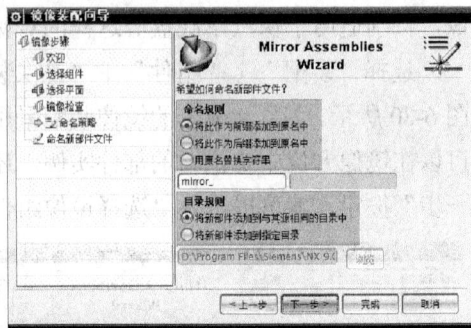
图 6-85　确认名称和目录

6.12　应用与练习

通过上述内容，用户应该掌握了 NX 9 的装配操作。下面通过练习回顾和复习本章所讲述的内容。

使用 NX 9 打开名为 6_1.prt 的 NX 9 装配文件，就会看到一个已经做好的悬臂齿轮部件的装配，如图 6-86 所示。

下面的操作，就是装配这个部件。

(1) 新建立一个 NX 9 的部件文件，然后进入装配环境，使用添加已存在组件，有 4 个组件，分别是轴(6-100-1.prt)、轴承(bearing.prt)、齿轮(gear1.prt)和座(6-100-2.prt)。

(2) 在和 6_1.prt 相同的目录下，找到一个名为 6-100-2.prt 的座零件，把它加入到装配环境。采用"绝对原点"方式，定位在(0, 0, 0)点，固定座，如图 6-87 所示。这是装配的第一步。

图 6-86　悬臂齿轮部件

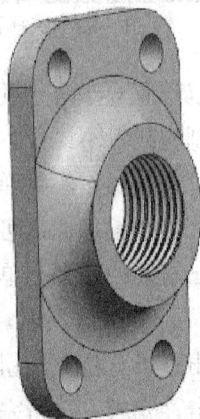
图 6-87　加入座

(3) 加入轴零件 6-100-1.prt，采用"通过约束"方式，使用"接触对齐"约束，先选择轴的中心线，然后选择座的中心线，如图 6-88 所示。

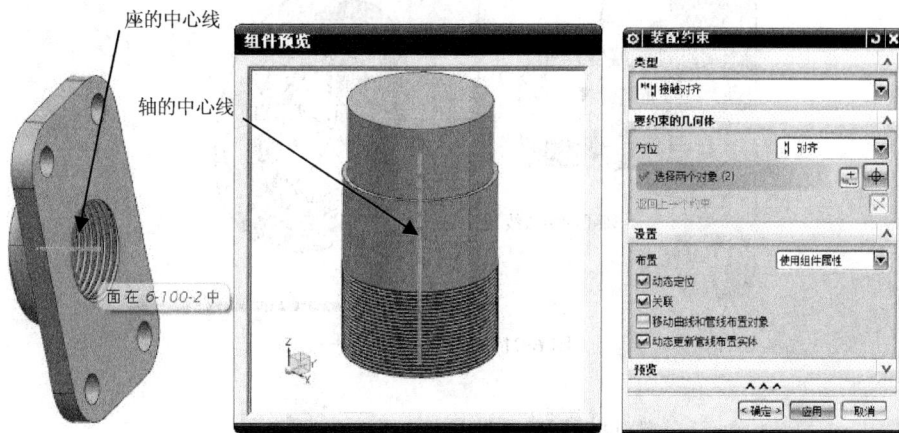

图 6-88 座和轴配合一

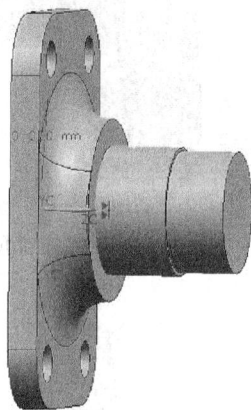

(4) 单击█按钮后，继续施加第二个约束，使用"距离"约束，先选择轴的端面 1，再选择座的端面 2，如图 6-89 所示，输入数值 0，对轴进行轴向约束定位。

(5) 施加完约束以后，就装配好了轴，完成了第二步，如图 6-90 所示。

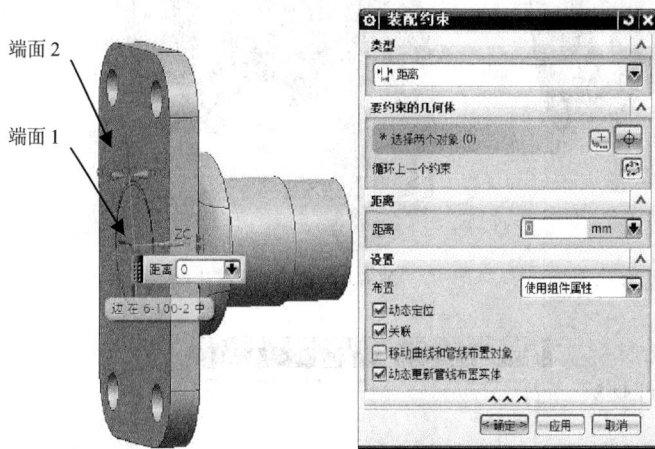

图 6-89 座和轴配合二　　　　图 6-90 完成第二步

(6) 接下来加入轴承 bearing.prt，采用"通过约束"方式，使用"接触对齐"约束，选择轴承和轴的中心线，如图 6-91 所示。

(7) 单击"应用"按钮后，继续施加第二个约束，使用"接触对齐"约束，这次是让两个零件的端面接触对齐，先选择轴承内圈的端面 1，再选择轴肩的端面 2，如图 6-92 所示。

(8) 施加完约束以后，就安装定位好了轴承，完成了第三步，如图 6-93 所示。

(9) 加入齿轮 gear1.prt，采用"通过约束"方式，使用"接触对齐"约束，先选择轴承的中心线，再选择齿轮的中心线，如图 6-94 所示。

图 6-91　轴承和轴配合一

图 6-92　轴承与轴配合二

图 6-93　完成第三步

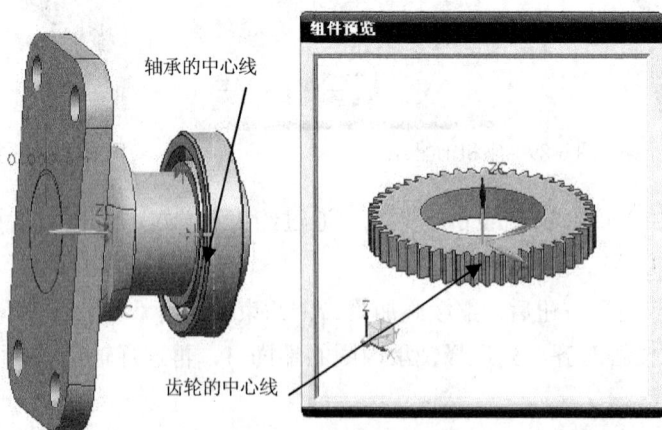

图 6-94　轴承与齿轮配合一

　　(10) 单击"应用"按钮后，继续施加第二个约束，使用"距离"约束，先选择轴承外圈的端面 1，然后选择齿轮的端面 2，输入距离数值为 5，如图 6-95 所示。

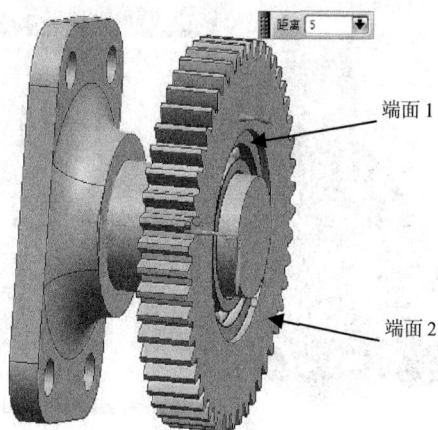

图 6-95 轴承与齿轮配合二

(11) 施加完约束以后，就完成了第四步。这样，就安装好了齿轮，最终完成了整个装配，结果如图 6-96 所示。全部装配约束情况可通过约束导航器查看，如图 6-97 所示。

图 6-96 装配结果

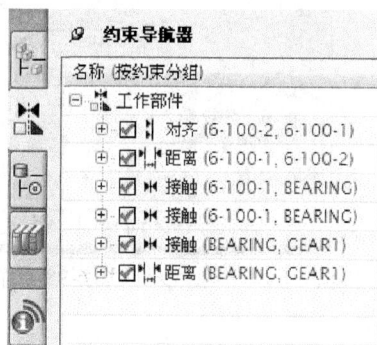

图 6-97 装配约束查看

下面的装配操作，将上述装配好的悬臂齿轮固定在固定架上。其中，悬臂齿轮装配部件 6_1.prt 将整体作为一个组件添加，进行装配。

(1) 新建立一个 NX8 的装配文件 6_2.prt，加入固定架 6-100-3.prt，采用"绝对原点"方式，定位在(0, 0, 0)点。单击■按钮后，对固定架施加"固定"约束。

(2) 加入悬臂齿轮装配部件 6_1.prt，采用"通过约束"方式，使用"接触对齐"约束，先选择齿轮座的平面 1，然后选择固定架的平面 2，如图 6-98 所示。

(3) 单击"应用"按钮后，继续施加第二个约束，使用"同心"约束类型，先选择齿轮座的一个孔的边 1，然后选择固定架的一个孔的边 2，如图 6-99 所示。

(4) 单击"应用"按钮后，继续施加第三个约束，使用"平行"约束类型，先分别选择齿轮座的一个边 1，然后选择固定架的一个边 2，如图 6-100 所示。

(5) 单击"确定"按钮后，就完成了悬臂齿轮的约束放置，如图 6-101 所示。

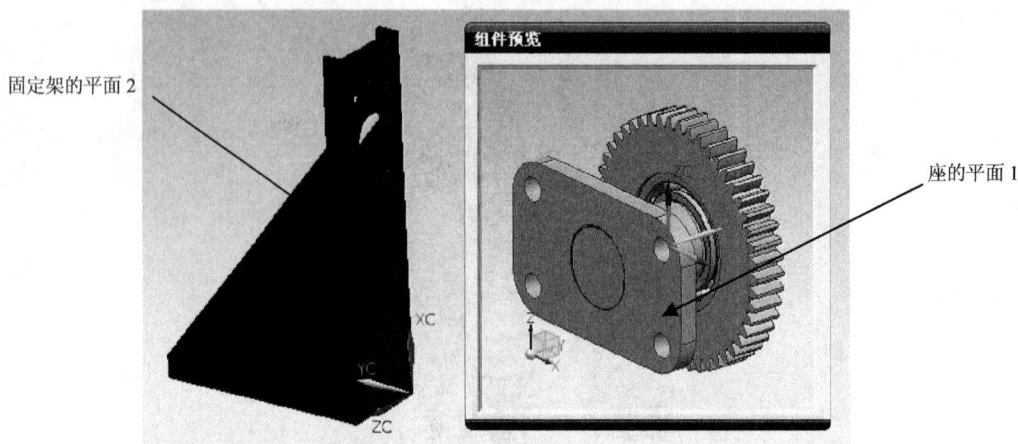

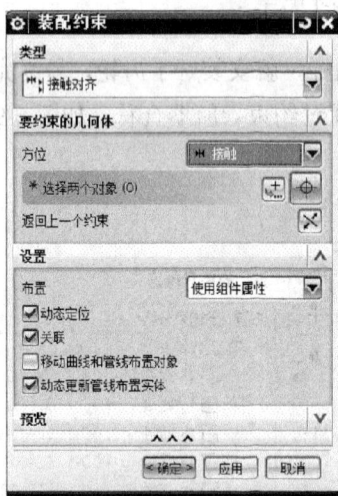

图 6-98 齿轮座和固定架配合一

图 6-99 齿轮座和固定架配合二

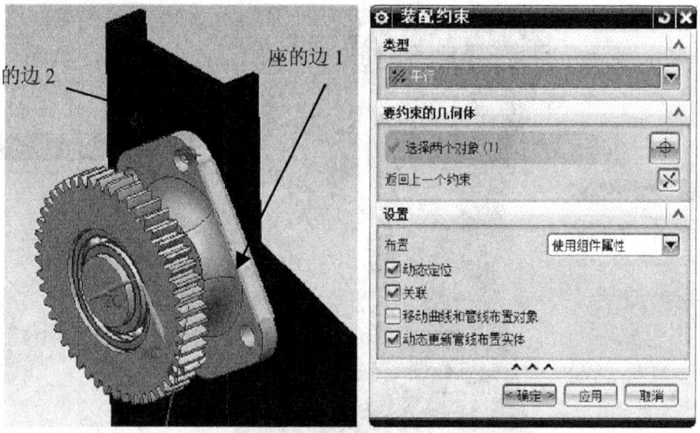

图 6-100 齿轮座和固定架配合三

图 6-101 悬臂齿轮的约束放置

(6) 加入螺栓紧固件组件 jg.prt，采用"通过约束"方式，并选择"多重添加"为"添加后创建阵列"，如图 6-102 所示。使用"接触对齐"约束，约束"方位"为"对齐"，先选择螺栓的中心线 1，然后选择齿轮座上孔的中心线 2，如图 6-103 所示。

(7) 单击"应用"按钮后，继续施加第二个约束，使用"距离"约束，先选择螺栓的平面 1，然后选择齿轮座的平面 2，输入距离数值为 0，如图 6-104 所示。

(8) 施加完约束以后，单击"确定"按钮，然后选择"装配"|"组件"|"阵列组件"命令，弹出如图 6-105 所示的"阵列组件"对话框，阵列定义布局为"线性"，选择固定架的两个边分别为方向 1 和方向 2 的矢量方向，如图 6-105 和图 6-106 所示，分别设置方向 1 的"数量"为 2，"节距"为 100；设置方向 2 的"数量"为 2，"节距"为 200。

图 6-102 添加螺栓紧固件

座上孔的中心线 2　　　　　　螺栓的中心线 1

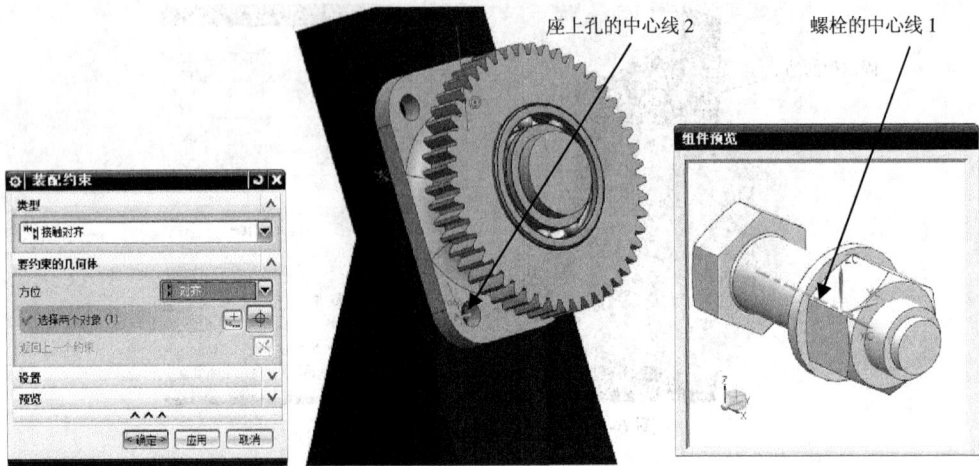

图 6-103　螺栓紧固件和齿轮座配合一

齿轮座的平面 2　　　　　螺栓的平面 1

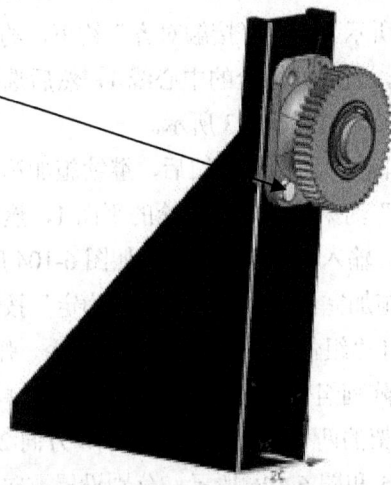

图 6-104　螺栓紧固件和齿轮座配合二

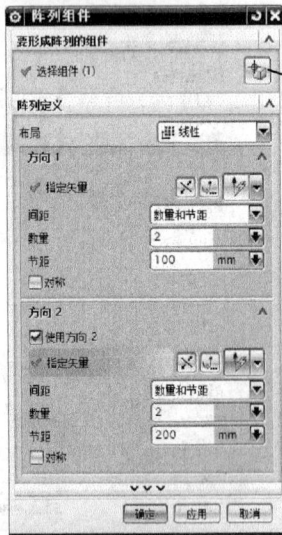

图 6-105　"阵列组件"对话框　　　　　图 6-106　创建螺栓紧固件阵列

(9) 单击"确定"按钮，就完成了将悬臂齿轮固定在固定架上的装配操作，装配结果如图 6-107 所示。

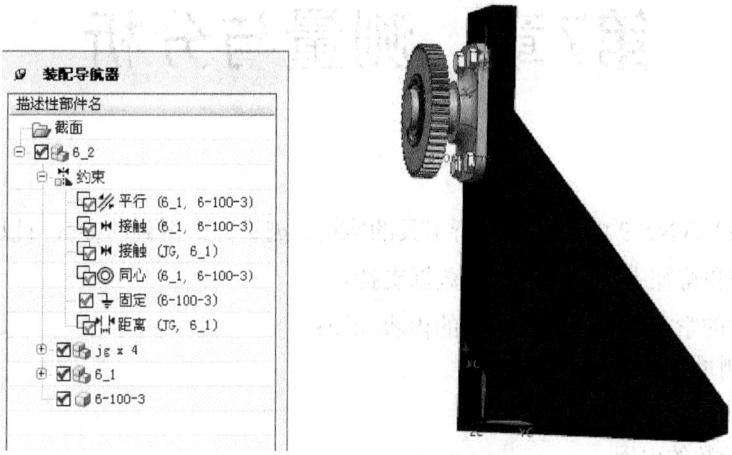

图 6-107　悬臂齿轮固定装配结果

6.13　习题

1. UG NX 9 的装配方式有几种？

2. "引用集"的作用是什么？

3. 如何进行爆炸图的操作？

4. 如何进行装配排列和装配切割操作？

5. 如何进行提升体操作？

6. 用 6.12 节中的零件，以单个零件添加组件的方式，一次性装配为图 6-107 所示的装配结果，并做其爆炸图。

第7章 测量与分析

本章介绍 UG NX 9 中测量与分析工具的应用。测量分析得到的参数可以作为"值"直接运用于草图和特征中，为建模提供数据支持。

通过本章的学习，读者需要掌握的内容如下：

- 常用测量功能的使用
- 常用分析工具的使用
- 测量参数的引用

7.1 常用测量功能

在 UG NX 9 中，常用的测量功能有"测量距离"、"测量角度"、"测量长度"、"测量面"和"测量体"。本节对这些常用测量功能进行介绍。

7.1.1 测量距离

选择"分析"｜"测量距离"命令，弹出"测量距离"对话框，如图 7-1 所示。

在"类型"卷展栏中可以选择 6 种类型，分别是"距离"、"投影距离"、"屏幕距离"、"长度"、"半径"和"点在曲线上"，这些类型的详细说明如下。

- 距离：用于测量点、线、面之间的任意距离。
- 投影距离：用于测量空间上的点、线到同一个面上投影在该平面上的距离。
- 屏幕距离：用于测量图形区的任意位置距离。
- 长度：用于测量曲线和边缘的圆弧长度。
- 半径：用于测量圆弧和柱面的半径。
- 点在曲线上：用于测量曲线上两点之间的最短距离。

选定测量对象后，如果在"关联测量和检查"卷展栏中选中"关联"复选框，则"需求"下拉列表框被激活，该下拉列表框中有"无"、"新的"和"现有的"3 个选项，下面分别进行介绍。

- 无：无须检查与测量相关联。
- 新建：启用指定需求选项。
- 现有的：启用选择需求选项。

下面以实例来进行测量距离的具体介绍。

1. 面到面的距离测量

首先定义测量类型，即在"类型"卷展栏中选择"距离"选项。

接着进行测量距离定义。在"测量"卷展栏的"距离"下拉列表中选择"最小值"选项。

接下来对测量对象进行定义。选择如图 7-2 左图所示的模型表面 1，再选择模型表面 2。测量结果如图 7-2 右图所示。

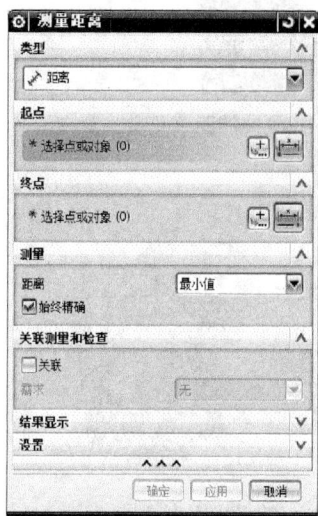

图 7-1　"测量距离"对话框

图 7-2　面到面的距离测量

最后单击"应用"或"确定"按钮，完成面到面的距离测量。

2. 线到线的距离测量

操作方法同面到面的距离测量类似。先选取边线 1，后选取边线 2，最后单击"应用"或"确定"按钮，即可完成线到线的距离测量，如图 7-3 所示。

3. 点到线的距离测量

操作方法同面到面的距离测量类似。先选取中点 1，后选取边线 2，最后单击"应用"或"确定"按钮，即可完成点到线的距离测量，如图 7-4 所示。

4. 点到点的距离测量

操作方法同面到面的距离测量类似，只是在"测量"卷展栏的"距离"下拉列表中需要选择"到点"选项。选取模型表面点 1 和点 2，即可显示测量结果，如图 7-5 所示。最后单击"应用"或"确定"按钮，完成点到点的距离测量。

5. 点到点的投影距离测量

以投影参照为平面进行介绍。首先在"类型"卷展栏中选择"投影距离"选项。接着在"测量"卷展栏的"距离"下拉列表框中选择"最小值"选项。然后先选取模型表面 1，再按顺序选取模型点 1 和模型点 2，测量结果如图 7-6 所示。最后单击"应用"或"确定"

按钮，完成点到点的投影距离。

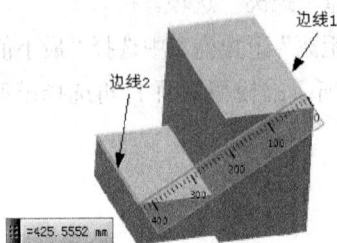

图 7-3　线到线的距离测量　　　　　　图 7-4　点到线的距离测量

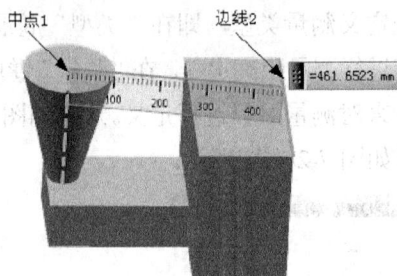

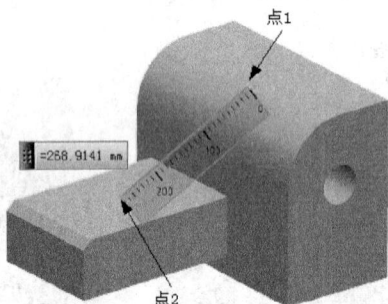

图 7-5　点到点的距离测量　　　　　　图 7-6　点到点的投影距离测量

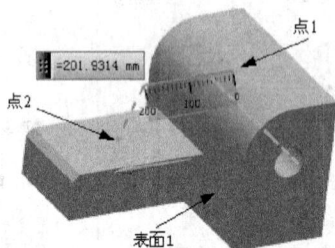

7.1.2　测量长度

　　选择"分析"｜"测量长度"命令，弹出如图 7-7 所示的"测量长度"对话框，主要用于计算任意一组曲线的弧长。

　　在"曲线"卷展栏的"选择曲线"状态下可以任意顺序选择直线、圆弧、二次曲线或样条。软件不检查连续性，也不执行修剪。软件将弧长转换为当前单位。其他选项可参考7.1.1 节中的相关介绍进行操作。

图 7-7　"测量长度"对话框

7.1.3　测量角度

　　选择"分析"｜"测量角度"命令，弹出如图 7-8 所示的"测量角度"对话框。

　　当在"类型"卷展栏中选中"按对象"选项时，它用来测量对象之间的角度。"第一

个参考"卷展栏和"第二个参考"卷展栏中的"参考类型"下拉列表框中,可选择"对象"、
"特征"和"矢量"选项。"测量"卷展栏中的"评估平面"下拉列表框中可选择"3D 角"、
"WCS XY 平面里的角度"和"真实角度"选项(其中,"WCS XY 平面里的角度"的含
义是当选中曲线的切矢投影到 XY 平面上时所创建的 2D 角);"方向"下拉列表中可选择
"内角"和"外角"选项。用户可根据需要进行选择。

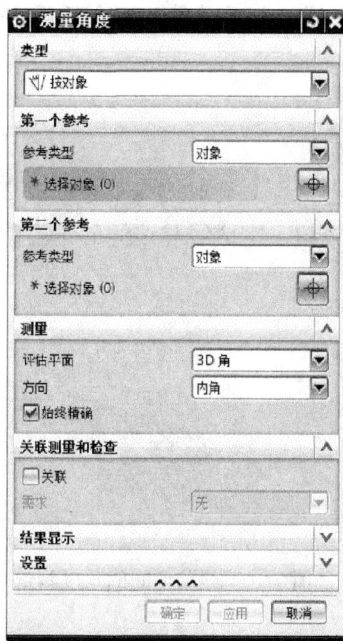

图 7-8　"测量角度"对话框

　　当在"类型"卷展栏中选中"按 3 点"选项时,它用来实际测量 3 个点连成的两条直
线之间的角度。"测量"卷展栏中的"评估平面"下拉列表框中可选择"3D 角"和"WCS
XY 平面里的角度"选项;"方向"下拉列表中可选择"内角"和"外角"选项。

　　当在"类型"卷展栏中选中"按屏幕点"选项时,它测量的角度类型为:相当于将任
意选择的 3 个点投影到与屏幕平行的基准面上,并测量投影后的 3 个点连成两条直线的角
度。"测量"卷展栏中"评估平面"下拉列表不可用;"方向"下拉列表中可选择"内角"
和"外角"选项。

　　下面以几个实例进行讲解。

1. 面与面间的角度测量

　　首先定义测量类型,即在"类型"卷展栏中选择"按对象"选项。

　　接着,定义测量计算平面。在"测量"卷展栏的"评估平面"下拉列表框中选择"3D
角"选项,在"方位"下拉列表框中选择"内角"选项。

　　然后,定义测量几何对象。选取模型表面 1,再选取模型表面 2,测量结果如图 7-9
所示。

　　最后,单击"应用"或"确定"按钮,完成面与面间的角度测量。

2. 线与面间的角度测量

操作与面与面间的角度测量类似。选取边线 1 和模型表面 2，测量结果如图 7-10 所示。最后，单击"应用"或"确定"按钮，完成线与面间的角度测量。

注意：

根据选取线的位置不同，即线上标示的箭头方向不同，所显示的角度值也可能会不同。两个方向的角度值的和为 180°。

3. 线与线间的角度测量

操作与面与面间的角度测量类似。选取边线 1 和边线 2，测量结果如图 7-11 所示。最后，单击"应用"或"确定"按钮，完成线与线间的角度测量。

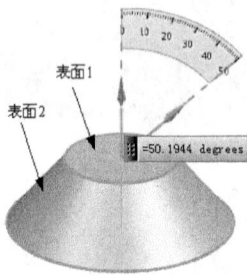

图 7-9　面与面间的角度测量　　　图 7-10　线与面间的角度测量　　　图 7-11　线与线间的角度测量

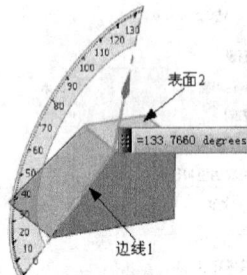

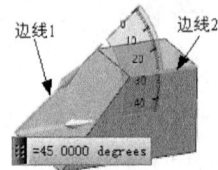

7.1.4　测量面

选择"分析"│"测量面"命令，弹出如图 7-12 所示的"测量面"对话框。该对话框主要用于计算选定面的面积和周长值。当保存面测量时，系统将创建多个有关面积和周长的表达式。面测量的选项菜单中包括面积或周长。但是，保存测量时，软件始终会创建两个表达式。

图 7-12　"测量面"对话框

"对象"卷展栏中的"选择面"可以在部件中的任何体上选择一个或多个面。

测量面积实例如图 7-13 所示。测量周长实例如图 7-14 所示。

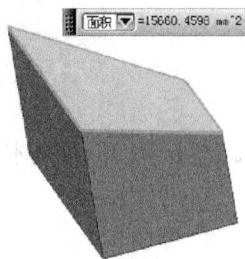

图 7-13 测量面积

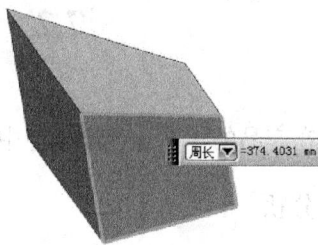

图 7-14 测量周长

7.1.5 测量体

选择"分析"|"测量体"命令,弹出如图 7-15 所示的"测量体"对话框。该对话框主要用以计算选定体的体积、质量、表面积、回转中心和重量,即对模型进行质量属性分析。质心点是选定体的质量中心的关联点。

"选择体"只允许对实体进行三维实体分析,而不允许对面或其他实体进行此分析。选择了所有要分析的实体后,系统将计算质量属性并根据这些属性计算其他的属性。

图 7-15 "测量体"对话框

7.1.6 测量最小半径

选择"分析"|"最小半径"命令,弹出如图 7-16 所示的"最小半径"对话框。选中"在最小半径处创建点"复选框,可测量多个曲面的最小半径。

图 7-16 "最小半径"对话框

如图 7-17 所示,连续选取模型表面 1、模型表面 2 和模型表面 3。单击"确定"按钮后,曲面的最小半径位置如图 7-18 所示。在"信息"窗口中可以看到该最小半径值。

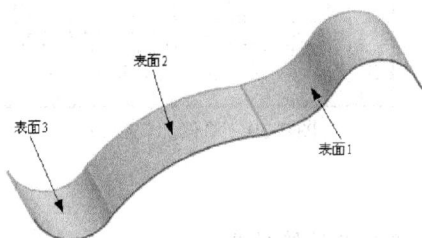

图 7-17 选取模型表面

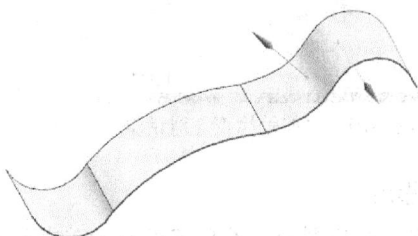

图 7-18 曲面的最小半径位置

7.2　基本分析

分析工具在产品的零件和装配设计中经常会被用到。本节学习一些基本分析方法。

7.2.1　偏差分析

通过偏差分析，可以检查所选的对象是否相接、相切，以及边界是否对齐等，并得到所选对象的距离偏移值和角度偏移值。

选择"分析"|"偏差"|"检查"命令，弹出"偏差检查"对话框，如图7-19所示。

在"类型"卷展栏中有"曲线到曲线"、"曲线到面"、"边到面"、"面到面"和"边到边"选项。用户可以根据自己的需要选择所需的类型。

在"设置"卷展栏中可以设置距离公差与角度公差值。"设置"卷展栏中的"偏差选项"下拉列表中可以选择"无偏差"、"所有偏差"、"最大距离"、"最小距离"、"最大角度"和"最小角度"选项。一般情况下，此处选择"所有偏差"选项。

在"类型"卷展栏与"设置"卷展栏中完成设置后，就可以依次选择检查对象。选择完成后，单击"操作"卷展栏中的"检查"按钮，将弹出"信息"窗口，在该窗口中会列出指定的信息。

如图7-20所示为"曲线至曲线"类型，"所有偏差"选项下的"信息"窗口，该窗口列出的信息包括分析点的个数、对象间的最小距离误差、最大距离误差、平均距离误差、最小角度误差、最大角度误差、平均角度误差以及各检查点的数据。

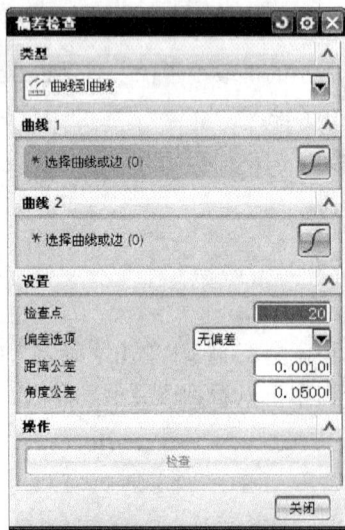

图7-19　"偏差检查"对话框

图7-20　"信息"窗口

提示：

在"曲线到面"类型下进行的偏差检查只能选择非边缘的曲线。

7.2.2 几何对象检查

通过几何对象检查，可以分析各种类型的几何对象，找出错误的或无效的几何体，也可以分析面和边等几何对象，找出其中无用的几何对象和错误的数据结构。

选择"分析"|"检查几何体"命令，弹出如图 7-21 所示的"检查几何体"对话框。可对对话框中的各项进行设置。

一般情况下，对几何对象检查的常用操作如下。

在"要执行的检查/要高亮显示的结果"卷展栏中单击"全部设置"按钮，该卷展栏中各复选框将全部被选中。在键盘上按 Ctrl+A 组合键，选择模型中的所有对象。然后单击"操作"卷展栏中的"检查几何体"按钮，该卷展栏中将多出一个"信息"按钮。单击"信息"按钮，即可在弹出的"信息"窗口中检查结果，如图 7-22 所示。

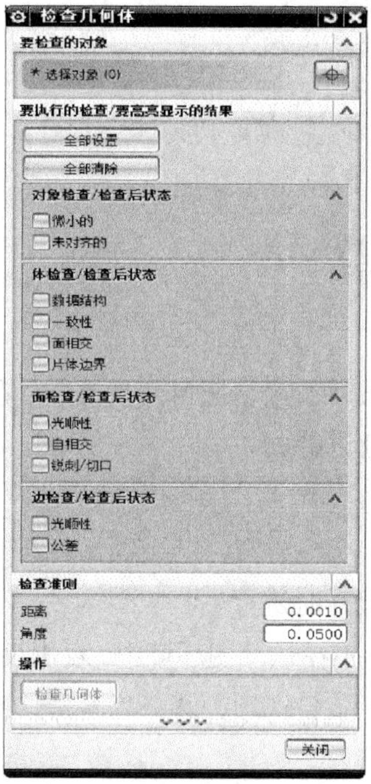

图 7-21 "检查几何体"对话框

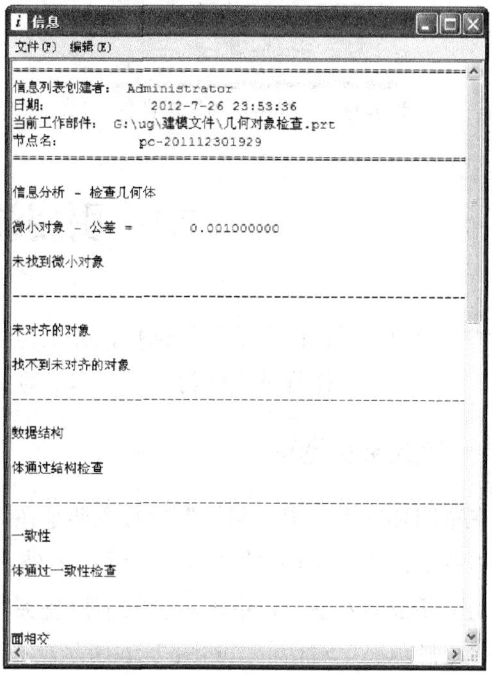

图 7-22 "信息"窗口

7.2.3 装配干涉检查

在实际的产品设计中，设计人员需要了解各个零部件间的干涉情况，如是否存在干涉、哪些零部件间存在干涉、干涉量的值等信息。

选择"分析"|"简单干涉"命令，弹出如图 7-23 所示的"简单干涉"对话框。

1. 高亮显示的面对

在"干涉结果检查"卷展栏的"结果对象"下拉列表框中选择"高亮显示的面对"选项。在"要高亮显示的面"下拉列表中选择"仅第一对"选项时，依次选择对象，模型中将显示干涉平面。在"要高亮显示的面"下拉列表中选择"在所有对之间循环"选项时，在"干涉结果检查"卷展栏中将显示"显示下一对"按钮。单击此按钮，模型中将依次显示所有干涉平面。

2．干涉体

在"干涉结果检查"卷展栏中的"结果对象"下拉列表框中选择"干涉体"选项时，该卷展栏中没有其他选项。依次选择对象，单击"应用"或"确定"按钮，将弹出如图 7-24 所示的"简单干涉"提示框。单击提示框中的"确定"按钮，完成简单干涉检查。

图 7-23　"简单干涉"对话框　　　　　　图 7-24　"简单干涉"提示框

7.3　引用测量参数

测量参数可以在两种情况下选择，分别为：在参数条目选项中选择"测量"、在"表达式"对话框中选择测量值作为结果。本节对此进行详细讲解。

7.3.1　参数条目选项

在草图环境下应用"测量"参数主要是在"编辑"尺寸时进行。

如图 7-25 所示，该草图中有一个圆。另外两条直线并不在该草图环境中。双击尺寸后，弹出动态参数输入条目，单击右侧的下拉箭头，出现尺寸条目选项，选择"测量"选项，弹出"测量距离"对话框，如图 7-26 所示。

图 7-25　参数条目选项实例　　　　　　图 7-26　"测量距离"对话框

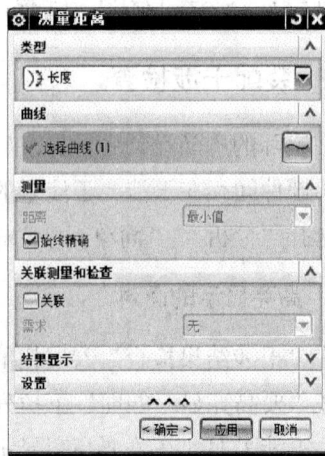

在"测量距离"对话框中，选择"类型"为"长度"，测量图中一条直线的长度，单击"确定"按钮后，完成测量，圆将被系统修改为直径值为直线的长度值的圆，如图 7-27 所示。

再次双击直径尺寸，出现动态参数输入条目，可发现右侧的"箭头"标志已经替换为"尺子"标志，说明尺寸参数来自测量分析，如图 7-28 所示。

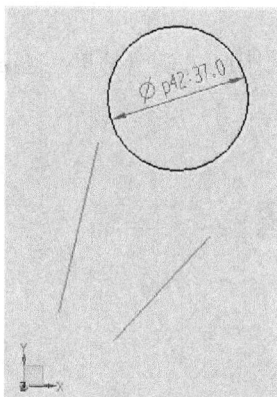

图 7-27　完成测量后的结果

图 7-28　动态参数输入条目

在特征对话框中同样通过选择参数条目选项引用"测量"参数。例如，单击"边倒圆"对话框中的"半径 1"文本框后的下拉箭头，出现条目选项，如图 7-29 所示，可直接选择"测量"选项，进入相应的测量对话框。

提示：

测量的参数在如图 7-30 所示的"表达式"对话框中只作为某公式的结果出现，而不会作为一个表达式单独出现。在测量对象发生变更时，引用测量参数的特征会同步更新。

图 7-29　"半径 1"的条目选项

图 7-30　"表达式"对话框

7.3.2 "表达式"对话框

设计人员可能会在建模的过程中忽视一些关联关系，一般在建模完毕后才会对模型有全盘的了解。若在建模过程中进行一些参数的关联，经常会由于参数名不明确而造成关联困难。因此，在建模后期使用测量参数进行关联无疑是最好的方法。

　　首先在模型区中选择要关联的特征，然后在"表达式"对话框中选择需要关联的参数，单击按钮，接着在如图 7-31 所示的测量条目中选择测量的工具类型，最后在模型显示区选择测量对象并用测量值替换原先参数。按照这种方法反复操作，可以实现建模后期快速准确地关联参数。

　　利用"表达式"对话框中的测量条目进行参数引用，其测量结果同样只作为参数表达式的结果存在。

图 7-31　测量条目

7.4　习题

1. UG NX 9 的常用测量功能有哪些？
2. 如何对对象进行偏差分析？
3. 装配干涉检查有何实际意义？
4. 如何进行测量参数的引用？

第8章　NX 9工程图

在工程图方面，NX 9不仅可以像二维 CAD 软件那样方便地绘制工程图，而且可以通过三维模型直接关联生成工程视图，经过少许的补充和编辑，即可快速地创建符合要求的工程图。三维模型与二维工程图是完全关联的，任何对于三维模型的形状、位置和尺寸的改变都会使二维模型实时更新，这也正是三维 CAD 软件的强大之处。

本章将对 NX 9 的制图模块进行详细介绍，主要介绍其相应的制图方法，包括工作界面的设置，各向视图以及各种剖视图的创建和参数设置，视图的编辑，尺寸、形位公差以及注释的标注等。

通过本章的学习，读者需要掌握的内容如下：

- 工程图的制图方法
- 基本视图及剖视图的创建
- 视图的编辑
- 尺寸标注
- 能根据设计模型绘制完整的工程图

8.1　工程图概述

在 NX 9 系统中，使用制图模块可以将已经建立的零件或装配三维模型投影生成二维工程图。NX 9 采用复合建模技术，保证了工程图与装配图的相关性，使工程图随模型的改变而同步更新，从而可以通过直观友好的操作界面，方便快捷地建立和管理符合标准的零件图和装配图，为工程和技术图纸的生成和管理提供了一个完全自动化的工具。

另外，NX 9 绘图工具还增加了一组命令用于创建和编辑用户自己的工程图模板。用户现在可以为这些模板文件中的每个图纸选项卡创建和编辑关联的边界和区域，构造和修改标题块，创建和链接模板区域，将注释、表格、符号和视图与图纸区域关联，从当前制图零部件创建可重用图纸模板以及应用基于知识融合的规则来控制将模板中的对象插入到其他零部件中时的行为。

可在图纸中创建切断视图的新工具，让用户能轻松地向视图添加多个水平或垂直切断，允许在图纸上绘制忽略部分几何模型、显得更为紧凑的视图。制图和 PMI 现在支持 TrueType、OpenType 和 PostScript 等标准字体，允许用户更换、增强或补充可用字符字体。

使用 NX 9 进行工程制图的过程可概括如下。

(1) 选择"启动"|"制图"命令，进入工程图环境。

(2) 进入该环境后第一步需要先设置图纸。单击"新建图纸页"按钮，弹出如图 8-1 所示的"图纸页"对话框(或可选择"插入"|"图纸页"命令打开)。在该对话框中可以设置图纸尺寸、绘图比例、绘图单位和投影方式等参数。

(3) 接着需要添加基本视图。通过单击"基本视图"按钮 ，或选择"插入"|"视图"|"基本"命令，弹出如图 8-2 所示的"基本视图"对话框，在绘图区添加主视图、俯视图、左视图等基本视图。

(4) 然后添加其他视图。通过单击相应的视图按钮，或在"插入"|"视图"命令的子菜单中选择相应命令，可在同一视窗内布置其他视图，如剖视图、半剖视图、旋转剖视图、局部放大视图等。

(5) 标注尺寸。通过单击工具栏上的相应按钮，或选择"插入"菜单中的相应命令，可进行标注尺寸、公差、表面粗糙度、文字注释、建立明细栏和标题栏等操作。

(6) 输出工程图。通过"文件"|"导出"|DXF/DWG 命令，输出工程图纸。

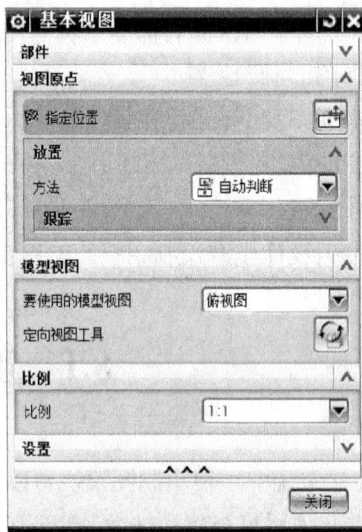

图 8-1　"图纸页"对话框　　　　图 8-2　"基本视图"对话框

8.2　图纸管理

在 NX 9 软件环境中，任何三维模型都可以通过制图模块建立与其相关联的二维工程图。NX 9 的图纸管理是建立工程图最基本的部分，通过它可以建立二维模型的基本框架，经过后续的补充操作进而完成工程图的创建。图纸管理包括新建图纸、打开图纸、编辑图纸和删除图纸。

8.2.1　新建图纸

在创建工程图时，需要新建图纸才能进入制图空间。可以通过以下方法新建图纸。

对于以前没有创建图纸的部件，单击"标准"工具条中 下拉菜单的"制图"命令，进入工程图模块，弹出如图 8-1 所示的"图纸页"对话框；如果当前已在制图模块中，则选择"插入"|"图纸页"命令，或者单击"图纸"工具条中的"新建图纸页" 按钮，同样弹出"图纸页"对话框；如果当前已有图纸，可在部件导航器中，右击"图纸"节点，在弹出的快捷菜单中选择"插入图纸页"命令，同样弹出"图纸页"对话框。

在"图纸页"对话框中，可以通过定义图纸名并指定图纸参数来创建新的图纸，设置好所有参数后，单击"确定"按钮，便会将当前的显示替换为新图纸的显示。

提示：

如果单击"应用"按钮，软件将创建图纸页，但禁止自动启动基本视图功能(即使它已启用)。

1. "大小"卷展栏

该卷展栏用于设置图纸的大小。NX 9 设置图纸大小的方法有"使用模板"、"标准尺寸"和"定制尺寸"3 种。

- "使用模板"单选按钮：选中该单选按钮，"图纸页"对话框将列出图纸页模板列表，如图 8-3 所示。可以选择预定义的"A0++-无视图"、"A0+-无视图"、"A0-无视图"、"A1-无视图"等 14 种标准图纸模板来新建图纸。
- "标准尺寸"单选按钮：选中该单选按钮，"图纸页"对话框如图 8-4 所示。通过"大小"下拉列表框，可以选择 A4、A3、A2、A1、A0 等 7 种型号图纸的尺寸作为新建图纸的尺寸。通过"比例"下拉列表框选择创建图纸的默认比例，也可以选择"定制比例"选项来定制符合要求的图纸。

图 8-3　图纸模板列表　　　　　　　　图 8-4　"图纸页"对话框

- "定制尺寸"单选按钮：选中该单选按钮，"图纸页"对话框如图 8-5 所示，允许用户通过指定图纸的"高度"和"长度"来自行设置图纸大小。

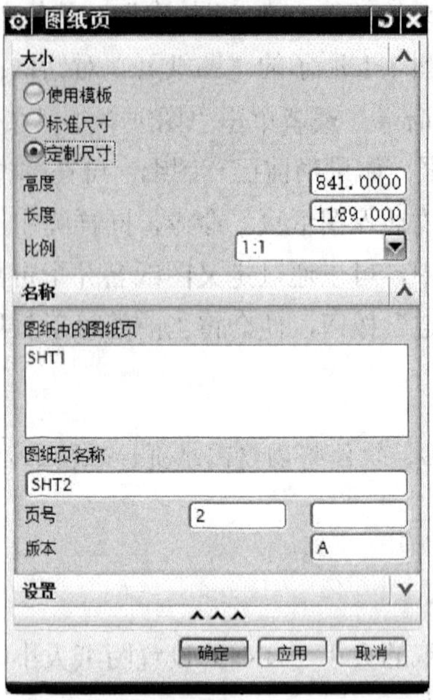

图 8-5 "图纸页"对话框

2. "名称"卷展栏

该卷展栏仅在选中"标准尺寸"或"定制尺寸"单选按钮时，出现在"图纸页"对话框中。其中，"图纸中的图纸页"列表框列出了部件文件的所有图纸页，可以在其中选择预定义名称的图纸；"图纸页名称"文本框用于设置图纸页的名称。

提示：

图纸页名称最多可包含30个字符，但不能含有空格。默认的图纸页名称是 SHTX，其中 X 为数字编号。

3. "设置"卷展栏

该卷展栏仅在选中"标准尺寸"或"定制尺寸"单选按钮时可用。它用于设定所创建图纸的基本设置，包括"单位"和"投影"两个选项，如图 8-6 所示。

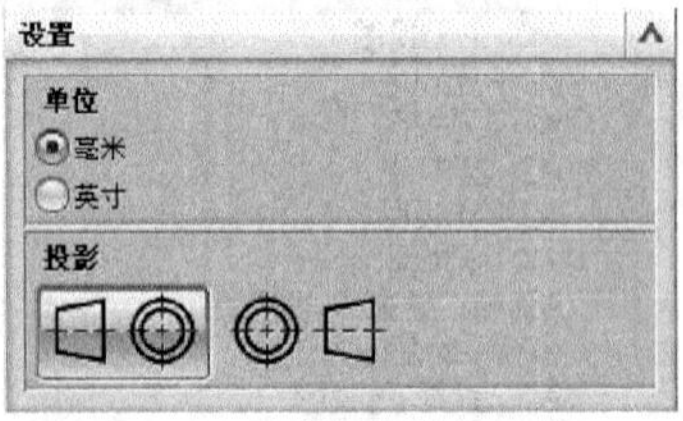

图 8-6 "设置"卷展栏

- "单位"选项：用于设置图纸尺寸标注时所用的单位，有"毫米"和"英寸"两个单选按钮可供选择。
- "投影"选项：用于指定图纸是用第一象限角投影还是第三象限角投影。

提示：

按照我国的制图标准，一般应选择按第一象限角投影方式，而美国多采用按第三象限角投影的方式。

8.2.2　打开图纸

单击 按钮，会弹出如图 8-7 所示的"打开工程图"对话框。

对话框的上部为过滤器，中部为"图名"列表框，其中列出了满足过滤器条件的工程图名称。在"图名"列表框中选择需要打开的工程图，系统就在绘图工作区中打开所选的工程图。

图 8-7　"打开工程图"对话框

8.2.3　删除工程图

如要删除已有图纸，可在部件导航器中，右击需要删除的"图纸"节点，在弹出的快捷菜单中选择"删除"命令，该图纸即被删除。

8.2.4　编辑工程图

编辑图纸页可以对已经建立的工程图中不符合要求的参数进行修改和编辑。编辑图纸页有 4 种方式，用户可以根据需要选择不同的编辑方式。

(1) 选择"编辑"|"图纸页"命令。

(2) 在部件导航器中，右击所需要编辑的图纸，从弹出的快捷菜单中选择"编辑图纸页"命令。

(3) 在图纸的视图边框上右击，从弹出的快捷菜单中选择"编辑图纸页"命令。

(4) 单击"制图编辑"工具条中的"编辑图纸页"按钮。

使用以上 4 种方式，均会弹出"图纸页"对话框，利用该对话框可以对其中的参数进行设置，以编辑该工程图纸。

提示：

在编辑图纸页时，投影方式只能在没有产生投影视图的情况下才能使用。

8.3　视图操作

建立了工程图纸后，需要为其添加视图，以便更好地表达建立的三维实体实体的模型。NX 9 提供了各种视图管理功能，如添加视图、移除视图、移动或复制视图、对齐视图和编辑视图等。通过这些功能，用户可以方便地管理工程图中的各类视图，并可以修改各个视图的缩放比例、角度和状态等参数，下面分别进行说明。

8.3.1　添加基本视图

该功能用于将各种基本视图添加到当前工程图的指定位置。

提示：

基本视图是指工程图中的俯视图、仰视图、前视图、后视图、右视图、左视图等视图。

在制图应用模块中建立图纸页后，下面两种方法均可弹出如图 8-8 所示的"基本视图"对话框，创建基本视图。

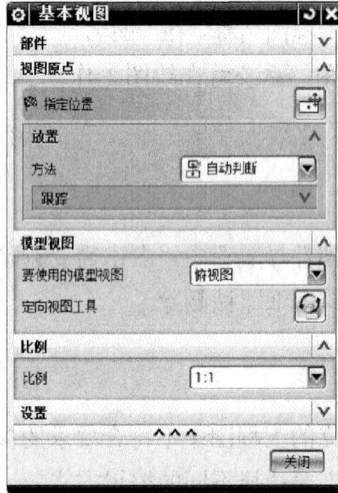

图 8-8　"基本视图"对话框

- 单击"图纸"工具条中的"基本视图"按钮 ▣。
- 选择"插入"|"视图"|"基本"命令。

通过"基本视图"对话框可以将三维模型的标注视图添加到当前图纸的指定位置。下面具体介绍对话框中各参数的含义。

1．"部件"卷展栏

该卷展栏用于创建来自其他部件或组件的视图。用户可以在"已加载的部件"或"最近访问的部件"列表中选择不同的部件；也可以单击"打开"按钮 ▣，打开"部件"列表中不存在的部件，生成其对应的工程图，并将新打开的部件添加到"部件"列表中。

2．"视图原点"卷展栏

该卷展栏用于确定基本视图放置的位置。

"放置"选项组的"方法"下拉列表中有以下 5 种方法可供选择。

- 自动判断：可以通过移动鼠标指针结合视觉判断在屏幕上选取合适的位置，单击确定原点位置，也可以通过光标跟踪确切的输入视图原点位置。当放置第一个视图时，系统默认放置方法为"自动判断"，其他放置方法均未激活。
- 水平：将选中的视图沿水平方向移动或复制到指定的位置。

- 竖直：将选中的视图沿竖直方向移动或复制到指定的位置。
- 垂直于直线：将选中的视图沿与一条直线垂直的方向移动或复制到指定的位置。
- 叠加：将选中的视图叠加到指定的视图上。

选中"光标跟踪"复选框，鼠标指针在图纸页上的位置会自动捕捉到如图 8-9 所示的 X、Y 坐标文本框中。当选中 X、Y 文本框前面的复选框时，可以在文本框中直接输入预放置视图的原点位置。

图 8-9　"跟踪"对话框

提示：

当只锁定一个坐标时，可以沿着另一个坐标方向移动鼠标指针选择放置位置，但当两个 X、Y 坐标均被锁定时，只能通过改变坐标值来修改放置位置。

3．"模型视图"卷展栏

可通过"要使用的模型视图"下拉列表选择要放置的视图，如俯视图、前视图、右视图、后视图等。也可以通过"定向视图工具"选择合适的矢量方向定向视图。

单击"定向视图工具"按钮，弹出如图 8-10 所示的"定向视图工具"对话框和"定向视图"预览窗口。通过指定法向和 X 向矢量来旋转视图，也可以单击"定向视图"预览窗口中的坐标系原点，激活 Angle 文本框，通过输入倾角来旋转视图，如图 8-11 所示。

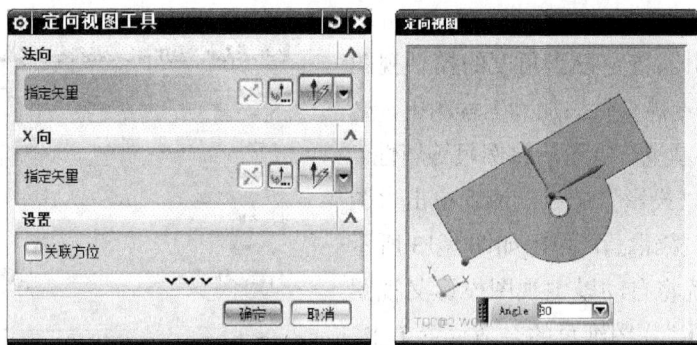

图 8-10　"定向视图工具"对话框和"定向视图"预览窗口　　　　图 8-11　旋转视图

4．"比例"卷展栏

该卷展栏用于设置要添加视图的比例。默认情况下，该比例与新建图纸页时设置的比例相同。用户可以在"比例"下拉列表框中选择合适的比例，也可以通过在"比例"下拉列表框中选择"比率"或"表达式"选项自定义视图的比例。

5．"设置"卷展栏

- 视图样式设置：单击"设置"按钮，弹出如图 8-12 所示的"设置"对话框，从中可以对相关的视图参数进行设置。
- 非剖切：用于在装配图纸中选择不需要进行剖切显示的组件。

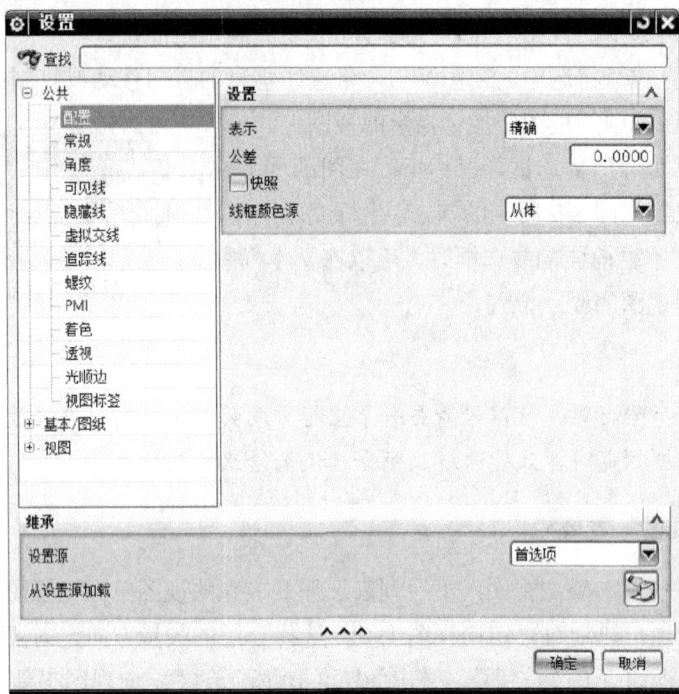

图 8-12　"设置"对话框

8.3.2　添加投影视图

该功能用于对复杂部件引入特定投影角度的模型视图到工程图纸中。投影视图本身不能直接添加到工程图中,必须基于现有视图来生成,并继承现有视图的比例尺等属性。

选择"插入"|"视图"|"投影"命令,或者单击"图纸"工具条中的"投影视图"按钮,弹出如图 8-13 所示的"投影视图"对话框,系统将自动以主视图投影父视图并跟随鼠标指针生成投影视图,在图纸页的合适位置单击,即可生成投影视图。

"投影视图"对话框中的多数选项与"基本视图"对话框中相应选项的含义相同,现将不同选项的含义介绍如下。

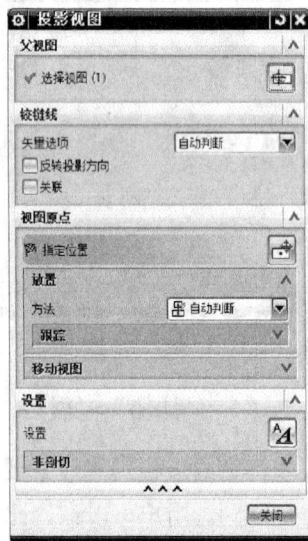

1.　"父视图"卷展栏

单击"选择视图"按钮,选择基本视图作为父视图。

图 8-13　"投影视图"对话框

2.　"铰链线"卷展栏

该卷展栏中选项主要用于定义视图的投影方向。铰链线为和投影方向垂直的参考线。

"矢量选项"下拉列表框提供了"自动判断"和"已定义"两种选择投影矢量的方法。当选择"自动判断"时,将跟随鼠标指针的位置自动判断投影方向。当选择"已定义"时,首先要选择矢量作为铰链线方向,然后用鼠标指针在绘图区选择放置位置,如图 8-14 所示。

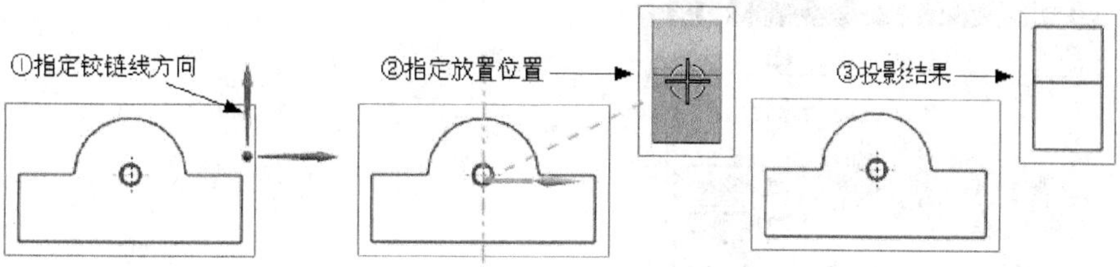

图 8-14　"已定义"投影视图

选中"反转投影方向"复选框，在沿着投影方向相反的方向生成投影视图，如图 8-15 所示。

提示：

选择铰链线方向后，视图的投影方向即已确定，不管投影视图放置在任何位置，其相对于父视图的投影方向都不会改变。

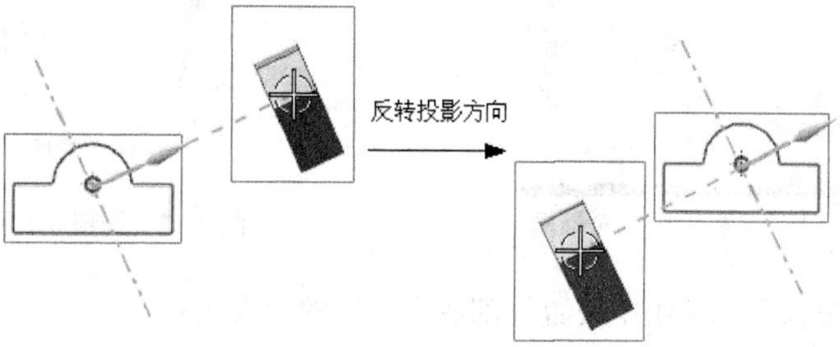

图 8-15　反转投影方向

3. "视图原点"卷展栏

单击"视图"按钮，选择图纸上的任何视图，在屏幕上拖动后将其放置在适当位置即可实现视图的移动。

8.3.3　添加局部放大视图

局部放大视图用于表达视图的细小结构，是包含现有图纸视图的放大部分的视图。可以用圆形、矩形或自定义形状边界将复杂部件局部放大，从而将已添加视图中无法表达清楚的局部按一定比例放大。

选择"插入" | "视图" | "局部放大图"命令，或者单击"图纸"工具条中的"局部放大图"按钮，弹出如图 8-16 所示的"局部放大图"对话框。

NX 9 提供了"圆形"和"矩形"两种定义放大区域边界的定义方法，如图 8-17 所示。其中，矩形边界可以通过"按拐角绘制矩形"或"按中心和拐角绘制矩形"两种方法来绘制。

在制图模块中，创建局部放大视图的方法如下。

(1) 在现有视图需要放大的区域的中心附近选择或创建点来指定放大视图的中心点。

(2) 拖动鼠标指针将需要放大的区域的全部包括在圆形边界内，单击确定边界点来定义圆形边界。

图 8-16 "局部放大图"对话框　　　　图 8-17 局部放大视图

(3) 在"刻度尺"选项组中设置局部放大区域的放大比例。

(4) 移动鼠标指针确定局部视图的放置位置，单击生成局部放大视图。具体操作步骤如图 8-18 所示。

提示：

局部视图中的文字及箭头可以进行修改，双击 DETAIL B 文字后，弹出"视图标签样式"对话框，在该对话框可以修改相关参数，改变局部视图的标签文字。

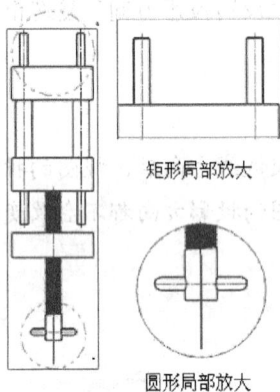

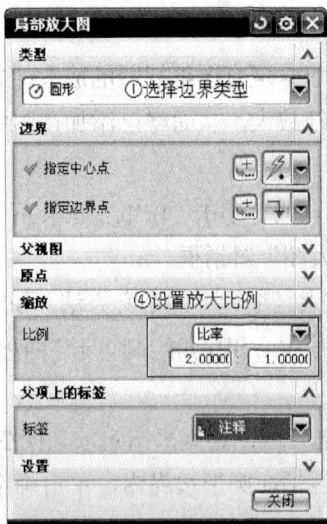

图 8-18 添加局部放大视图

8.3.4　移动/复制视图

"移动/复制视图"可以移动、复制一个或多个视图到当前图纸或另一张图纸上。

选择"编辑"|"视图"|"移动/复制"命令，或者
单击"图纸"工具条中的"移动/复制视图"按钮，
弹出"移动/复制视图"对话框，如图 8-19 所示。选择
要移动或复制的视图，设置移动或复制的方式，拖动视
图边框到预定位置，系统便将所选视图按指定方式移动
或复制到工程图中的指定位置。

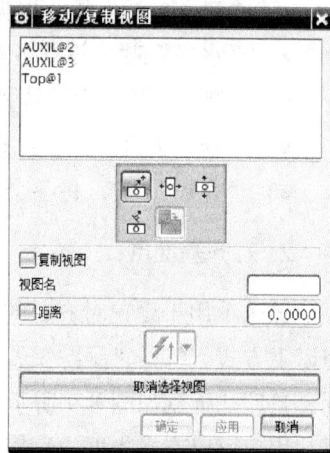

图 8-19　"移动/复制视图"对话框

1. 移动/复制视图方式

NX 9 系统提供了 5 种移动或复制视图的方式。

- "至一点"：将视图移动/复制到一指定的点。
- "水平"：沿着水平方向移动/复制所选视图。
- "竖直"：沿着竖直方向移动/复制所选视图。
- "垂直于直线"：沿着垂直于某一直线的方向平移/复制所选视图。
- "至另一图纸"：将所选的视图移动或复制到指定的另一张工程图中。

2. 移动、复制视图的切换

在"移动/复制视图"对话框中通过"复制视图"复选框来切换移动视图或复制视图。
选中该复选框，则为复制视图，否则为移动视图。

8.3.5　对齐视图

"对齐视图"可以调整视图的位置，使之按设定的方式排列整齐。

选择"编辑"|"视图"|"对齐"命令，或者单击"图纸"工具条中的"视图对齐"
按钮，弹出"视图对齐"对话框，列表中列出了当前工程图中存在的视图。对齐视图
时，根据系统提示首先要定义静止的点，然后选择要对齐的视图，再选择一种对齐方式
即可对齐视图，操作步骤如图8-20所示。

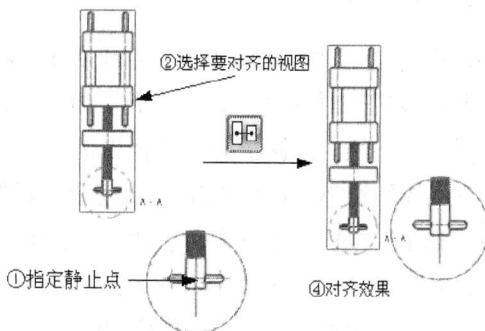

图 8-20　视图对齐

1. 对齐方式

NX 9 系统提供了以下 5 种视图对齐方式。

- "自动判断" 品：根据选择的基准点不同，系统自动判断采用何种方式对齐视图。
- "水平" 田：设置各视图的基准点进行水平对齐。
- "竖直" 品：设置各视图的基准点进行垂直于某一直线对齐。
- "垂直于直线" 品：设置各视图的基准点进行垂直对齐。
- "叠加" 回：将各个视图的基准点进行重合对齐。

2. 对齐基准点

该选项用于设置对齐时的基准点。基准点是视图对齐的参考点，对齐基准点的选择采用以下方式。打开"跟踪"卷展栏，选中"光标跟踪"复选框，鼠标指针在图纸页上的位置会自动捕捉到如图 8-9 所示的 X、Y 坐标文本框中。当选中 X、Y 文本框前面的复选框时，用户可以在文本框中直接输入预对齐基准点的位置。

8.3.6　视图边界

"视图边界"是为图纸页上的视图重新定义一个新的视图边界类型。

选择"编辑"|"视图"|"边界"命令，或者单击"图纸"工具条中的"视图边界"按钮，弹出"视图边界"对话框，如图 8-21 所示。

1. 视图列表框

该选项用于设置要定义边界的视图。选择视图的方法有以下两种。

- 在视图列表框中选择视图。
- 直接在绘图区选择视图。

当视图选择错误时，可以单击"重置"按钮重新选择视图。

图 8-21　"视图边界"对话框

2. 视图边界类型

该选项用于设置视图边界类型，系统提供了4种编辑视图边界的方式。

- 截断线/局部放大图：该方式允许用户选择曲线定义视图边界，仅显示被定义的边界曲线围绕的视图部分。选择该选项后，系统提示选择边界线，用户可以用鼠标在绘图区选择已定义的截断线或局部视图边界线。
- 手动生成矩形：该方式为手动定义/编辑视图的边界，按住鼠标左键并拖动来生成矩形边界。该边界也可随模型更改而自动调整视图的边界。
- 自动生成矩形：该方式可随模型的更改而自动调整视图的矩形边界。

- 由对象定义边界：该方式通过选择视图中对象的边或点来定义边界，当视图更新时对象边界随之更新，在新的边界中保证所选对象可见。

重新定义视图边界时，首先选择要重新定义边界的视图，再选择一种定义边界视图的方法，然后绘制边界即可，操作步骤如图 8-22 所示。

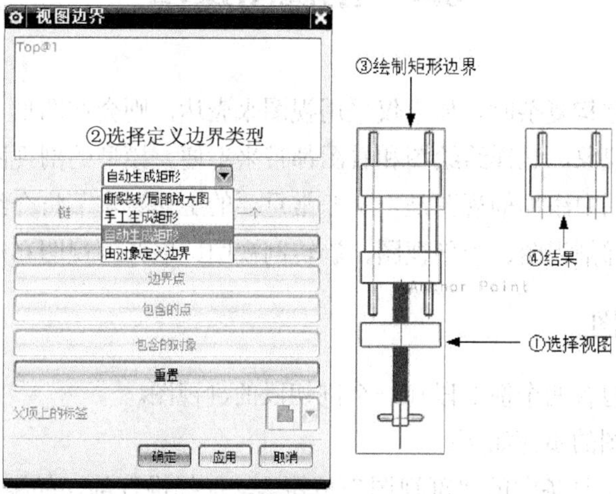

图 8-22　重新定义视图边界

8.3.7　显示图纸页

"显示图纸页"功能是在三维模型与二维工程图之间进行切换。

选择"视图"|"显示图纸页"命令，或者单击"图纸"工具条中的"显示图纸页"按钮，即可在三维模型和二维工程图之间切换。

8.3.8　视图更新

"视图更新"就是用来更新修改模型的工程视图。

选择"编辑"|"视图"|"更新"命令，或者单击"图纸"工具条中的"更新视图"按钮，弹出如图 8-23 所示的"更新视图"对话框。更新视图时，在对话框的列表中选择需要更新的视图，单击"确定"按钮即可。

图 8-23　"更新视图"对话框

- "选择所有过时视图"图：该选项用于选择工程图中所有过时的视图。
- "选择所有过时自动更新视图"图：该选项用于自动选择工程图中过时的视图。

8.4 剖视图操作

当模型的内部结构复杂时，如果仅采用视图来表达，则会在图形上出现过多的虚线及虚实线交叉重叠的现象，这样给绘图和看图都带来不便。模型的剖视图展示了模型的内部细节结构，在工程图中添加剖视图是一个非常重要的工作。本节将介绍如何在工程图中添加简单剖视图、阶梯剖视图、半剖视图、旋转剖视图、展开剖视图和局部剖视图。

8.4.1 简单剖视图

简单剖视图是包含两个箭头段和一个剖切段的剖视图。

创建简单剖视图的步骤如下：

单击"图纸"工具条中的"剖视图"按钮，选择进行剖切的视图(父视图)，接着指定剖切点，移动鼠标指针确定剖切的方向。然后移动鼠标指针确定剖切视图放置位置后单击，即可生成剖视图，如图 8-24 所示。

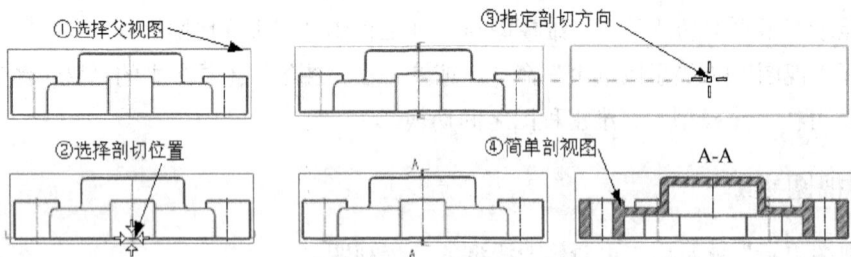

图 8-24 "剖视图"操作

8.4.2 半剖视图

半剖视图通常用来创建对称零件的剖视图。半剖视图由一个剖切段、一个箭头段和一个折弯段组成。

选择"插入"|"视图"|"截面"|"半剖"命令，或单击"图纸"工具条中的"半剖视图"按钮，选择进行剖切的视图(父视图)，接着确定第一点作为剖切位置，再选择第二点作为折弯位置，最后移动鼠标确定剖视图放置的位置，单击以生成剖视图，如图 8-25 所示。

提示：

与阶梯剖视图一样，在半剖视图正式添加到工程图中之前，单击剖视图扩展对话框中的预览图标，或者右击，从弹出的快捷菜单中选择"剖视图工具"命令，系统弹出一个预览窗口，提示预览三维模型的剖切情况。

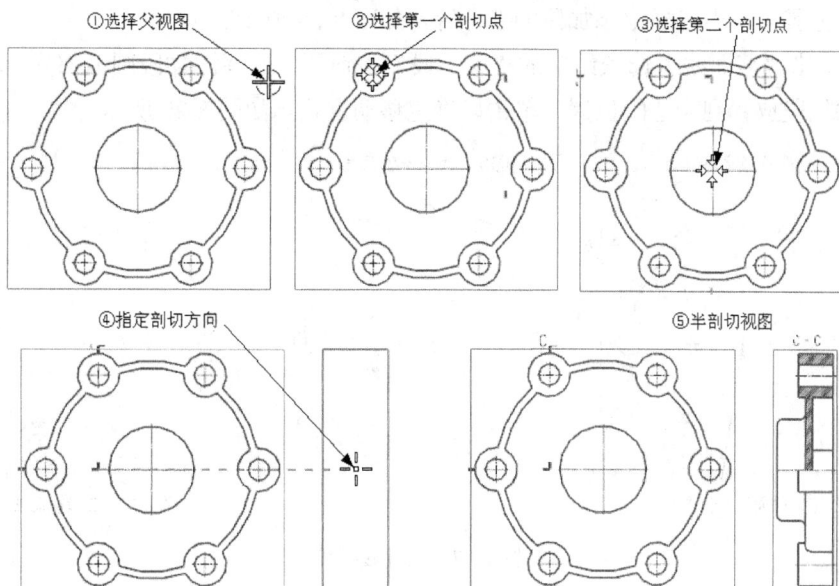

图 8-25　"半剖视图"操作

8.4.3　旋转剖视图

旋转剖视图是围绕轴旋转的剖视图,可以将围绕一个轴、成一定角度的剖面旋转到一个公共剖视图内。旋转剖视图可以包含一个旋转剖面,也可以包含阶梯以形成多个剖切面。在任一情况下,所有剖面都旋转到一个公共面内。通常用于生成多个截面上的零件剖切结构。

选择"插入"|"视图"|"截面"|"旋转剖视图"命令;或单击"图纸"工具条中的"旋转剖视图"按钮 ；或在选定的父视图上右击,从弹出的快捷菜单中选择"添加旋转剖视图"命令;或在图纸导航器中的父视图名称上右击,从弹出的快捷菜单中选择"添加旋转剖视图"命令,均可进行创建旋转剖视图的操作。其操作步骤如下。

(1) 弹出"旋转剖视图"对话框,如图 8-26 所示。根据系统提示,在主视图的边界上单击选择其作为父视图,系统出现两段剖切线段。单击选择零件的中心点作为旋转剖视图的旋转中心点。

图 8-26　"旋转剖视图"对话框

(2) 为第一剖切段选择一个点,即确定第一个剖切段的位置。

(3) 为第二剖切段选择一个点,即确定第二个剖切段的位置。放置剖切线的步骤如图 8-27 所示。

(4) 在"旋转剖视图"对话框中单击"截面线"选项组中的"添加段"按钮 ，根据系统提示"选择要添加的焊脚",选择第二段剖切线作为要添加段的焊脚。移动鼠标指针到合适的位置，单击以确定添加段的新位置，如图 8-28 所示。

(5) 单击"截面线"选项组中的"移动段"按钮🔲，选择添加段圆弧部分，移动鼠标指针将添加段放置到合适的位置，单击以确定移动位置，如图 8-29 所示。

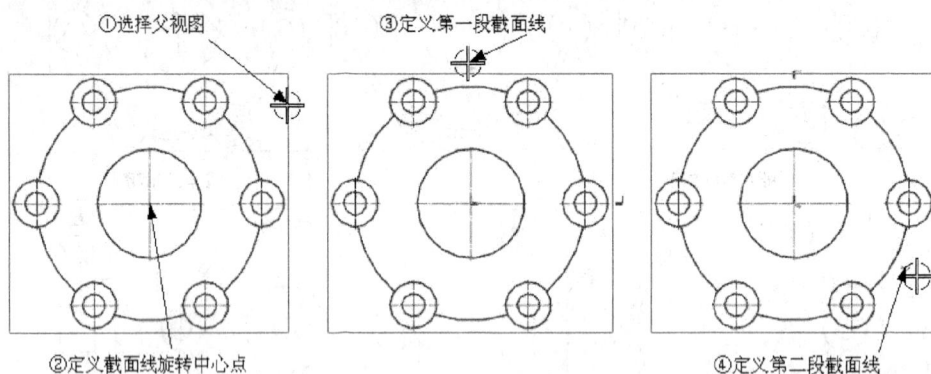

图 8-27   放置截面线

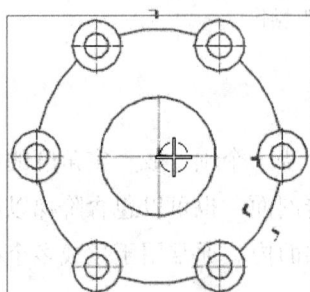

图 8-28   添加段   图 8-29   移动段

提示：

在确定移动段位置时，可按下 Alt 键屏蔽任何捕捉功能，此时鼠标指针可以进行微小移动。

(6) 单击"旋转剖视图"对话框中的"放置视图"按钮🔲，将旋转剖视图放置在合适的位置，如图 8-30 所示。单击确认，生成的旋转剖视图如图 8-31 所示。

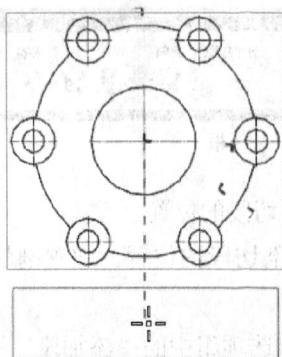

图 8-30   放置剖视图   图 8-31   "旋转剖视图"效果

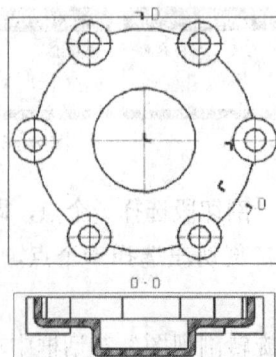

8.4.4　局部剖视图

局部剖视图通过移除部件的某个局部区域来查看部件的内部。该区域由闭环的局部剖切线来定义，局部剖可应用于正交视图和轴测图。与其他剖视图不同的是，局部剖视图是在已经存在的视图中产生，而不产生新视图。

在创建局部剖视图之前，用户要定义和视图关联的局部剖视图边界。定义局部剖视图边界的方法有以下两种。

(1) 在工程图中选择要进行局部剖的视图，右击，从弹出的快捷菜单中选择"扩展"命令，进入视图成员编辑状态。

(2) 利用创建曲线功能在要产生局部剖视图的部位创建进行局部剖切的边界线。

完成边界线创建后，右击，从弹出的快捷菜单中选择"扩展"命令，恢复到工程图状态。

创建局部剖视图需要选择父视图、指定基点、设置投影方向、选择剖视边界和编辑剖视边界。其中，选择的剖视边界应与视图具有关联关系。因此在局部剖视图创建之前，应先定义视图边界，操作步骤如下。

(1) 右击要建局部剖视图的视图边界，从弹出的快捷菜单中选择"扩展"命令，如图 8-32 所示。

(2) 在扩展视图成员环境下，通过"艺术样条"命令创建如图 8-33 所示的样条曲线作为局部剖视图的边界。在绘图区的空白处右击，从弹出的快捷菜单中选择"扩展"命令，退出扩展视图成员环境。

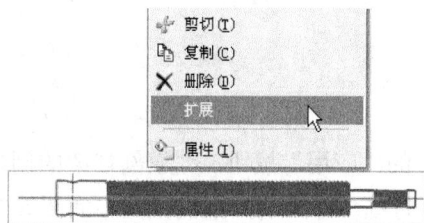

图 8-32　进入"扩展视图成员"环境　　　　图 8-33　建立的扩展视图成员

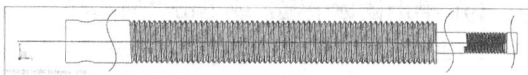

(3) 选择"插入"|"视图"|"截面"|"局部剖"命令，或单击"图纸"工具条中的"局部视图"按钮，弹出"局部剖"对话框，如图 8-34 所示。选择主视图作为要生成局部剖的视图。根据系统提示选择倒角投影线的中点作为基点(局部剖边界曲线沿拉伸方向扫掠的点)，如图 8-35 所示。此时，"指出拉伸矢量"按钮、"选择曲线"按钮会被激活。

(4) 单击鼠标中键，接收默认拉伸矢量方向。此时选择前面定义的样条曲线作为剖视边界，则"修改边界曲线"按钮被激活。

(5) 单击鼠标中键，剖视图边界的边界点被激活，如图 8-36(a)所示。系统提示选择一个边界点，单击图 8-36(a)中封闭样条曲线的直线段，移动鼠标指针到合适的位置单击左键，编辑后的边界线如图 8-36(b)所示。单击图 8-36(b)中直线中间部位的边界点，并拖动到合适的位置单击，结果如图 8-36(c)所示。

图 8-34　"局部剖"对话框

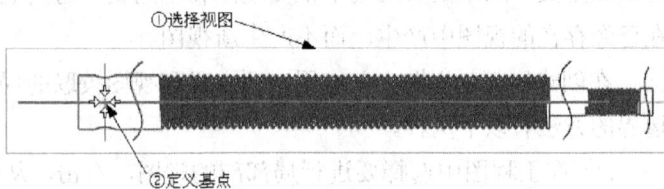

①选择视图

②定义基点

图 8-35　选择视图和基点

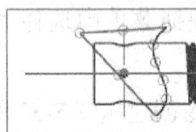

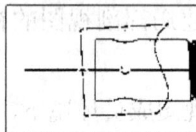

(a)

(b)　　　　　　　　　　　　(c)

图 8-36　编辑视图边界

提示:

用于定义基点的曲线不能用作边界曲线。

(6) 单击鼠标中键,或单击"局部剖"对话框中的"应用"按钮,完成剖视图的创建工作,如图 8-37 所示。用同样的方法,完成该视图的右半部分的局部剖视图,如图 8-38所示。

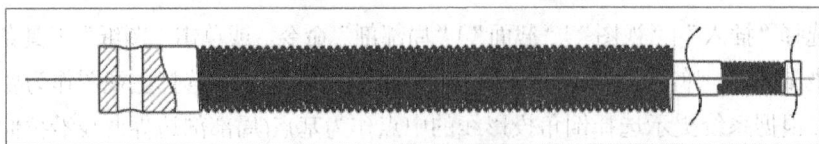

图 8-37　局部剖视图(1)

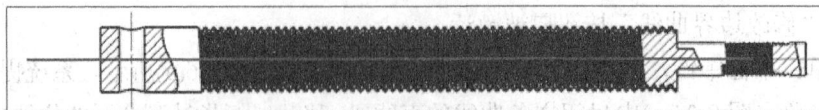

图 8-38　局部剖视图(2)

8.4.5　爆炸图的工程图

对于爆炸图,可以采用保存视图的方法,把爆炸图保存下来,然后进入制图模块,添加需要的视图即可，具体操作方法如下。

把需要的爆炸视图调整到合适的位置，然后选择"视图"｜"操作"｜"另存为"命令，弹出如图 8-39 所示的"保存工作视图"对话框。

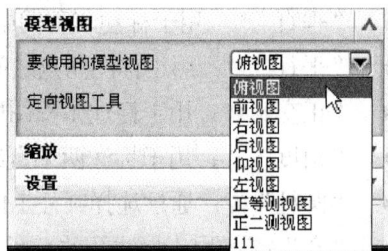

用户可以把该视图进行命令保存。在进入制图模块以后，添加视图时就会看到该视图的名称，如图 8-40 所示。

<table>
<tr><td>图 8-39　"保存工作视图"对话框</td><td>图 8-40　"基本视图"对话框</td></tr>
</table>

8.5　尺寸和符号

对图纸进行标注是反映部件尺寸和公差信息的重要方式。用户可以向图纸中添加尺寸、公差、文本信息、制图符号和粗糙度等内容，使创建的工程图信息更完整，符合国标要求。NX 9 支持多种尺寸和符号标注方法，提供了快捷的修改方式。它的操作环境可以更好地与中国国标制图环境匹配。灵活使用 NX 9，可以大大提高作图的效率。

8.5.1　尺寸标注

尺寸标注用于标识对象的尺寸大小。在 NX 9 中，由于对象的三维模型与其二维工程图是相互关联的，所以在工程图中进行尺寸标注就是直接引用三维模型真实的尺寸，具有实际的含义，因此无法像二维软件那样在工程图中修改对象的尺寸。如果要改动零件中的某个尺寸参数，则需要在三维实体中修改。如果三维模型被修改，工程图中的相应尺寸会自动更新，从而保证了工程图与三维模型的一致性。

选择"插入"｜"尺寸"命令，在弹出的子菜单中可以调用相关的尺寸标注功能。或者单击如图 8-41 所示的"尺寸"工具条中的按钮来调用相应的功能。

下面以菜单命令为基础进行讲解。

- "自动判断"⬚：由系统根据所选择的点、线自动判断选用哪种尺寸标注类型进行尺寸标注。
- "水平"⬚：用于标注工程图中所选对象间的水平尺寸。

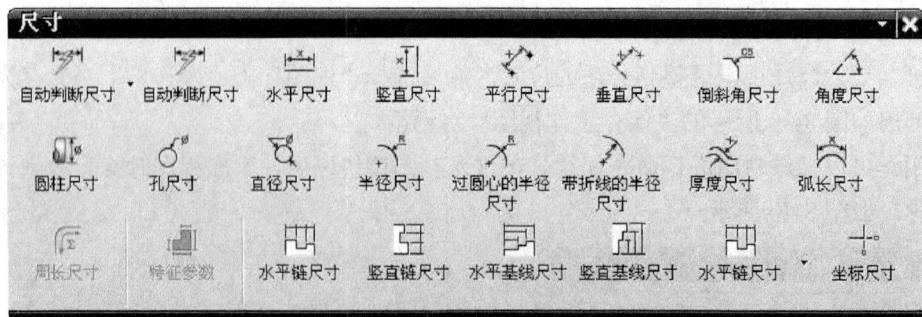

图 8-41　"尺寸"工具条

- "垂直" 〓：用于标注工程图中所选对象间的垂直尺寸。
- "平行" ✎：用于标注两点之间的最小距离。
- "正交" ✎：用于标注工程图中所选点到直线(或中心线)的最小距离。
- "角度" △：用于标注两条直线之间的角度。
- "圆柱" 〓：通过选择圆柱上的两点或线，标注圆柱的直径尺寸。
- "孔" ♂：用于标注孔的直径。
- "直径" ⌀：用于标注工程图中所选圆或圆弧的直径尺寸。
- "半径" ✗：用于标注工程图中所选圆或圆弧的半径尺寸，标注不过圆心。
- "过圆心的半径" ✗：用于标注工程图中所选圆或圆弧的半径尺寸，标注过圆心。
- "折叠半径" ✗：用于标注大圆弧的半径尺寸，并用折线来缩短尺寸线的长度。
- "弧长" ⌒：用于标注圆弧的长度。
- "水平链" 凵：用于标注水平方向上的尺寸链，即生成一系列首尾相连的水平尺寸。
- "竖直链" 弖：用于标注竖直方向上的尺寸链，即生成一系列首尾相连的竖直尺寸。
- "水平基线标注" 曰：用于标注水平方向的尺寸系列，该尺寸系列分享同一条基线。
- "垂直基线标注" 皿：用于标注垂直方向的尺寸系列，该尺寸系列分享同一条基线。
- "坐标" 十：在工程图中定义一个原点的位置，作为一个距离的参考点位置，进而可以明确地给出所选对象的水平或垂直坐标(距离)。

在选择某个尺寸标注命令后，会弹出相应的尺寸标注对话框，对尺寸标注的一些参数进行设置后，单击选择待标注的对象，并将标注的尺寸拖到理想的位置，即可完成尺寸标注，如图 8-42 所示。

图 8-42　水平尺寸标注

- 公差类型：可以根据需要选择相应的公差标注类型，如图 8-43(a)所示。

- 精度等级：选择的数字表示所标注尺寸小数点后的位数，如图 8-43(b)所示。
- 文本设置：单击对话框中的图标，弹出"文本编辑器"对话框，如图 8-43(c)所示。在该对话框中可以设置所添加文本的格式，包括字体、字高、文本放置位置以及要添加的符号等。用户可以根据需要进行文本格式的设置。
- 尺寸样式的设置：单击对话框中的图标，弹出"尺寸标注样式"对话框，如图 8-43(d)所示。在该对话框中可以设置标注尺寸的样式，包括尺寸样式、直线/箭头的样式、文字样式、单位等参数。用户可以根据需要对相关的参数进行设置。

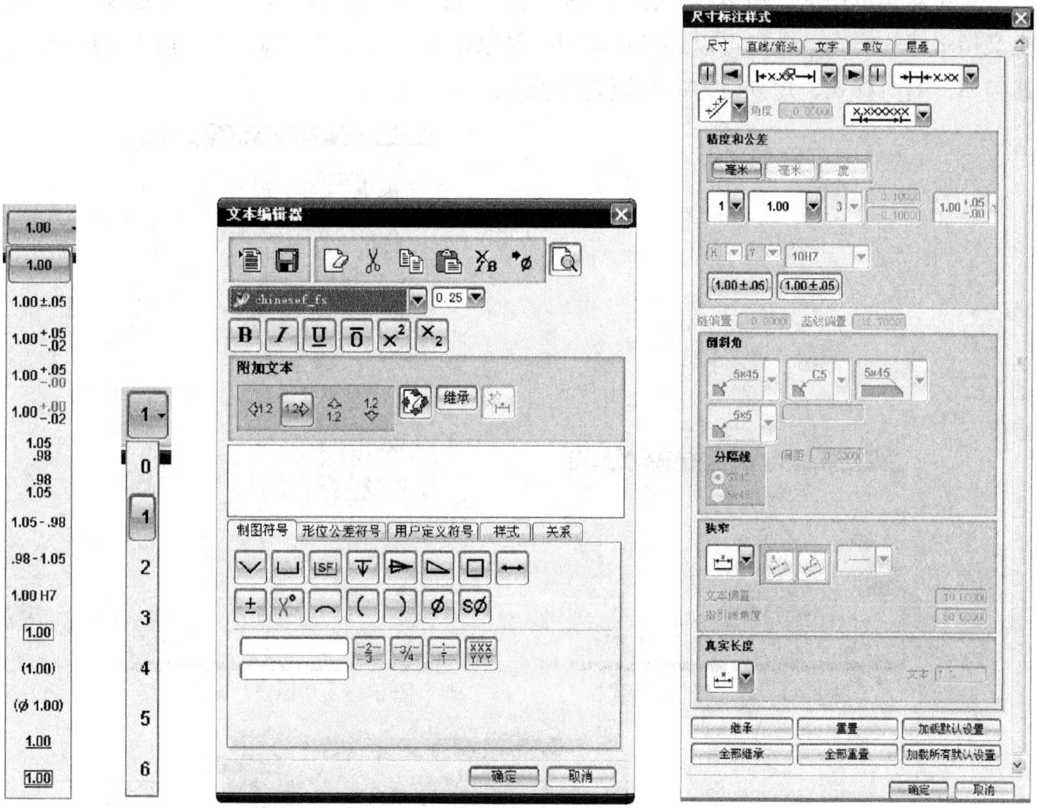

(a) (b) (c) (d)

图 8-43 "尺寸标注参数"对话框

8.5.2 注释对话框

"注释"对话框中定义了在工程图中添加注释所用到的一些参数设置。通过注释对话框，用户可以进行制图符号标注、形位公差标注和文本注释标注等。

单击"注释"工具条中的"注释"按钮，弹出如图 8-44 所示的"注释"对话框。其中，包括原点定义、指引线参数设置、文本输入格式、继承和设置 5 项。

1. 原点

单击对话框中的"原点"卷展标签，展开对话框，如图 8-45 所示。该选项主要用于定位工程图注释的放置位置。单击对话框中的"原点工具"按钮，弹出"原点工具"对话框，如图 8-46 所示。在该对话框中列出了几种确定注释位置的方式。用户可以选择不同的方式确定注释的位置。

系统还给出了辅助自动对齐的方式，用于帮助用户准确定位注释的位置。对齐方式包括"叠放注释"、"水平或竖直对齐"、"相对于视图的位置"和"相对于几何体的位置" 4 种。

2. 指引线

单击对话框中的"指引线"卷展标签，展开对话框，如图 8-47 所示。该选项主要用于定义指引线的样式。用户可以选择视图中的对象作为指引线终止端，并根据需要选择指引线类型、箭头样式、短划线方向和短划线长度。

图 8-44　"注释"对话框

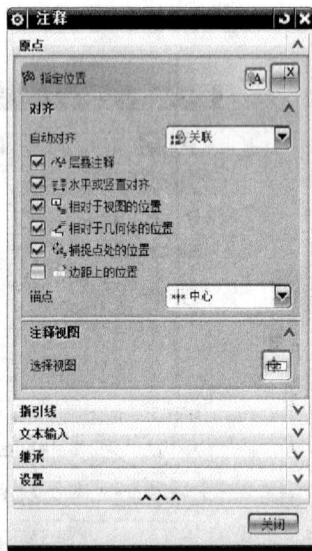
图 8-45　"原点"参数设置

图 8-46　"原点工具"对话框

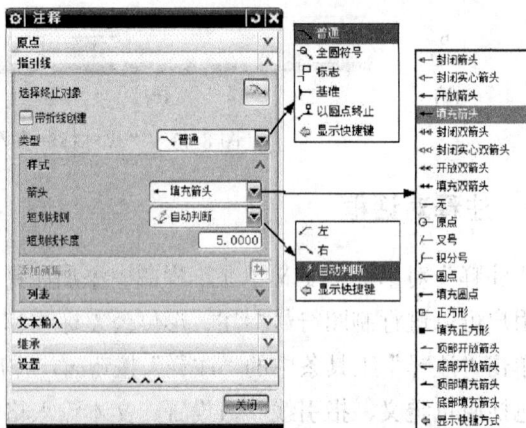
图 8-47　"指引线"参数

3. 继承

单击对话框中的"继承"卷展标签，展开对话框，如图 8-48 所示。该选项主要用于注释参数的继承。单击对话框中的"选择注释"按钮，在工程图中单击选择原有的注释，并将新注释拖到理想的位置添加，新注释即是原注释的复制。

4. 设置

单击对话框中的"设置"卷展标签，展开对话框，如图 8-49 所示。该选项主要用于完成注释参数的预设置。

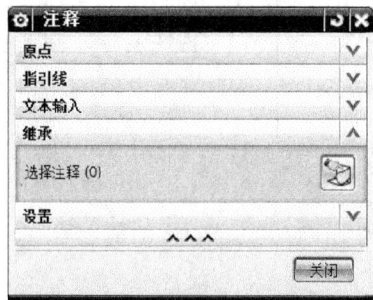

图 8-48　"继承"对话框　　　　图 8-49　"设置"参数

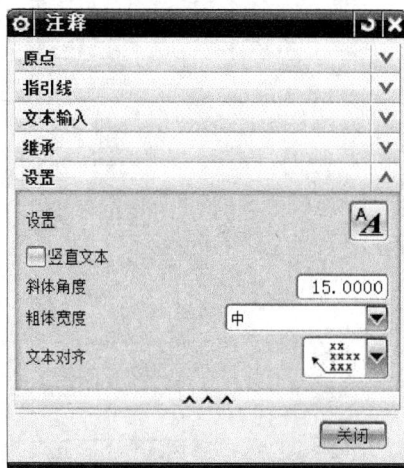

单击对话框中的"设置"按钮，弹出"设置"对话框。在该对话框中，可以完成直线/箭头、文字、符号等参数的设置。另外，还可以对斜体角度、粗体宽度和文本对齐方式等参数进行设置。

8.5.3　粗糙度符号标注

表面粗糙度是表示工程图中对象的表面粗糙程度的指标。

选择"插入"|"注释"|"表面粗糙度符号"命令，弹出"表面粗糙度"对话框，如图 8-50 所示。对话框中包括原点定义、指引线参数设置、属性、继承和设置 5 项。其中，原点主要用于定位表面粗糙度符号的放置位置，指引线主要用于定义指引线的样式。这两项以及继承的设置同 8.5.2 节的"注释"对话框。下面主要介绍属性和设置两项。

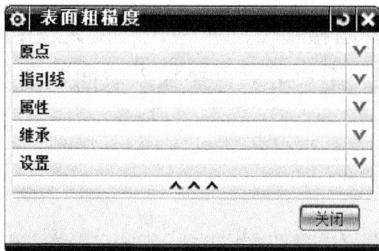

图 8-50　"表面粗糙度"对话框

单击对话框中的"属性"和"设置"卷展标签，展开对话框，如图 8-51 所示。该两项主要用于完成表面粗糙度符号标注参数的预设置。

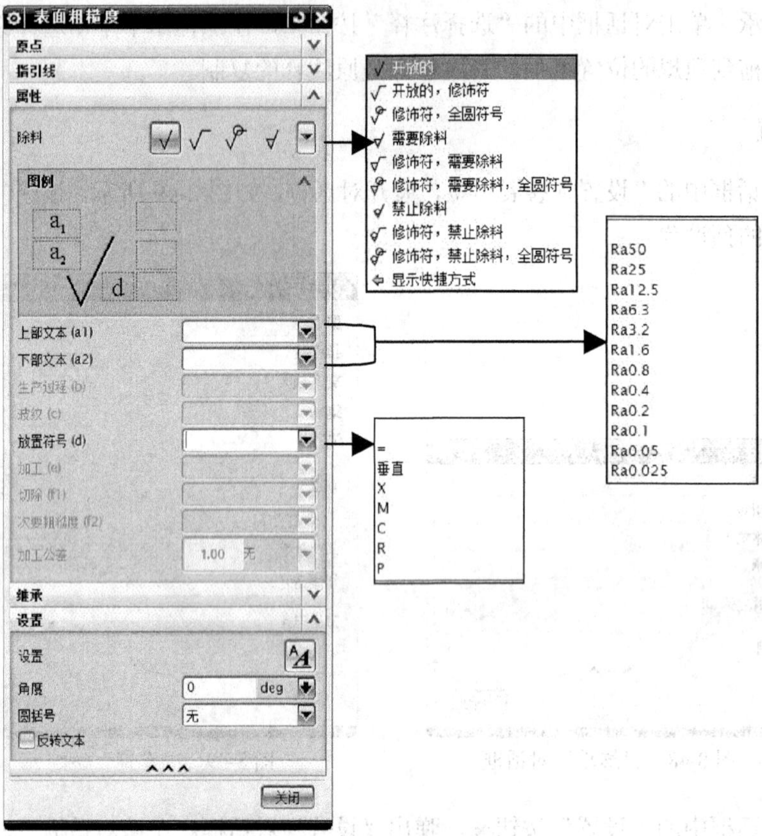

图 8-51　"属性"和"设置"参数

1. 属性

(1) 表面粗糙度类型

"属性"对话框上部"除材"的图标用于选择表面粗糙度符号。下拉列表中列出了各种表面粗糙度的类型，用户可以根据需要选择合适的类型。

(2) 表面粗糙度参数

可变的"图例"显示区用于显示选取表面粗糙度类型的标注参数和表面粗糙度单位以及文本标准。

根据零件表面的不同要求，用户可以选择不同的表面粗糙度类型进行标注，随着所选表面粗糙度类型的不同，表面粗糙度的参数也会随之变化，即对话框中的参数(a1、a2、b、c、d、e、f1、f2)也会不同。用户可以直接输入表面粗糙度数值，也可以选择下拉列表中的值。

2. 设置

单击"设置"对话框中的"设置"按钮，弹出"样式"对话框，如图 8-52 所示。在该对话框中，可以完成常规、文字、层叠等参数的预设值。另外，还可以对标注倾斜角度、圆括号、选择反转文本等参数进行设置(见图 9-51"设置"对话框最下方区域)。

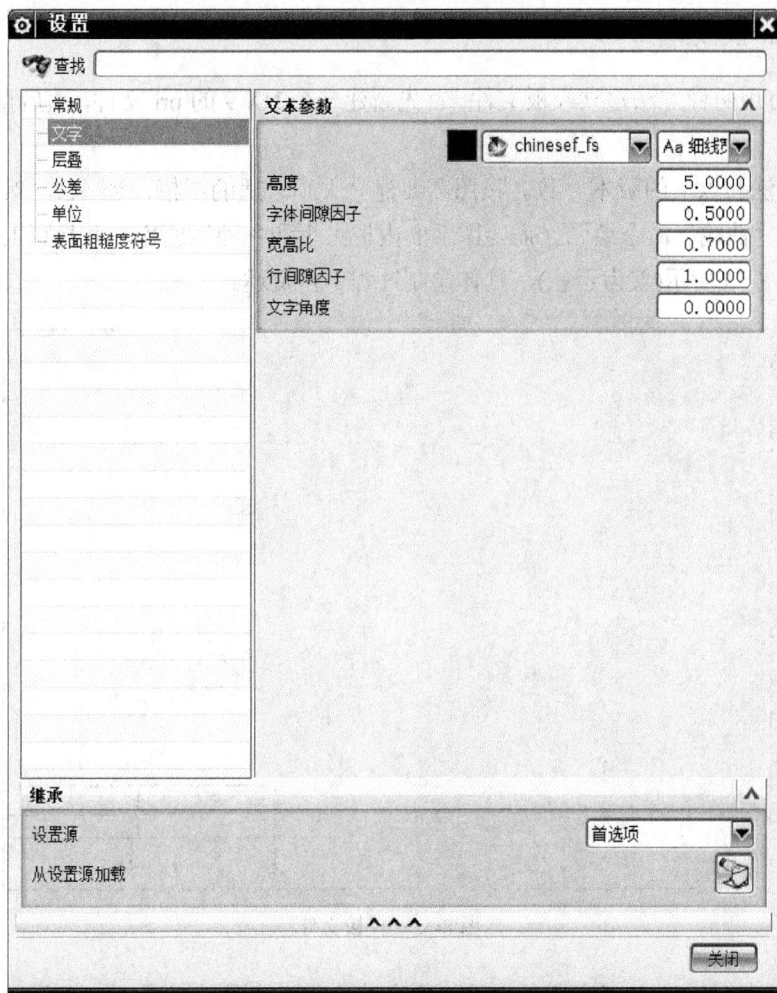

图 8-52 "样式"对话框

(1) 常规

该选项用于设置表面粗糙度的标准。在 NX 9 中，表面粗糙度的默认标准为 GB 131-93。

(2) 文字

该选项用于设置表面粗糙度文本的大小、字体格式等。用户可根据需要选择合适的文本参数。

(3) 圆括号

圆括号选项用于设置标注表面粗糙度时是否带括号，有"无括号"、"左括号"、"右括号"和"两边皆有括号"4 种类型。

8.6 工程图模板

在 NX 9 中可以使用工程图模板方式，该方式方便、快捷。

8.6.1 建立模板文件

NX 9 可用两种方法建立模板文件。首先新建一个 NX 9 的 prt 文件，然后直接进入 NX 9 制图环境。

一种方法和以前的版本一致。按照需要建立大小合适的图幅，如 A4，然后可以选择"插入"|"曲线"命令绘图，需要图纸的内框大小和各种标题栏，并且写上需要的技术要求，如图 8-53 所示(仅为示意)，具体绘制过程不再赘述。

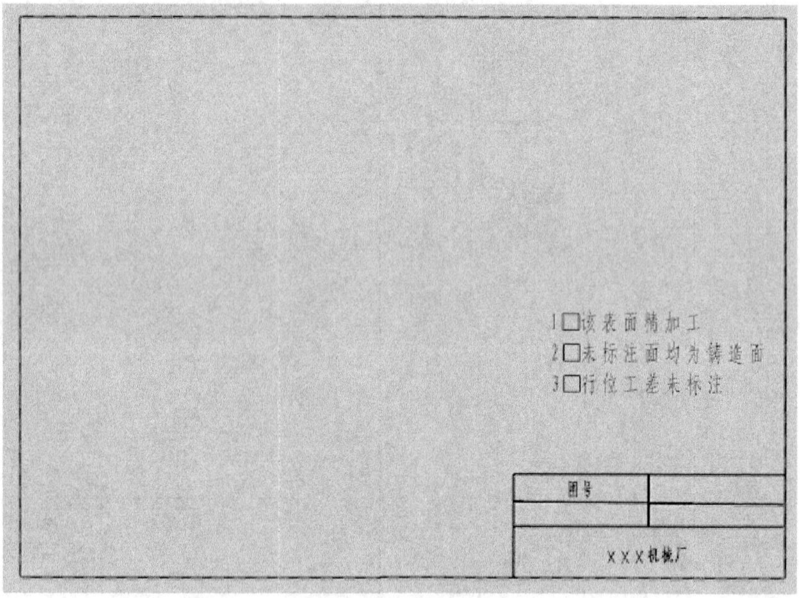

图 8-53 模板文件

另一种方法是 NX 9 建立模板文件的新方法，直接使用图如图 8-54 所示的图纸格式工具条进行模板文件的建立。

图 8-54 图纸格式工具条

单击图纸格式工具条中的 按钮，弹出"边界和区域"对话框，如图 8-55 所示。在"边界和区域"对话框中按实际要求设置各种参数即可绘出图框。

选择"插入"|"表格"|"表格注释"命令绘制标题栏表格，弹出"表格注释"对话框，如图 8-56 所示。将表格放在合适位置，如图 8-57 所示。使用"编辑"|"表格"对标题栏进行编辑，绘制结果如图 8-58 所示。

单击图纸格式工具条中的"定义标题块"按钮 ，弹出"定义标题块"对话框，如图 8-59 所示。选择上述建立的标题栏表格，其所有单元格出现在列表中。选定某一单元格进行锁定，该单元格将不能输入数据。

图 8-55　"边界和区域"对话框

图 8-56　"表格注释"对话框

图 8-57　放置标题栏表格

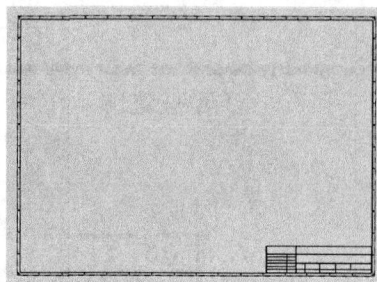

图 8-58　绘制结果

图 8-59　"定义标题块"对话框

单击图纸格式工具条中的"填充标题块"按钮，弹出"填充标题块"对话框，如图 8-60 所示。单击 按钮，弹出"文本"对话框，可设置和输入标题块的文本，如图 8-61 所示。填充标题块结果如图 8-62 所示。

图 8-60 "填充标题块"对话框

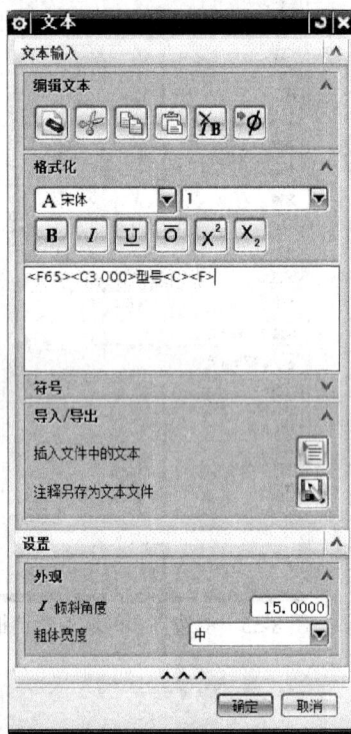

图 8-61 "文本"对话框

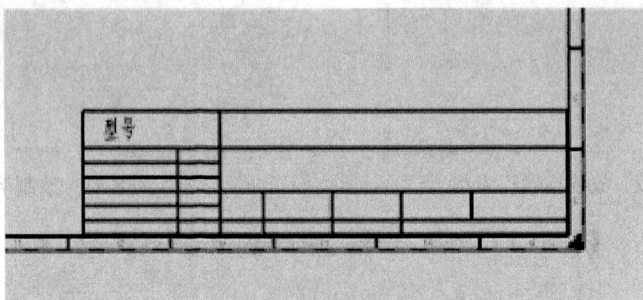

图 8-62 填充标题块结果

8.6.2 加载模板文件

单击图纸格式工具条中的"标记为模板"按钮 ，弹出"标记为模板"对话框，如图 8-63 所示。

在"操作"展卷栏中选择"标记为模板并更新 FAX 文件"。

在"PAX 文件设置"展卷栏中，输入模板名称和描述，在"模板类型"中选择"图纸页"。

PAX 文件选择 NX 9 安装目录下的 NX 9.0\UGII\html_files 子目录中的 metric_drawing_ templates.pax 文件。

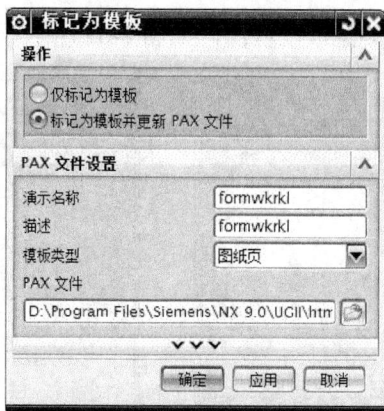

图 8-63　"标记为模板"对话框

　　设置完毕后，单击"确定"按钮，弹出如图 8-64 所示的提示信息。按照提示信息要求将部件文件进行保存，就完成了模板文件的加载。

　　此时，可以通过"图纸页"对话框，在"使用模板"的下拉列表中，自动增加上述所编辑的图纸模板，如图 8-65 所示。

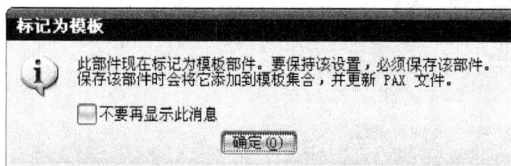

图 8-64　"标记为模板"提示信息

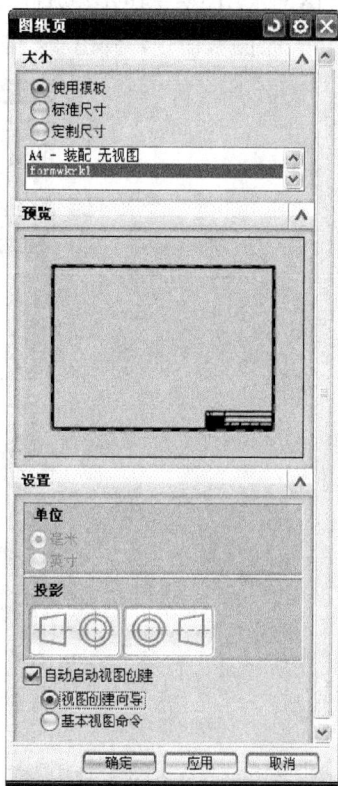

图 8-65　"图纸页"中新增的模板

8.6.3　使用模板文件

　　在建模环境下，如果已经完成了建模过程，进入制图模块，就可以按照正常的制图步骤，从"图纸页"中选择使用新增的图纸模板，并通过"填充标题块"功能，添加、修改标题栏，如图 8-66 所示。最终生成工程图，如图 8-67 所示。

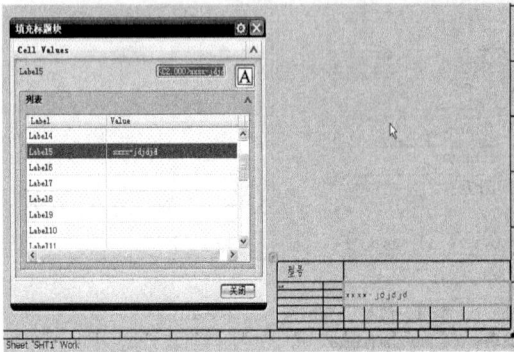

图 8-66　编辑标题栏

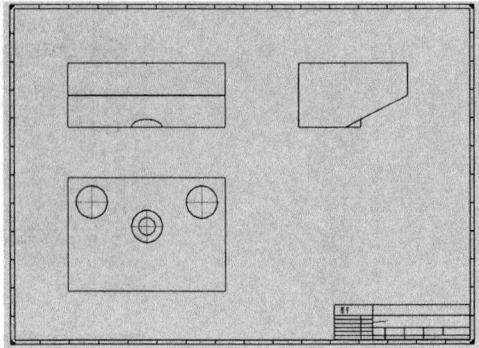

图 8-67　生成工程图

8.7　图纸打印方式

NX 9 采用了全新的图纸打印方式，通过创建绘图数据文件并进行打印绘图。选择"文件" | "绘图"命令，弹出"绘图"对话框，如图 8-68 所示。

图 8-68　"绘图"对话框

下面介绍该对话框中各主要选项的含义。

1. 类型

选择绘图的类型，有标准和采用布局绘图两类。

2. 源

用于指明是打印当前显示的内容还是指定的图纸名称。文本框列出所有已有的图纸名称，可以选择需要的图纸进行打印。

3. 绘图仪

设置打印工程图绘图数据文件的格式和保存路径，如图 8-69 所示。

4. 横幅

设置打印横幅的内容、位置和格式等参数，如图 8-70 所示。

图 8-69　"绘图仪"设置　　　　　　　　图 8-70　"横幅"参数

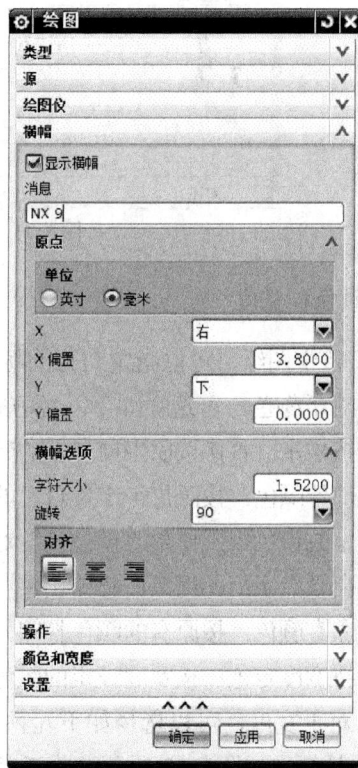

5. 操作

(1) 另存为 CGM 文件

可以把当前的打印对象保存为 CGM 文件。

(2) 高级绘图

NX 9 采用了全新的基于 Windows 对话框形式的打印方法，采取和 Word 的打印类似的设置即可进行打印。单击"高级绘图"后的 按钮，弹出"NX 打印"对话框，如图 8-71 所示。

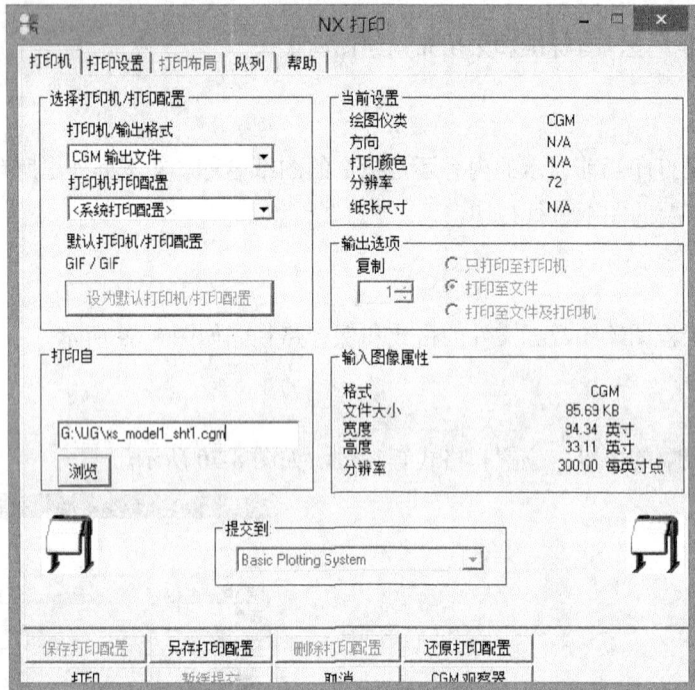

图 8-71 "NX 打印"对话框

6. 颜色和宽度

对于特定图纸，可以指定自己的颜色和线宽指令。

(1) 对于颜色，可选择如下 6 种方式。

● 按显示：直接按照当前显示的颜色进行打印。

● 部件颜色：按照每个零件自己的颜色进行打印。

● 定制调色板：使用"调色板"对话框，选择需要的颜色进行打印。

● 白纸黑字：使用黑白打印。

● 原有颜色：按原有的颜色打印。

● 按宽度定色：按宽度设定的颜色进行打印。

(2) 对于宽度，可以选择如下几种方式。单击"定义宽度"后的 按钮，弹出"定义宽度"对话框，如图 8-72 所示。除了"标准宽度"，其他几种方式都可在"定义宽度"对话框中设置。

● 标准宽度：按照系统默认的标准线宽进行打印。

● 单线宽度：对所有的线宽按照指定的统一宽度打印。

● 定制宽度：可以分别指定"细"、"正常"和"粗"种线宽进行打印。系统有 12 种线宽选项可以选择，并可以自定义指派具体线宽数值，如图 8-72 所示。

● 定制调色板：可以从已经定义好的模板中选择需要的设置，也可以自定义模板。

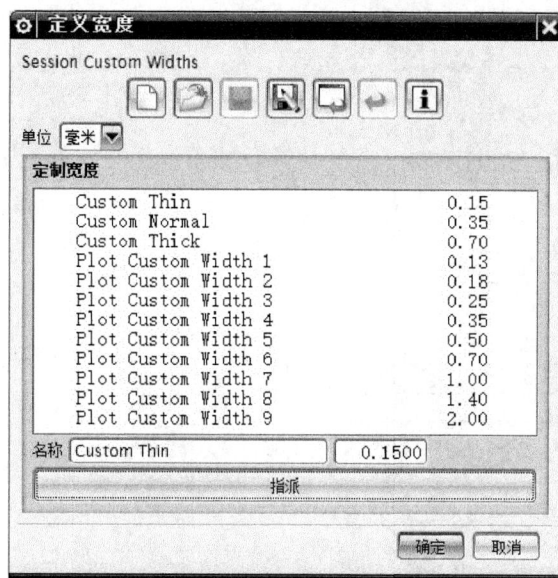

图 8-72　"定义宽度"对话框

7. 设置

设置打印份数、打印作业名等。

其中，"图纸页"选项可以选择打印图纸中的光栅图片、将着色的几何体绘制为线框，设置图像分辨率。

8.8　应用与练习

通过上述内容，用户应该熟悉了 NX 9 的工程图操作。下面通过练习复习讲述的内容。

使用 NX 9 打开名为 jiaju_asm1.prt 的 NX 9 文件，可以看到这也是第 9 章综合实例中创建的卡钳。在这里，需要为它创建详细的工程图。

(1) 进入制图模块，会自动弹出"图纸页"对话框(如未出现，可通过选择"插入" | "图纸页"命令打开)，默认名字为 SH1，选择 A0 图纸，毫米单位和中国国标的第一视角，如图 8-73 所示。

(2) 建立图纸，右击选择图纸边框，在弹出的快捷菜单中选择"添加基本视图"命令，添加主视图，如图 8-74 所示。

(3) 找到合适的位置放置主视图，系统会自动添加孔的中心线。然后自动切换到添加辅助视图状态，此时分别添加两个视图。添加视图操作可以采用移动鼠标指针方式，系统会自动跟踪鼠标指针的位置生成视图，只需将视图找到合适的位置放下就可以了。如图 8-75 所示。

(4) 在装配环境下已经定义好了爆炸视图的图纸，现在同样可以添加进来，如图 8-76 所示。

(5) 添加进图纸以后，结果如图 8-77 所示。

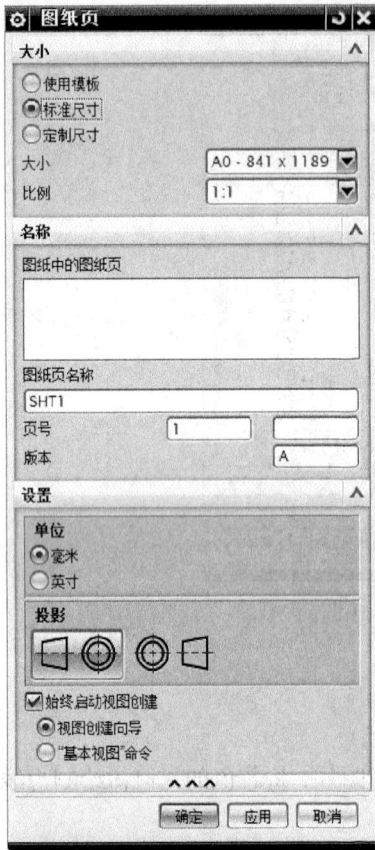

图 8-73　添加视图

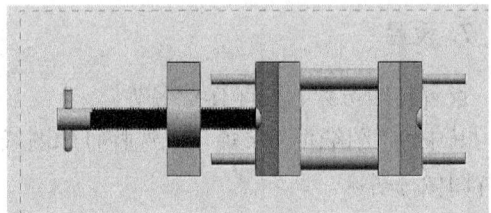

图 8-74　添加主视图

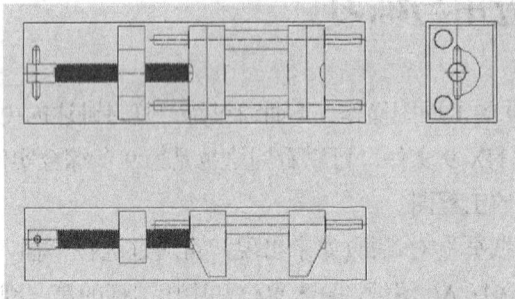

图 8-75　完成三视图

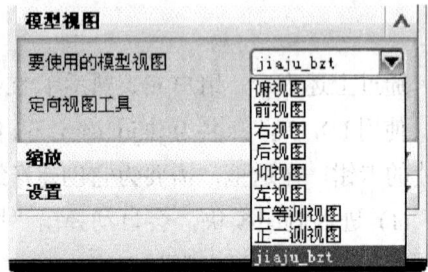

图 8-76　添加爆炸工程图

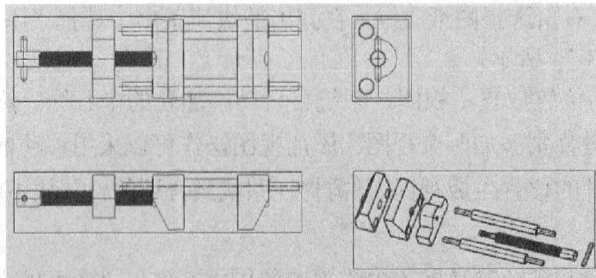

图 8-77　爆炸图工程图展示

(6) 为了展示卡钳内部的细节，必须作出一个简单剖视图，采用主视图为基准进行剖切。在"视图布局"对话框上部单击🔲按钮，则弹出"简单剖视图"对话框。选择正中位置作为剖切位置，如图 8-78 所示。

(7) 同时，用户还可以把一个名为"卡钳.tif"的图片，从 Windows 环境直接拖拽到 NX 9 中来，以帮助理解图纸的完整三维状态。这时在图纸中会显示一个彩色图片的形式，如图 8-79 所示。

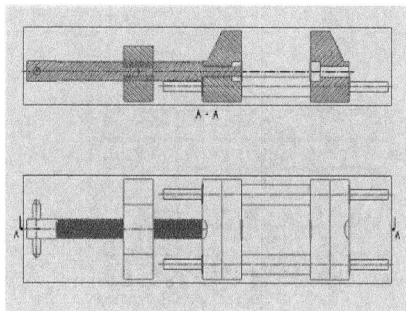

图 8-78　添加简单剖视图

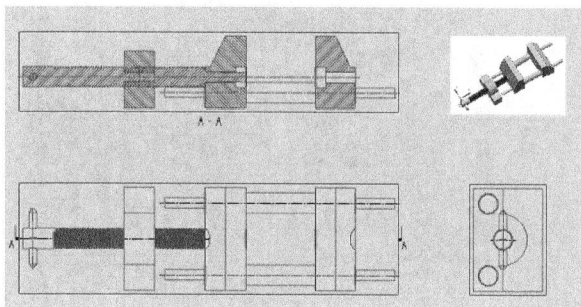

图 8-79　添加图片

(8) 用户还可以通过"创建注释"命令，把一个名为"卡钳.txt"的文本文件的内容粘贴到"输入文本"框内。这样，在图纸环境下将直接显示已经写好的技术要求，如图 8-80 所示。

注释：

技术要求内容仅用于示例，并没有考虑书写和实际工程要求。另外，如果进入以后字体不合适，可以双击编辑字体，设置"样式"，选择相应的中文字符库，并调整大小即可。

(9) 下面采用图纸模板生成第二张图纸，从图纸页中选择 formwork1 的模板，如图 8-81 所示。

图 8-80　添加技术要求

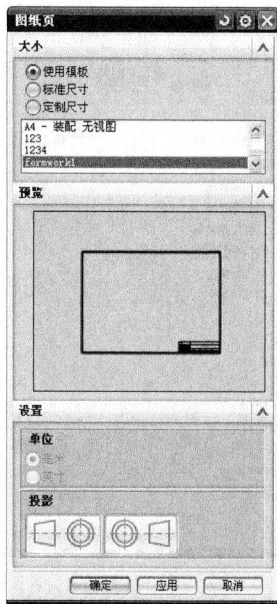

图 8-81　使用图纸模板

(10) 套用定制的图框，并通过"填充标题块"功能，添加、修改标题栏，最终生成三视图，如图 8-82 所示。

(11) 重新回到第一张图纸，添加零件明细表。选择"插入"｜"表格"｜"零件明细表"命令，选择合适位置放置，系统会自动插入装配件明细表，并排好顺序，如图 8-83 所示。

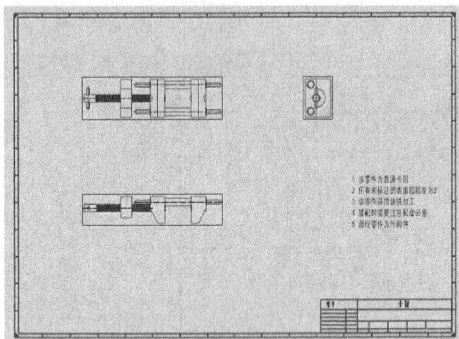

图 8-82　生成三视图

图 8-83　插入零件明细表

注释：

如果添加零件明细表后没有生成任何明细表，可进行如下设置。启动 NX 9 后，选择"文件"｜"实用工具"｜"用户默认设置"命令，在弹出如图 8-84 所示的"用户默认设置"对话框中，展开"制图"｜"常规"｜"零件明细表"，在"使用的主模型？"中，选中"否"单选按钮。单击"确定"按钮，重启 NX 9。

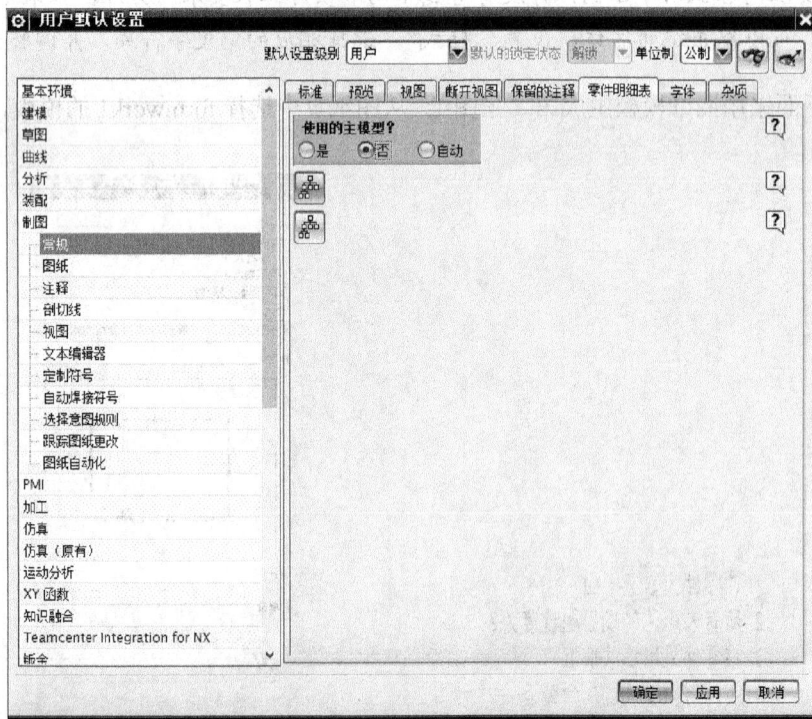

图 8-84　"用户默认设置"对话框

(12) 添加需要的尺寸，即可完成图纸，如图 8-85 所示。

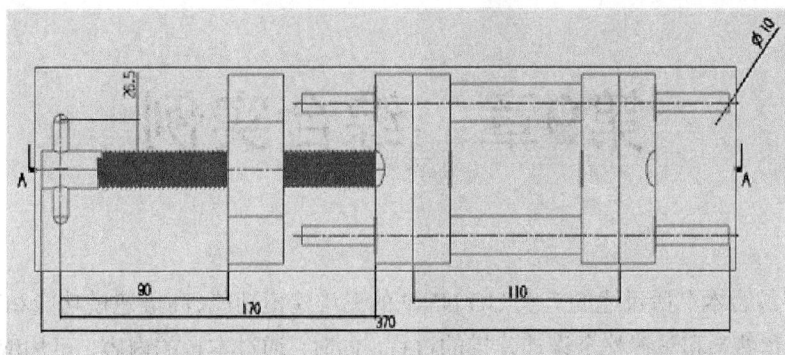

图 8-85　添加尺寸

注释:

本实例仅讲述操作方法,并未按照实际的工程要求标注尺寸,为了节省时间和篇幅,并未完全标注完尺寸。用户在练习中,可以试着按照国标或者行业标准,标注完所有的尺寸,添加所有需要的视图。

8.9　习题

1. 工程图纸中的视图有哪几类?

2. UG NX 9 提供了几种图纸模板?

3. 在工程图中如何对齐视图?

4. 如何在 UG NX 9 中建立平面工程图?

5. 选择合适的图框,绘制第 6 章中 6_1.prt 零件(如图 8-86 所示)完整的工程图纸。

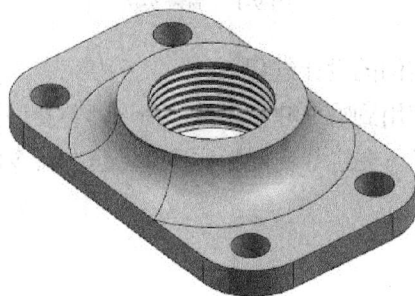

图 8-86　悬臂齿轮座

第9章 综合实例

本章将综合本书所讲述的有关 UG NX 9 的三维建模功能、高级建模功能和装配建模功能，带领读者熟悉和掌握整个设计建模的过程。同时，通过本章的内容，可加深读者对 UG NX 9 各种功能的理解，提高应用水平。使读者在学习完本书的所有内容后，能够熟练地应用强大的 UG NX 9，最终达到本书学习的目的。

9.1 端盖

本节将带领读者一起设计一个简单的端盖模型。读者可以从指定网站下载并打开本实例对应的文件 zh1.prt。实例效果如图 9-1 所示。

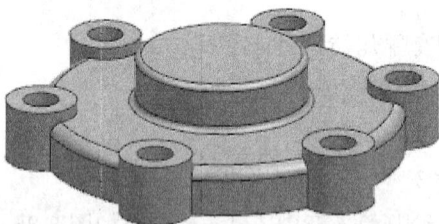

图 9-1 端盖实例

下面开始详细介绍本实例的设计过程。

在本次设计中，主要使用到特征建模方法的命令，包括圆柱体、边倒圆、抽壳、孔、阵列面、拉伸等命令，读者可在进行实例操作前复习这些命令的内容。

操作步骤如下：

(1) 启动 NX 9 软件。

(2) 选择"文件"|"新建"命令，新建一个新的.prt 文件。

(3) 单击 按钮，或者选择"插入"|"设计特征"|"圆柱体"命令，弹出如图 9-2 所示的"圆柱"对话框。准备绘制一个圆柱体。

(4) 在"圆柱"对话框的"尺寸"卷展栏中，分别输入圆柱的直径和高度为 300 和 40，绘制完成后如图 9-3 所示。

(5) 单击"特征"工具条中的"边倒圆"按钮 ，或选择"插入"|"细节特征"|"边倒圆"命令，弹出"边倒圆"对话框，如图 9-4 所示。

(6) 选择圆柱体的边作为要倒圆的边，并设置边的倒圆半径为 10，如图 9-5 所示。绘制完成后如图 9-6 所示。

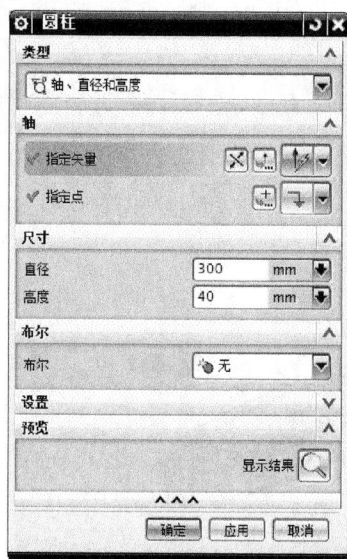

图 9-2　"圆柱"对话框

图 9-3　圆柱体

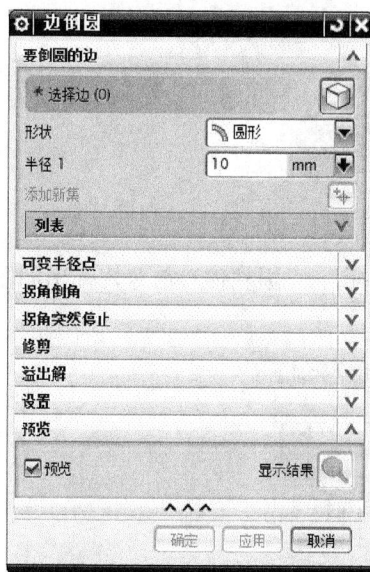

图 9-4　"边倒圆"对话框

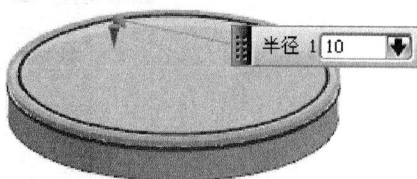

图 9-5　选择边并设置倒圆半径

图 9-6　边倒圆结果

(7) 在工具栏中单击 按钮，或选择"插入"｜"偏置/缩放"｜"抽壳"命令，弹出如图 9-7 所示的"抽壳"对话框。

(8) 选择圆柱体的底面作为要穿透的面，并设置抽壳后实体的厚度为 10，如图 9-8 所示。绘制完成后如图 9-9 所示。

图 9-7 "抽壳"对话框

图 9-8 选择面设置抽壳厚度

图 9-9 抽壳结果

(9) 单击 [圆柱体] 按钮，或者选择"插入"|"设计特征"|"圆柱体"命令，弹出如图 9-10 所示的"圆柱"对话框。

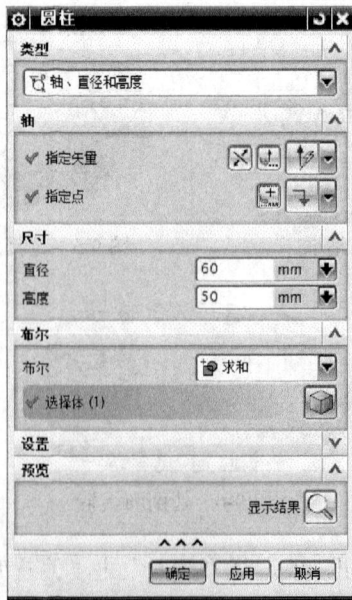

图 9-10 "圆柱"对话框

(10) 在"圆柱"对话框的"尺寸"卷展栏中，分别输入圆柱的直径和高度为 60 和 50。"布尔"卷展栏选择"求和"。单击"轴"卷展栏中"指定点"后的◢按钮，用鼠标在圆盘的底边上选择指定点，如图 9-11 所示。绘制完成后如图 9-12 所示。

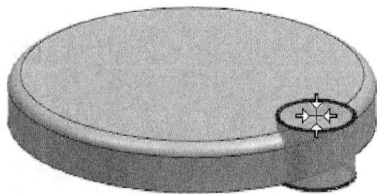

图 9-11　选择指定点　　　　　　　　　图 9-12　绘制圆柱结果

(11) 在工具栏中单击▼按钮，或选择"插入"｜"设计特征"｜"孔"命令，弹出如图 9-13 所示的"孔"对话框。

(12) 在"孔"对话框的"类型"卷展栏中，选择"常规孔"，孔的方向选择垂直于面，输入孔的直径为 30，在深度限制下拉列表中选择"贯通体"，在"布尔"下拉列表中选择"求差"。用鼠标在小圆柱的上面中心选择指定点，如图 9-14 所示。绘制完成后如图 9-15 所示。

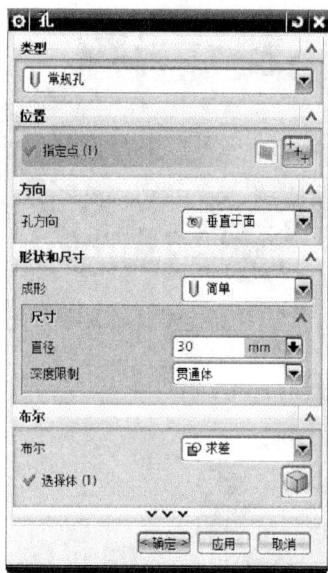

图 9-13　"孔"对话框　　　　　　　　图 9-14　选择指定点

图 9-15　绘制孔结果

(13) 在工具栏中单击 按钮，或选择"插入"|"关联复制"|"阵列特征"命令，弹出如图 9-16 所示的"阵列特征"对话框。

(14) 在"阵列特征"对话框的"布局"卷展栏中选择"圆形"，分别输入阵列属性的数量和节距角为 6 和 60。用鼠标选择小圆柱和孔这两个特征，指定圆盘的中心轴为阵列的旋转轴，如图 9-17 所示。圆形阵列复制小圆柱孔的结果如图 9-18 所示。

图 9-16 "阵列特征"对话框

图 9-17 选择特征及旋转轴

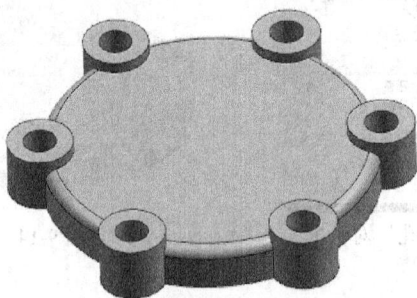

图 9-18 圆形阵列复制小圆柱孔的结果

(15) 单击 按钮，或者选择"插入"|"设计特征"|"拉伸"命令，弹出"拉伸"对话框，如图 9-19 所示。

(16) 在"拉伸"对话框的"截面"卷展栏中，单击"选择曲线"后的 按钮，弹出"创建草图"对话框，如图 9-20 所示。用鼠标在圆盘的顶面选择为草图平面，如图 9-21 所示。

图 9-19　"拉伸"对话框

图 9-20　"创建草图"对话框

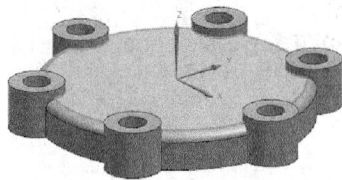
图 9-21　选择草图平面

(17) 系统进入草图绘制环境。在工具栏中单击 按钮，弹出如图 9-22 所示的"圆"工具条，选择绘制圆的方法与输入模式，选择圆盘中心为圆心，直径为 140 绘制一个圆，如图 9-23 所示。

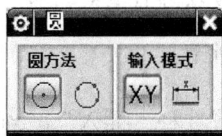
图 9-22　"圆"工具条

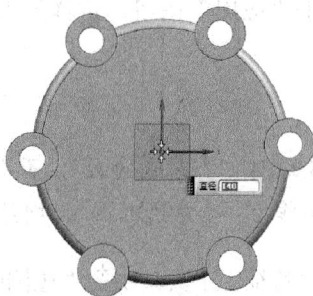
图 9-23　绘制圆

(18) 单击 按钮，系统退出草图绘制环境，返回"拉伸"对话框。在"拉伸"对话框的"极限"卷展栏中，输入距离为 40。在圆盘的中心指定拉伸方向，并选择一个整体进行布尔求和，如图 9-24 所示。拉伸结果如图 9-25 所示。

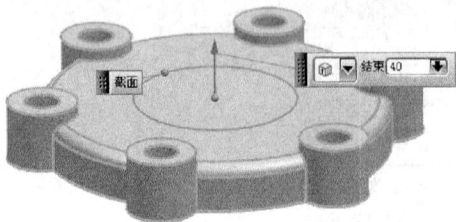

图 9-24　"拉伸"设置

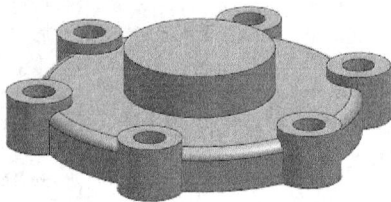

图 9-25　拉伸结果

(19) 在工具栏中单击 按钮，或选择"插入"｜"偏置/缩放"｜"抽壳"命令，弹出"抽壳"对话框。

(20) 在"抽壳"对话框的"类型"卷展栏中选择"对所有面抽壳"，即整体抽壳。设置抽壳厚度为 10，在"抽壳"对话框单击"应用"按钮，这样就做好了一个壳，如图 9-26 和图 9-27 所示。

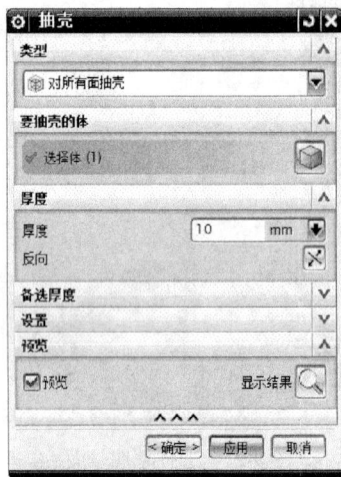

图 9-26　"抽壳"对话框 1

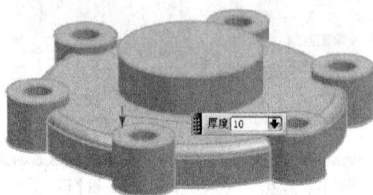

图 9-27　选择要抽壳的体

(21) 继续在"抽壳"对话框的"类型"卷展栏中选择"移除面，然后抽壳"，如图 9-28 所示。选择圆盘底面为"要穿透的面"，设置抽壳厚度为 10，如图 9-29 所示。在"抽壳"对话框单击"应用"按钮，这样就做好了另一个壳。两次"抽壳"结果如图 9-30 所示。

注意:

"抽壳"要选对"要穿透的面"，否则将得不到正确的"抽壳"结果。若选择了上面小圆柱的上边面作为"要穿透的面"，则结果如图 9-31 所示。

(22) 单击"特征"工具条中的"边倒圆"按钮 ，或选择"插入"｜"细节特征"｜"边倒圆"命令，弹出"边倒圆"对话框，如图 9-32 所示。

(23) 选择拉伸体的上边和下边作为要倒圆的边，并设置边的倒圆半径为 5，如图 9-33 所示。绘制完成后如图 9-34 所示，这也是本零件的设计结果。

图 9-28　"抽壳"对话框 2

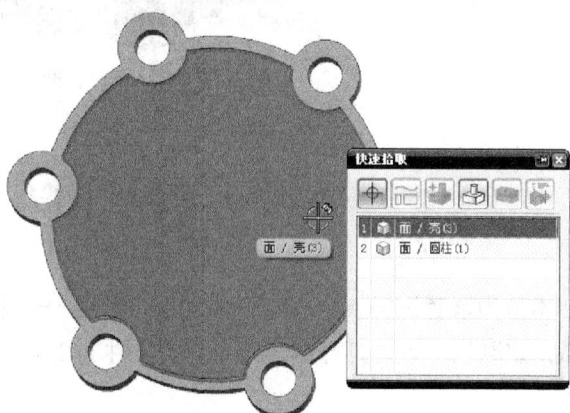

图 9-29　选择要穿透的面

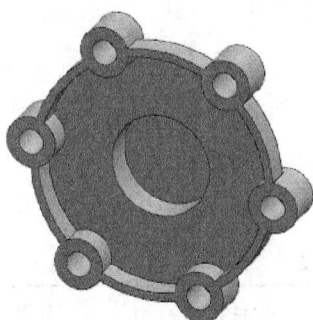

图 9-30　"抽壳"结果

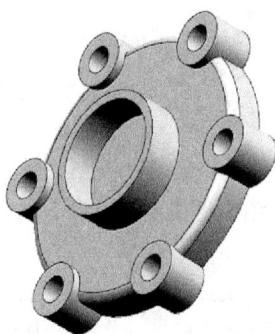

图 9-31　意外的"抽壳"结果

图 9-32　"边倒圆"对话框

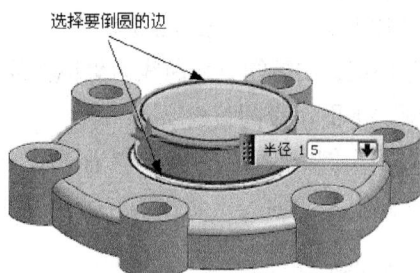

图 9-33　选择要倒圆的边

图 9-34　端盖设计结果

9.2　叶片

本节为读者讲解一个实际工程应用的实例——建立一个简单翼型的叶片模型。读者可以从指定网站下载并打开本实例对应的文件 zh2.prt。实例效果如图 9-35 所示。

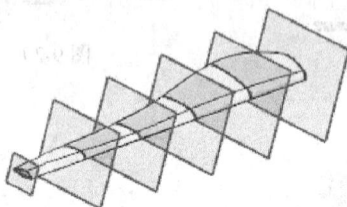

图 9-35　叶片实例

叶片结构参数如表 9-1 所示。

表 9-1　叶片结构参数

截面编号	截面位置(半径 r 处)	弦长 L	扭角 θ°
1	190+380×5=2090	90	-2.98
2	190+380×4=1710	115	-0.58
3	190+380×3=1330	132	1.62
4	190+380×2=950	172	5.32
5	190+380=570	224	12.32
6	190	130	23.82

案例分析如下：

叶片上截面 1~6 是间隔 380 的平行平面，对应每个截面上的曲线为弦长 L、扭角 θ°的翼型曲线。实际的翼型曲线为坐标描绘的设计曲线，本实例简化用 3 段圆弧(上面 2 段相切圆弧，下面 1 段圆弧)表示。

在本实例中主要使用到的特征建模方法是先绘制多组空间曲线，然后应用"网格曲线"中的"通过多组曲线"命令来完成。读者可在进行实例操作前复习这些命令。

操作步骤如下：

(1) 启动 NX 9 软件。

(2) 选择"文件"|"新建"命令,新建一个新的.prt 文件。

(3) 创建基准平面。选择"插入"|"基准/点"|"基准平面"命令,弹出如图 9-36 所示的"基准平面"对话框。在"类型"卷展栏中选择"曲线和点",在"曲线和点子类型"卷展栏中选择"一点"。

(4) 在"基准平面"对话框的"参考几何体"卷展栏中,单击"指定点"后面的按钮,弹出如图 9-37 所示的"点"对话框。选择坐标原点为指定点,确定后创建一个基准平面(0),如图 9-38 所示。

图 9-36　"基准平面"对话框 1　　　　　　　图 9-37　"点"对话框

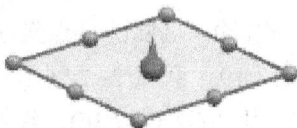

图 9-38　基准平面(0)

(5) 按上述方式创建基准平面(1),在如图 9-39 所示的"基准平面"对话框中,选择的类型为"按某一距离",选择基准平面(0)为"平面参考",距离设为 380,如图 9-40 所示。

图 9-39　"基准平面"对话框 2　　　　　　　图 9-40　创建基准平面(1)

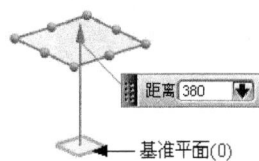

(6) 同上述创建基准平面(1)的方式，可依次创建基准平面(2)、基准平面(3)、基准平面(4)、建基准平面(5)，选择前一个基准平面为"平面参考"，如图 9-41 所示。

(7) 下面在建好的基准平面上绘制草图。选择"插入"｜"在任务环境中绘制草图"命令，弹出如图 9-42 所示的"创建草图"对话框，选择平面(0)为草图平面，选择草图方向为"竖直"，单击对话框中的"确定"按钮，系统进入草图环境，在平面(0)上创建草图(1)。

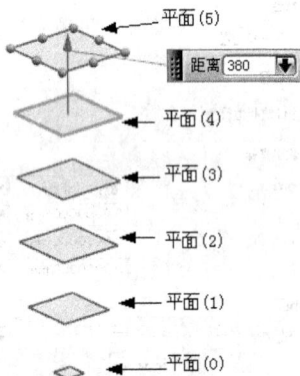

图 9-41　创建基准平面(2)~(5)　　　　　　图 9-42　"创建草图"对话框

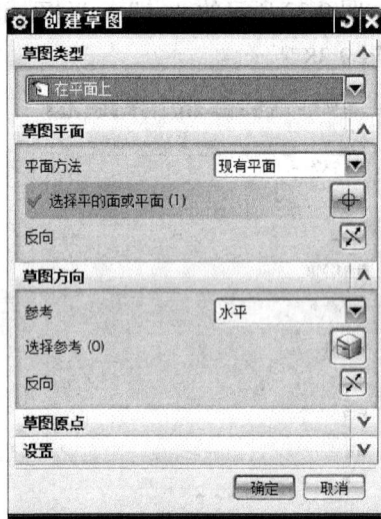

(8) 选择"插入"｜"曲线"｜"圆弧"命令，或单击按钮，弹出如图 9-43 所示的"圆弧"工具条。选择三点绘制圆弧方式，输入圆弧的三点坐标，绘制圆弧。圆弧 1：起点(45,0)，中点(17.14,13.12)，终点(-13.23,18.19)；圆弧 2：起点(-13.23,18.19)，中点(-31.37,13.04)，终点(-45,0)；圆弧 3：起点(-45,0)；中点(-2.59,-7.36)，终点(45,0)。

(9) 选择"插入"｜"曲线"｜"直线"命令，或单击按钮，弹出如图 9-44 所示的"直线"工具条。单击选择直线 1 的起点和终点：起点(-45,0)、终点(45,0)，即图形弦长为 90。绘制结果如图 9-45 所示。

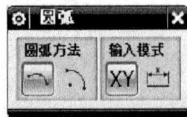

图 9-43　"圆弧"工具条　　　　　　图 9-44　"直线"工具条

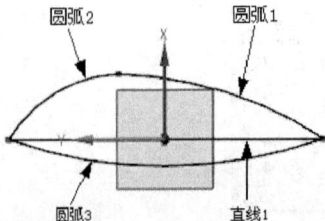

图 9-45　绘制草图(1)结果

(10) 选择平面(1)为草图平面，按上述同样方法绘制翼型曲线 2 的草图(2)。绘制弦长为 115 的直线：起点(-45,0)，终点(70,0)。圆弧 1：起点(70,0)，中点(29.25,13.07)，终点(-13.23,18.19)；圆弧 2：起点(-13.23,18.19)，中点(-31.37,13.04)，终点(-45,0)；圆弧 3：起点(-45,0)，中点(12.5,-11.27)，终点(70,0)。然后将整条曲线(圆弧 1、圆弧 2 和圆弧 3)选中，按钮角 θ° 旋转(-0.58)-(-2.98)=2.4°(以翼型曲线 1 为相对 0°角位)，绘制结果如图 9-46 所示。

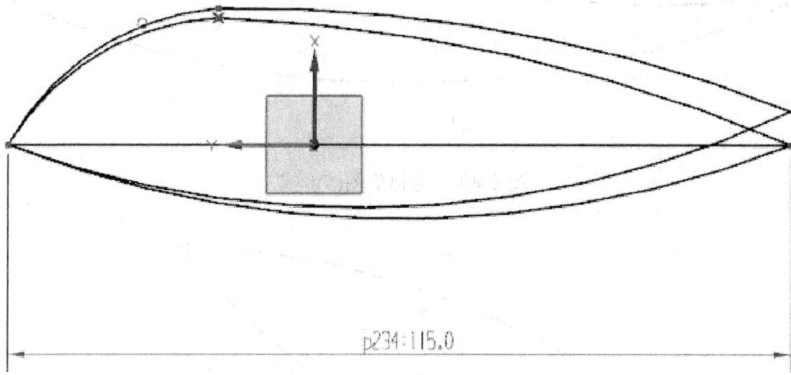

图 9-46　绘制草图(2)结果

(11) 按上述方式绘制草图(3)、草图(4)、草图(5)、草图(6)。分别选择平面(2)、平面(3)、平面(4)、平面(5)为草图平面；曲线弦长分别为 132、172、224、130；旋转角依次为 4.6°、8.3°、15.3° 和 26.8°；各曲线圆弧尺寸可参照曲线 1、2 近似自行确定。绘制结果如图 9-47~图 9-50 所示。绘制截面草图完成后如图 9-51 所示。

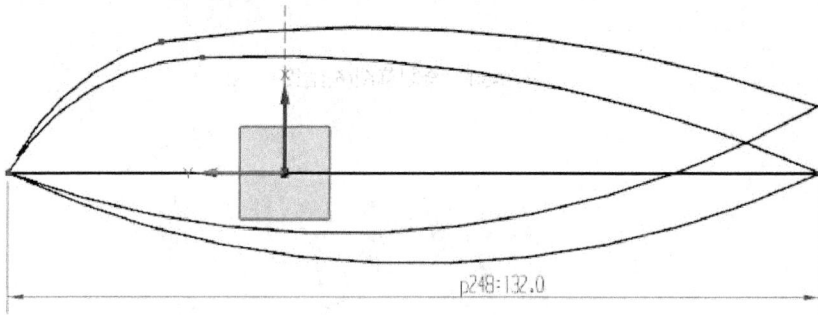

图 9-47　绘制草图(3)结果

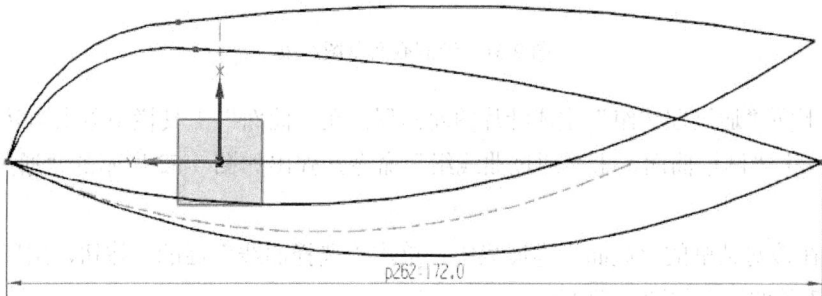

图 9-48　绘制草图(4)结果

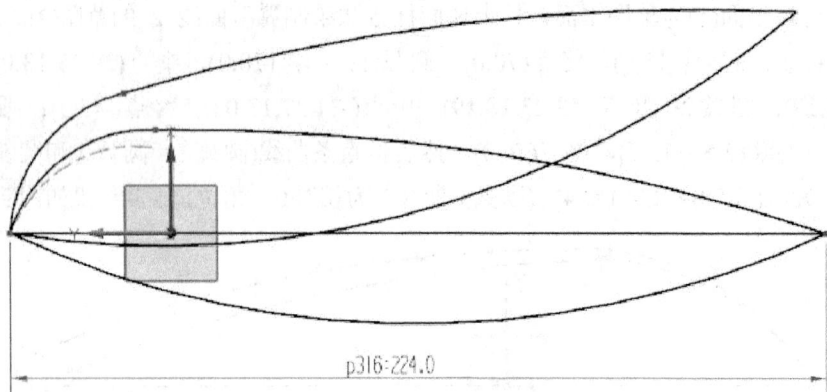

图 9-49　绘制草图(5)结果

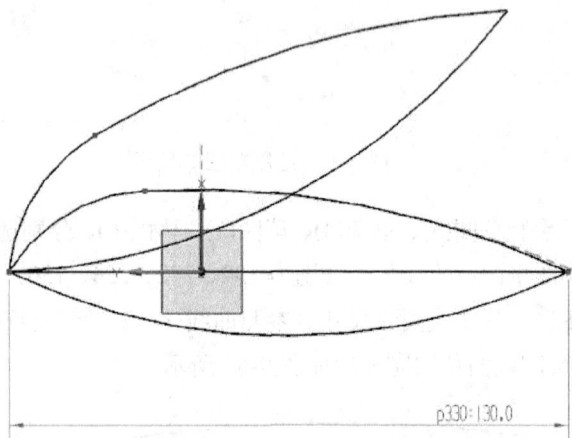

图 9-50　绘制草图(6)结果

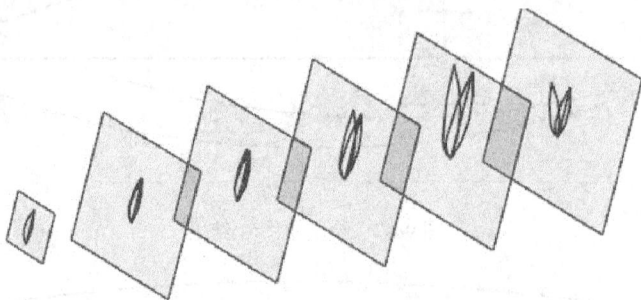

图 9-51　绘制截面草图结果

　　(12) 下面"通过曲线组"生成叶片曲面模型。在"曲面"工具栏中单击 按钮，或选择"插入"｜"网格曲面"｜"通过曲线组"命令，弹出如图 9-52 所示的"通过曲线组"对话框。

　　(13) 在该对话框的"截面"卷展栏中，单击"选择曲线"后的 按钮，用鼠标选择截面 1 上的 3 条曲线，如图 9-53 所示。

图 9-52　"通过曲线组"对话框　　　　图 9-53　选择截面 1 上的曲线

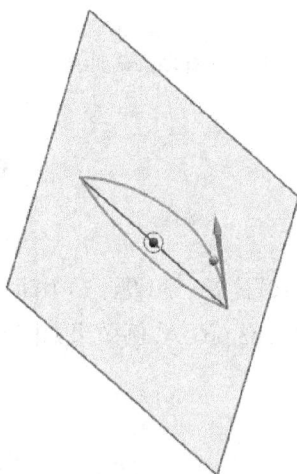

(14) 单击"添加新集"后的▣按钮，继续用鼠标选择截面 2 上的 3 条曲线，如图 9-54 所示。

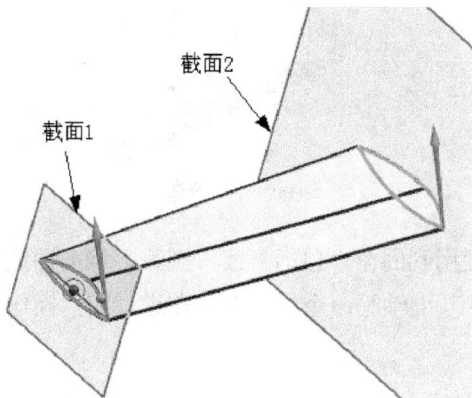

图 9-54　选择截面 2 上的曲线

(15) 如上述步骤，先后选择 6 个截面的多条截面线，选择完毕以后都会出现相应的方向箭头，须使相对应的各方向箭头同向，如图 9-55 所示。

注意：

系统生成曲面的时候会按照矢量方向箭头进行对齐。如果选择反了，就会产生扭曲的效果。此时，可单击"反向"后的▣按钮进行调整。

(16) 单击"确定"后，就完成了叶片模型的设计，如图 9-56 所示。

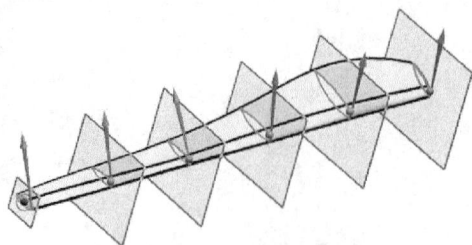

图 9-55　选择多条截面线

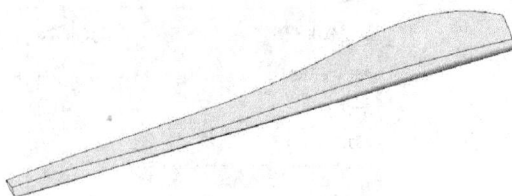

图 9-56　叶片的设计结果

9.3　管道

本节将带领读者一起设计一个简单的管道模型。读者可以从指定网站下载并打开本实例对应的文件 zh3.prt。实例效果如图 9-57 所示。

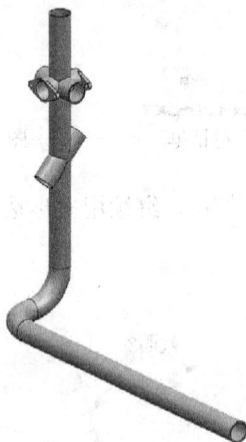

图 9-57　管道

在本次设计中主要使用到的命令包括直线、圆弧、修剪曲线、创建草图、基准平面、管道、拉伸、镜像特征、基准轴等命令，读者可在进行实例操作前复习这些命令的内容。

操作步骤：

(1) 启动 NX 9 软件。

(2) 选择"文件"|"新建"命令，新建一个"建模"类型的.prt 文件。

(3) 单击▥按钮，或者选择"插入"|"任务环境中的草图"命令，弹出如图 9-58 所示的"创建草图"对话框。选择一个草图平面后，单击对话框中的"确定"按钮，系统进入草图环境。

(4) 单击✎按钮，或者选择"插入"|"曲线"|"直线"命令，弹出如图 9-59 所示的"直线"对话框。

(5) 单击选择点后的▦按钮，弹出如图 9-60 所示的"点"对话框。在输出坐标中分别输入起点和终点的坐标为(0,0,0)、(0,0,500)，绘制直线如图 9-61 所示。

图 9-58 "创建草图"对话框

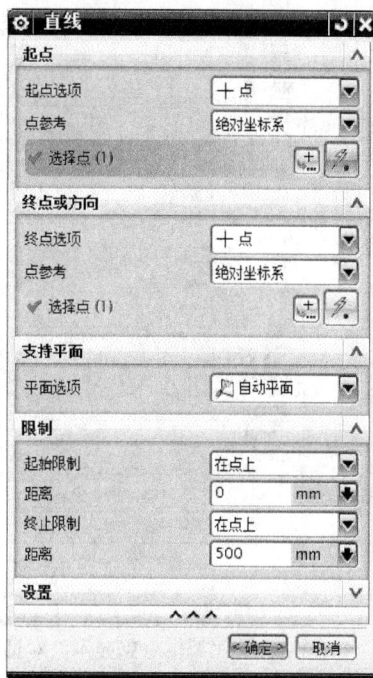

图 9-59 "直线"对话框

图 9-60 "点"对话框

图 9-61 绘制直线(1)

(6) 选择上述直线,选择"编辑"|"对象显示"命令,弹出如图 9-62 所示的"编辑对象显示"对话框。选择线型为"虚线",绘制完成后如图 9-63 所示。

(7) 同样,按上述绘制直线(1)的步骤,绘制另外 3 条直线。直线(2)的设置如图 9-64 所示:起点为(0,100,100),终点沿 ZC 方向,长度 300。直线(3)的设置如图 9-65 所示:起点为(0,0,0),终点沿 YC 方向,长度 100,线型为"虚线"。直线(4)通过连接直线(2)的起点与直线(3)的终点绘制而成。绘制完成后如图 9-66 所示。

图 9-62　"编辑对象显示"对话框　　　　　图 9-63　绘制直线(1)结果

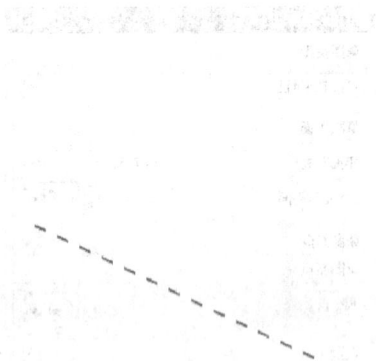

图 9-64　绘制直线(2)

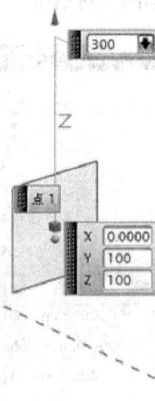

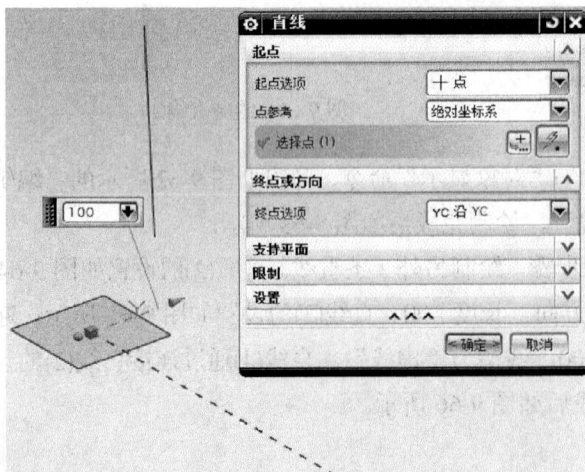

图 9-65　绘制直线(3)　　　　　　　　　图 9-66　直线绘制结果

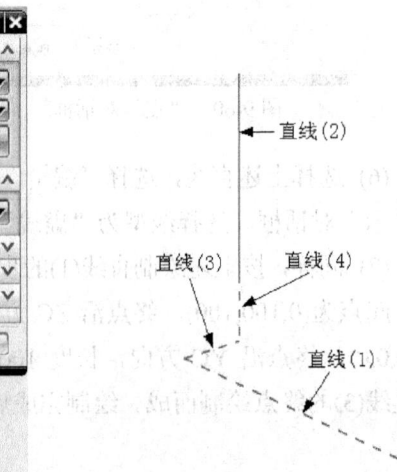

(8) 单击 按钮，或者选择"插入"|"曲线"|"圆弧/圆"命令，弹出如图 9-67 所示的"圆弧/圆"对话框。

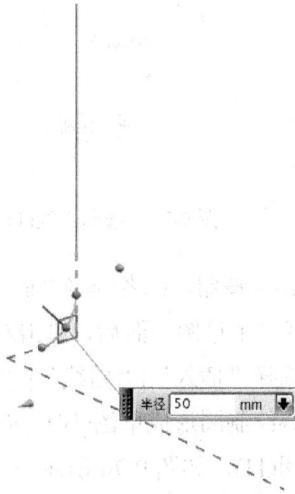

(9) 按图 9-67 所示的设置，选择直线(4)为起点选择对象，直线(3)为终点选择对象，半径设为 50，绘制圆弧(5)，如图 9-68 所示。

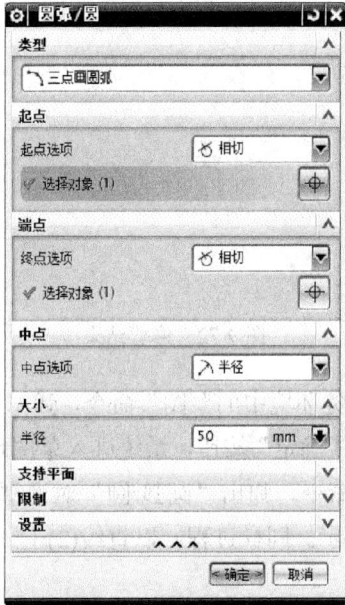

图 9-67   "圆弧/圆"对话框

图 9-68   绘制圆弧(5)

(10) 按上述相同步骤绘制圆弧(6)，起点对象选择直线(1)，终点对象选择直线(3)，半径设为 50，如图 9-69 所示。

(11) 单击 按钮，或者选择"编辑"|"曲线"|"修剪"命令，弹出如图 9-70 所示的"修剪曲线"对话框。

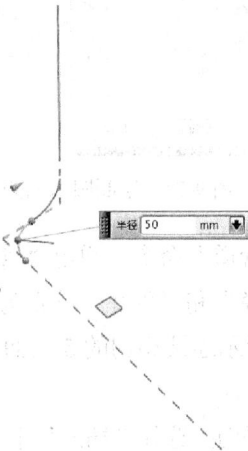

图 9-69   绘制圆弧(6)

图 9-70   "修剪曲线"对话框

(12) 首先修剪直线(1)，选择直线(1)为要修剪的曲线，选择圆弧(6)为边界对象，确定后为修剪曲线(7)，如图 9-71 所示。按照步骤(6)中编辑显示的方法，将修剪曲线(7)的线型设为"实线"。用同样方法，修剪直线(2)为修剪曲线(9)。修剪结果如图 9-72 所示。

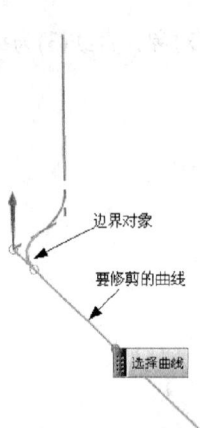

图 9-71　修剪直线(1)　　　　图 9-72　修剪结果

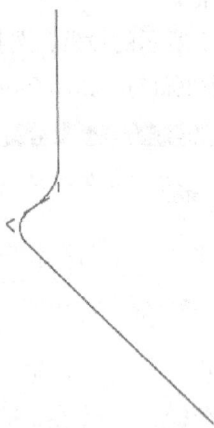

(13) 单击 按钮，或者选择"插入"｜"任务环境中的草图"命令，弹出"创建草图"对话框，选择一个草图平面后，单击对话框中的"确定"按钮，系统进入草图环境。单击 按钮，或者选择"插入"｜"曲线"｜"圆弧/圆"命令，弹出"圆弧/圆"对话框。以直线(1)上一点为中心绘制圆形成草图(10)，如图 9-73 所示。同样过程，以直线(2)上一点为中心绘制圆形成草图(11)，如图 9-74 所示。

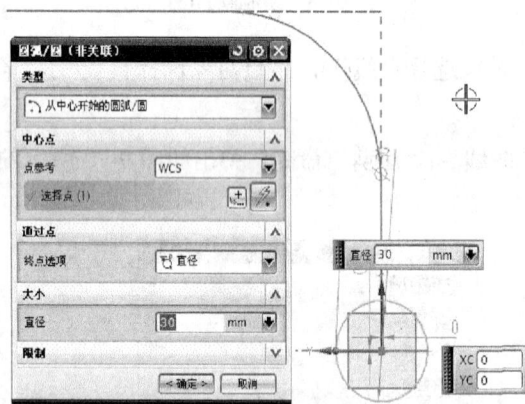

图 9-73　绘制圆-草图(10)　　　　图 9-74　绘制圆-草图(11)

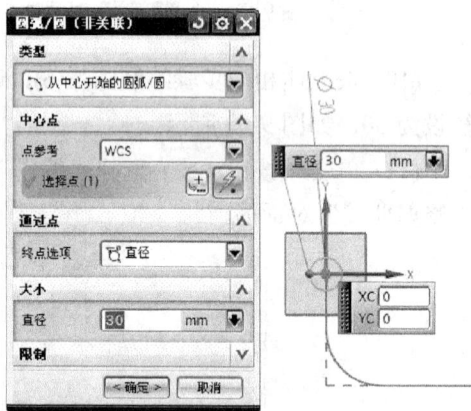

(14) 单击 按钮，选择"插入"｜"扫掠"｜"管道"命令，弹出"管道"对话框，如图 9-75 所示。在"横截面"卷展栏设置管道的"内径"和"外径"分别为 26 和 30。在"路径"卷展栏单击"曲线"按钮 ，选择如图 9-76 所示连续相切的 5 条曲线路径。管道绘制结果如图 9-77 所示。

(15) 为了绘制下面的管道，首先要建立 3 个基准平面。选择"插入"｜"基准/点"｜"基准平面"命令，弹出"基准平面"对话框，如图 9-78 所示。选择类型为"通过对象"，选择管道中心为"通过对象"，如图 9-79 所示。确定后建立基准平面(13)。

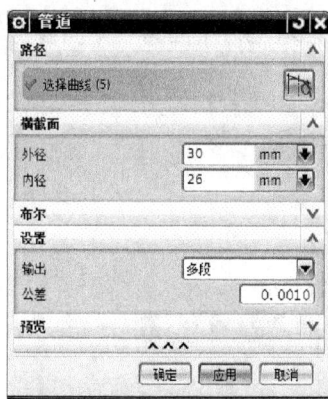

图 9-75　"管道"对话框　　　图 9-76　选择曲线路径　　　图 9-77　管道绘制结果

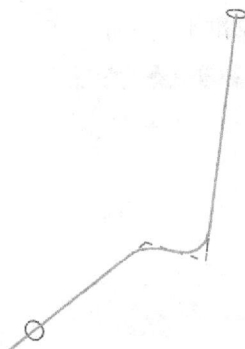

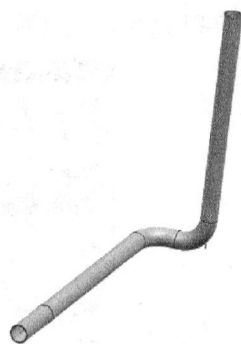

图 9-78　"基准平面"对话框　　　　　图 9-79　选择对象

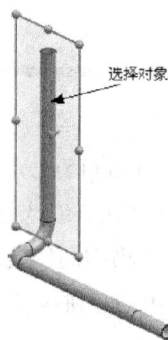

(16) 用同样方法，选择类型为"成一角度"，选择基准平面(13)为"平面参考"，如图 9-80 所示。确定后建立基准平面(14)。

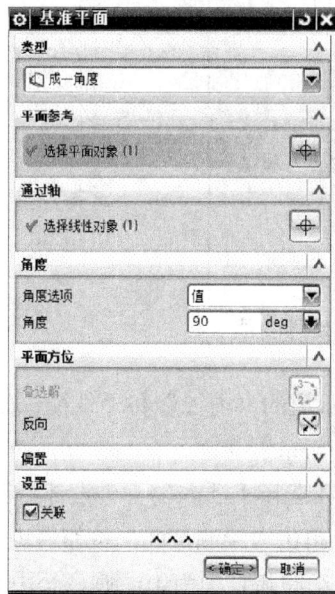

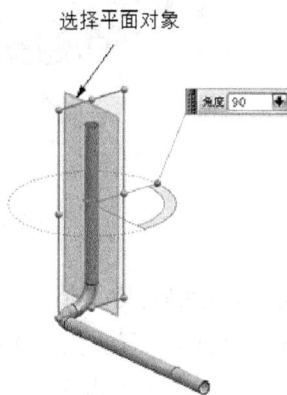

图 9-80　建立基准平面(14)

(17) 用同样方法，选择类型为"按某一距离"，选择管道上口平面为"平面参考"，如图 9-81 所示。确定后建立基准平面(15)。

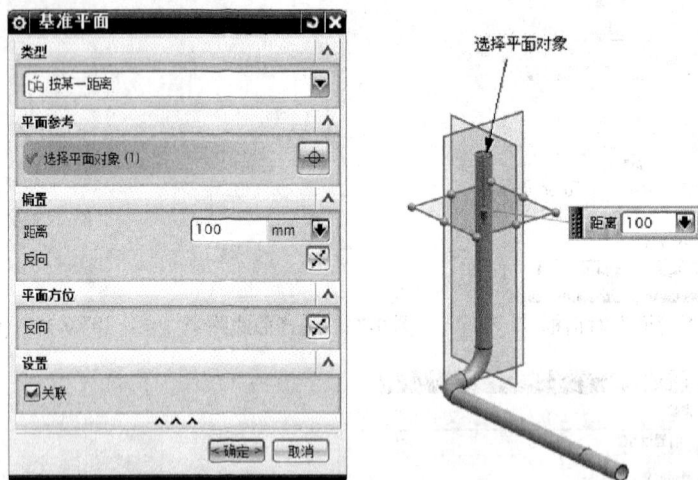

图 9-81　建立基准平面(15)

(18) 在基准平面(15)上，绘制草图(16)，如图 9-82 所示。绘制结果如图 9-83 所示。

(19) 单击 按钮，或选择"插入"｜"扫掠"｜"管道"命令，弹出"管道"对话框。在该对话框中的"横截面"卷展栏中，设置管道的"内径"和"外径"分别为 26 和 30。在"路径"卷展栏单击"曲线"按钮 ，选择直线 3 与直线 4 为曲线路径。绘制管道(17)如图 9-84 所示。

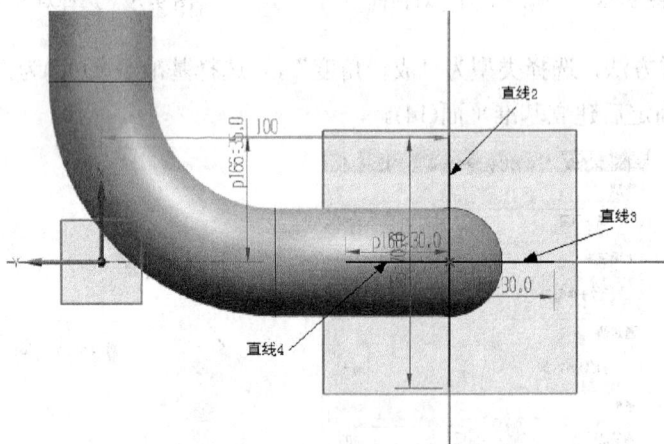

图 9-82　绘制直线

(20) 用同样方法，绘制管道(18)。设置管道的"内径"和"外径"分别为 26 与 30，选择直线 3 与直线 4 为曲线路径，如图 9-85 所示。

(21) 在"特征"工具栏中单击 按钮，或选择"插入"｜"设计特征"｜"拉伸"命令，弹出"拉伸"对话框，如图 9-86 所示。单击"绘制截面"按钮 进入草图编辑状态，创建拉伸特征的草图。其中，小圆直径为 5，小圆弧直径为 10，圆心至中心原点距离为 25，如图 9-87 所示。

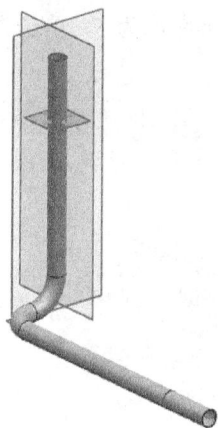

图 9-83 绘制草图(16)结果

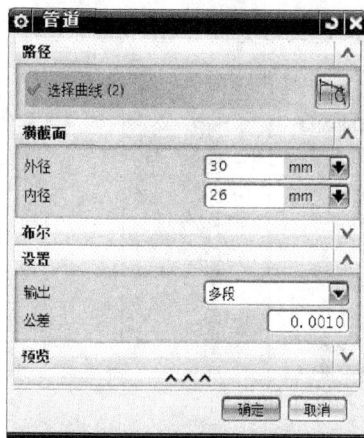

图 9-84 绘制管道(17)

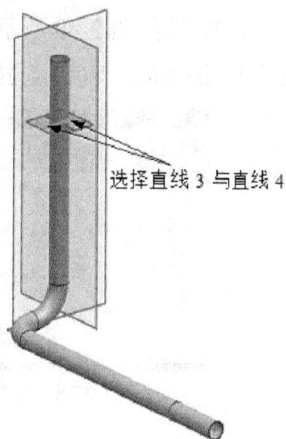

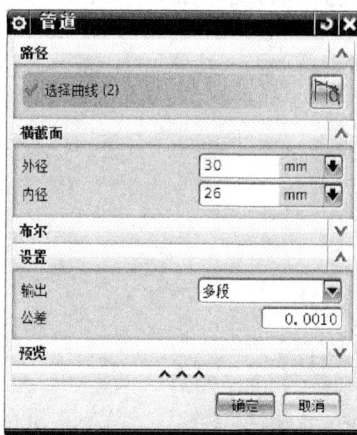

图 9-85 绘制管道(18)

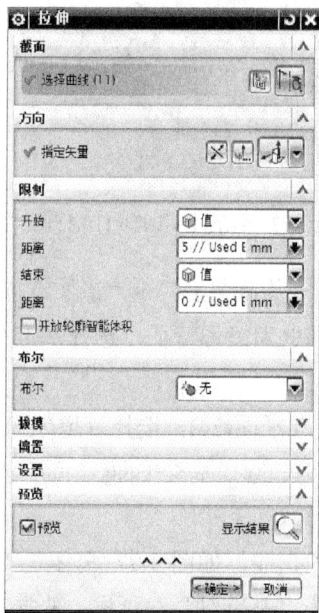

图 9-86 "拉伸"对话框设置

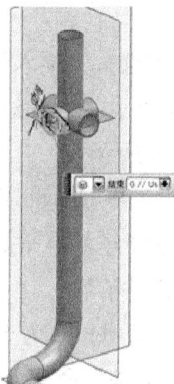

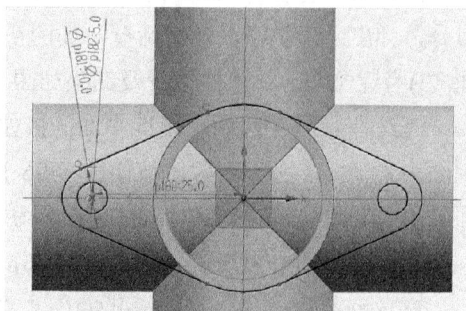

图 9-87 创建拉伸特征草图

(22) 按如图 9-88 所示指定矢量方向。在"拉伸"对话框设置拉伸距离为 5，单击"确定"按钮形成拉伸(19)。拉伸结果如图 9-89 所示。

图 9-88　指定矢量方向　　　　　　　　　图 9-89　拉伸(19)

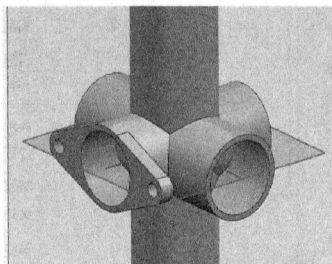

(23) 下面通过"拉伸"方法，将管道(17)和管道(18)打通。按如图 9-90 所示的设置拉伸参数，选择管道的内径曲线为拉伸"截面"曲线，如图 9-91 所示。拉伸结果如图 9-92 所示。

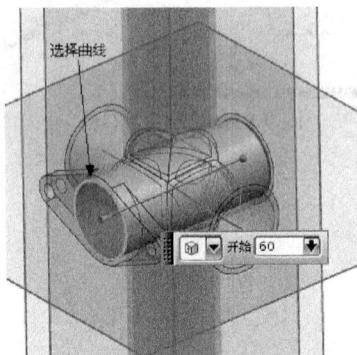

图 9-90　设置拉伸参数　　　图 9-91　选择拉伸"截面"曲线　　　图 9-92　管道(17)和管道(18)打通结果

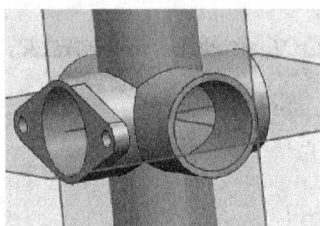

(24) 在"特征"工具栏中单击 按钮，或选择"插入"｜"关联复制"｜"镜像特征"命令，弹出"镜像特征"对话框，如图 9-93 所示。选择拉伸(19)为镜像特征，选择基准平面(13)为镜像平面，镜像设置及结果如图 9-94 所示。

(25) 下面再创建两个基准平面。按如图 9-95 所示创建基准平面(24)，选择管道(12)的顶面为"平面参考"对象。按如图 9-96 所示创建基准平面(25)，选择基准平面(15)为"平面参考"对象，选择管道(18)的中心线为"通过轴"。

(26) 在基准平面(24)上创建草图(26)，绘制一长度为 83 的直线，如图 9-97 所示。

(27) 选择"插入"｜"基准/点"｜"基准轴"命令，弹出"基准轴"对话框，选择上述直线为"曲线或面"对象，创建基准轴(27)，如图 9-98 所示。

图 9-93 "镜像特征"对话框

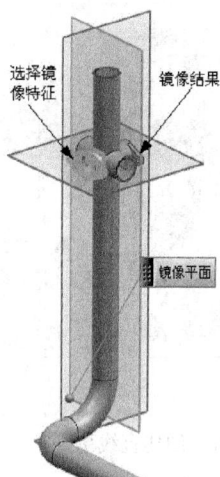

图 9-94 镜像设置及结果

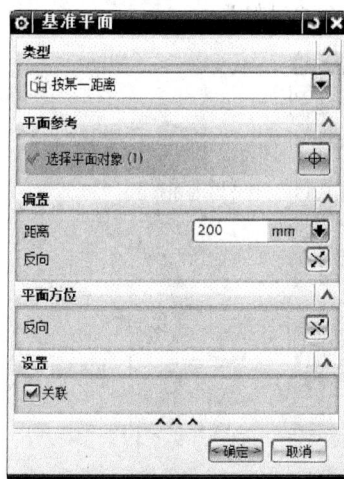

图 9-95 创建基准平面(24)

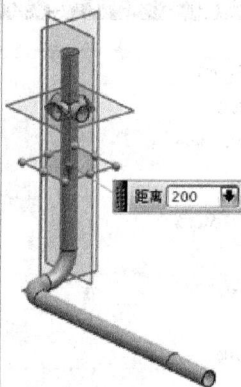

图 9-96 创建基准平面(25)

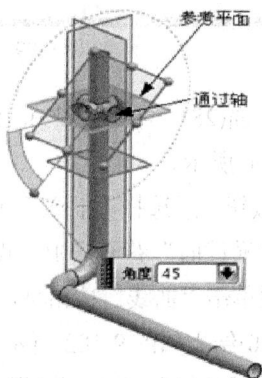

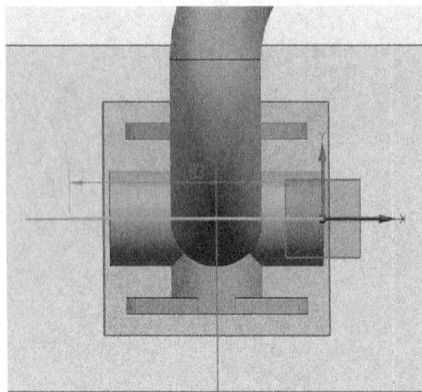

图 9-97　创建直线草图

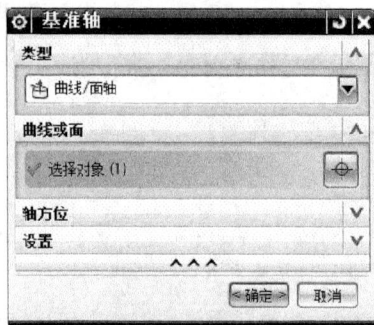

图 9-98　创建基准轴(27)

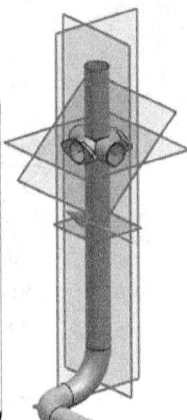

(28) 下面再创建一个基准平面。按如图 9-99 所示创建基准平面(28)，选择基准平面(24)为"平面参考"对象，选择基准轴(27)为"通过轴"。

图 9-99　创建基准平面(28)

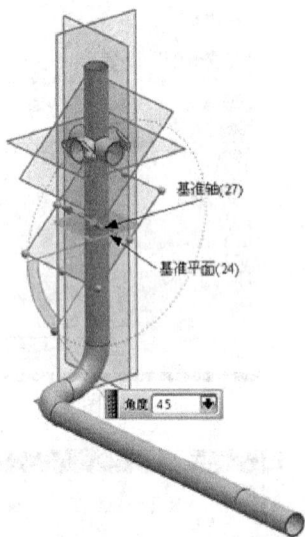

(29) 在基准平面(28)上建草图(29)，画两段长为 40 的直线，两直线的起点距管道中心轴 70.7，如图 9-100 所示。

(30) 单击 按钮，或选择"插入"｜"扫掠"｜"管道"命令，弹出"管道"对话框。在该对话框中的"横截面"卷展栏中，设置管道的"内径"和"外径"分别为 26 与 30。在"路径"卷展栏单击"曲线"按钮 ，选择草图(29)的两条直线为曲线路径，如图 9-101 所示。绘制管道(30)结果如图 9-102 所示。

(31) 下面通过"拉伸"方法，将管道(30)和管道(12)打通。按如图 9-103 所示设置拉伸参数，选择管道(30)的内径曲线为拉伸"截面"曲线，创建拉伸(31)将管道(30)打通，如图 9-104 所示。

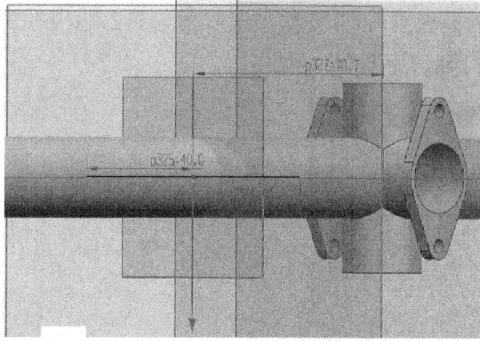

图 9-100　创建草图(29)

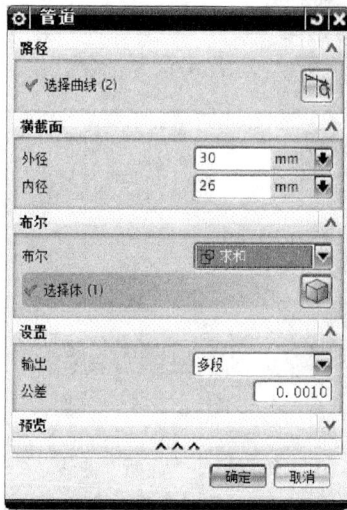

图 9-101　绘制管道(30)　　　　　　　　　　　　　　图 9-102　绘制结果

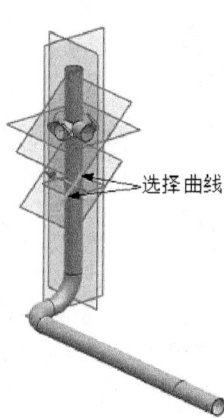

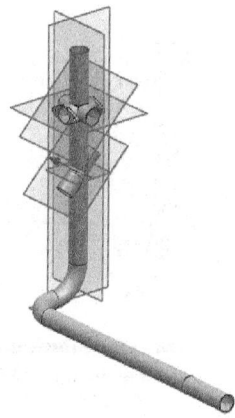

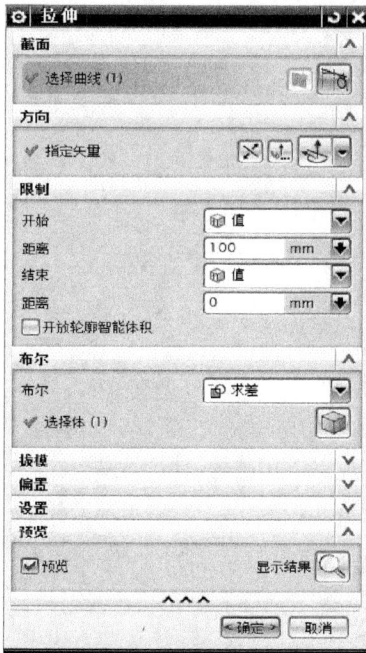

图 9-103　设置拉伸参数　　　　　　　　　　图 9-104　选择拉伸"截面"曲线

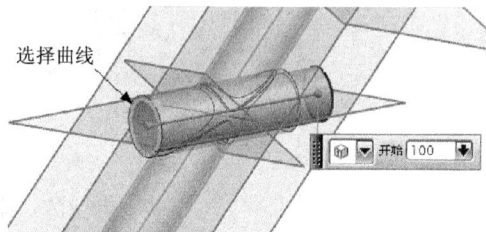

(32) 按如图 9-105 所示设置拉伸参数，选择管道(12)的内径曲线为拉伸"截面"曲线，创建拉伸(32)将管道(12)打通，如图 9-106 所示。

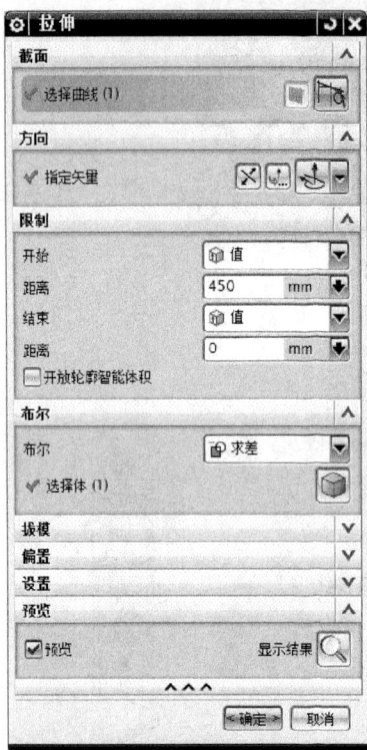

图 9-105　设置拉伸参数

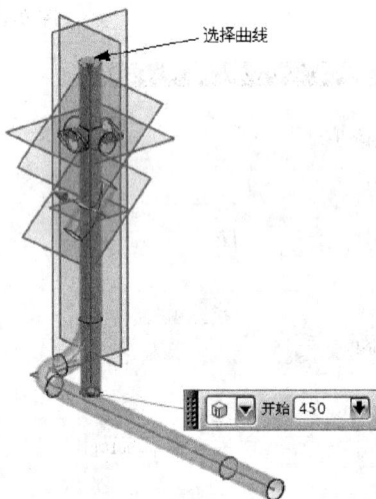

图 9-106　选择拉伸"截面"曲线

(33) 拉伸结果如图 9-107 所示。这也是管道零件模型的设计结果。

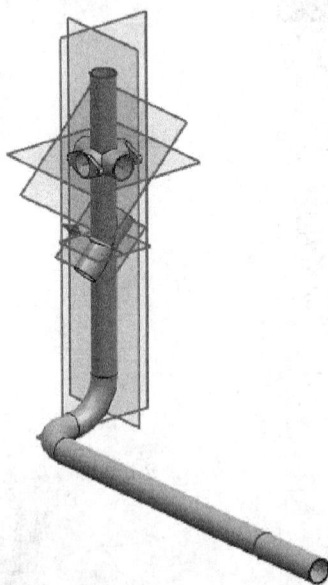

图 9-107　管道设计结果

9.4　板凳

本节将带领读者一起设计一个塑料板凳模型。读者可以从指定网站下载并打开本实例对应的文件 zh4.prt。实例如图 9-108 所示。

图 9-108　板凳

下面开始详细介绍本实例的设计过程。

在本次设计中，主要采用实体的拉伸、拔模、抽壳、阵列和边倒圆等特征。读者可在进行实例操作前复习这些命令的内容。

操作步骤如下：

(1) 启动 NX 9 软件。

(2) 选择"文件"|"新建"命令，新建一个"建模"类型的.prt 文件。

(3) 选择"插入"|"设计特征"|"长方体"命令建立一个长为 360，宽和高均为 300 的方块，以原点为初始点，如图 9-109 所示。

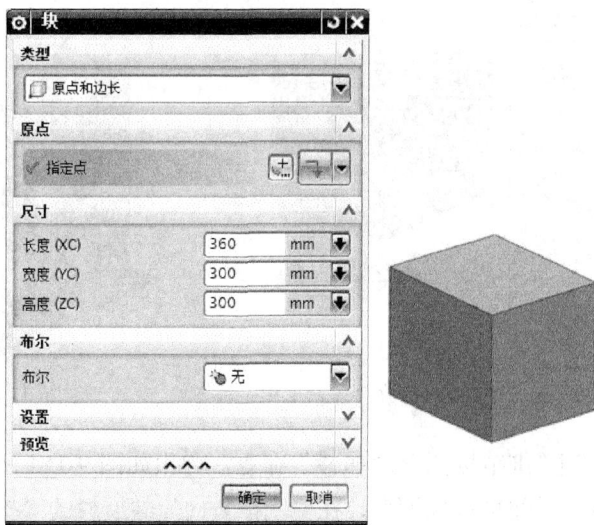

图 9-109　建立方块

(4) 在"特征"工具栏中单击 ![按钮] 按钮，或选择"插入"|"设计特征"|"拉伸"命令，

弹出"拉伸"对话框，如图 9-110 所示。单击"绘制截面"按钮，进入草图编辑状态，创建拉伸特征的草图。选取如图 9-110 所示模型表面为草图平面，绘制如图 9-111 所示的截面草图。

图 9-110　定义草图平面

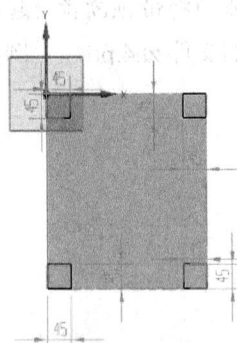

图 9-111　截面草图

(5) 返回"拉伸"对话框，在"极限"卷展栏中的"开始"下拉列表中选择 值选项，并在其下"距离"文本框中输入值 0；在"结束"下拉列表中选择 值选项，并在其下"距离"文本框中输入值 285，并单击"反向"按钮，定义 ZC 基准轴的负方向为拉伸方向；在"布尔"卷展栏中，选择"布尔"为"求差"选项，采用系统默认的求差对象，设置拉伸参数如图 9-112 所示。拉伸特征结果如图 9-113 所示。

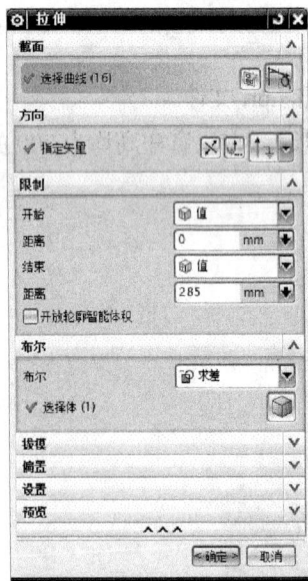

图 9-112　设置拉伸参数

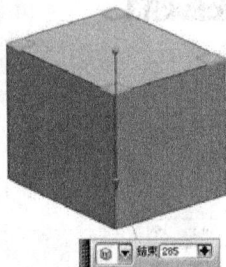

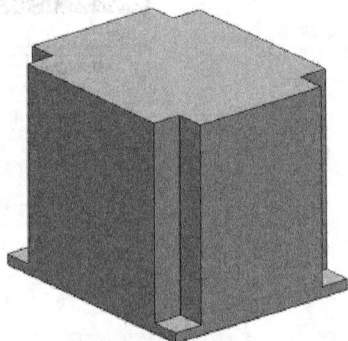

图 9-113　拉伸特征 1

(6) 选择"插入"|"细节特征"|"拔模"命令，弹出如图 9-114 所示的"拔模"对话框。选择"类型"为"从平面或曲面"，在"脱模方向"卷展栏的"指定矢量"下拉列表中选择 ZC 轴正方向为拔模方向，在绘图区选取如图 9-115 所示的平面为拔模固定面，选择如图 9-116 所示的 12 个平面为要拔模的面，在"角度 1"的文本框中输入值 3。

(7) 单击对话框中的"确定"按钮，完成拔模特征的添加，如图 9-117 所示。

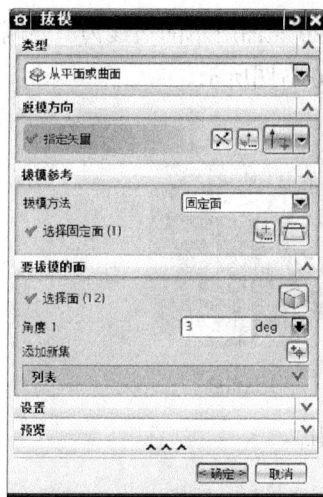

图 9-114　"拔模"对话框

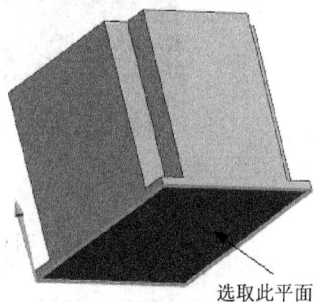

选取此平面

图 9-115　定义固定平面

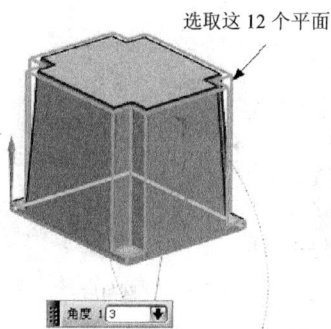

选取这 12 个平面

角度 1 3

图 9-116　定义拔模面

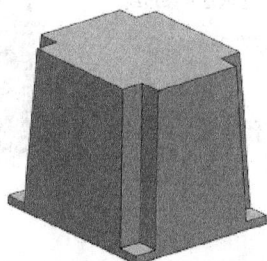

图 9-117　"拔模"结果

(8) 选择"插入"｜"细节特征"｜"边倒圆"命令，弹出如图 9-118 所示的"边倒圆"对话框。选择"形状"为"圆形"，选择如图 9-119 左图所示的 12 条边为"要倒圆的边"，进行统一倒角，半径为 15。

(9) 单击对话框中的"确定"按钮，完成边倒圆特征一的添加，如图 9-119 右图所示。

图 9-118　"边倒圆"对话框

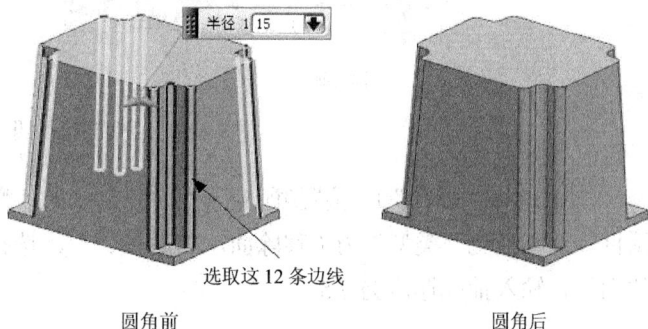

半径 1 15

选取这 12 条边线

圆角前　　　　　　　　　　圆角后

图 9-119　边倒圆特征一

(10) 同样，使用"边倒圆"命令，选择如图 9-120 左图所示的边线为"要倒圆的边"，进行倒角，半径为 30。完成边倒圆特征二如图 9-120 右图所示。

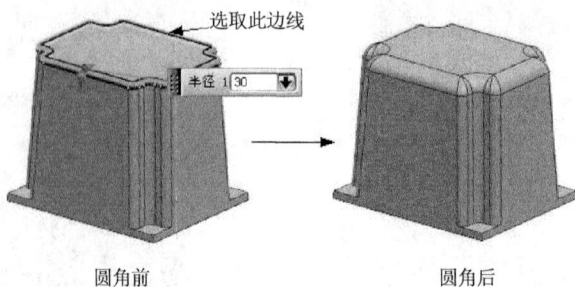

图 9-120 边倒圆特征二

(11) 继续使用"边倒圆"命令，选择如图 9-121 左图所示的边线为"要倒圆的边"，进行倒角，半径为 30。完成边倒圆特征三如图 9-121 右图所示。

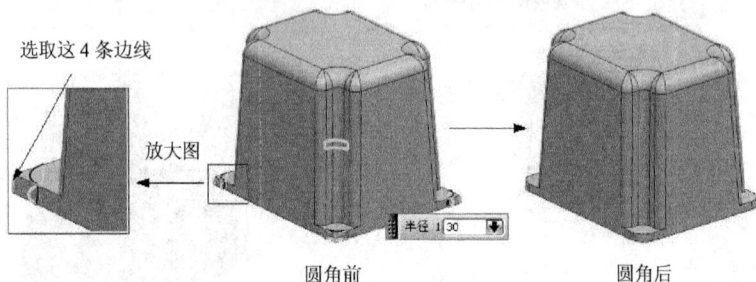

图 9-121 边倒圆特征三

(12) 继续使用"边倒圆"命令，选择如图 9-122 左图所示的 4 条边线为"要倒圆的边"，进行倒角，半径为 7.5。完成边倒圆特征四如图 9-122 右图所示。

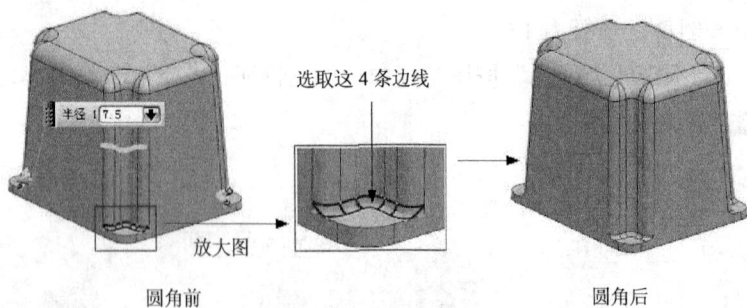

图 9-122 边倒圆特征四

(13) 选择"插入" | "偏置/缩放" | "抽壳"命令，弹出如图 9-123 所示的"抽壳"对话框。选择抽壳"类型"为"移除面，然后抽壳"，选择如图 9-124 所示的面为"要穿透的面"，输入抽壳厚度为 7.5。

图 9-123　"抽壳"对话框

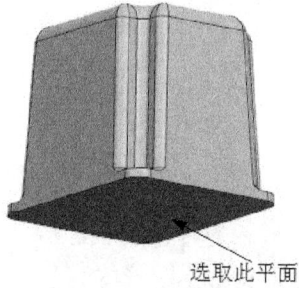

选取此平面

图 9-124　选择要穿透的面

(14) 单击对话框中的"确定"按钮，完成抽壳特征的创建，如图 9-125 所示。

(15) 在"特征"工具栏中单击 按钮，或选择"插入"|"设计特征"|"拉伸"命令，弹出"拉伸"对话框。选取 ZX 基准平面为草图平面，绘制如图 9-126 所示的截面草图。

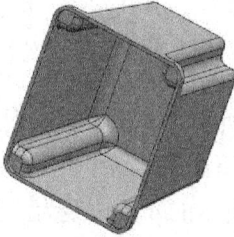

图 9-125　"抽壳"结果

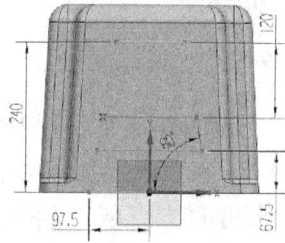

图 9-126　截面草图

(16) 选择 YC 基准轴为拉伸方向，在"极限"卷展栏中，选择"开始"和"结束"均为"贯通"，选择"布尔"为"求差"，采用系统默认的求差对象。拉伸特征二结果如图 9-127 所示。

(17) 同样，使用"拉伸"命令，弹出"拉伸"对话框，选取 YZ 基准平面为草图平面，绘制如图 9-128 所示的截面草图。

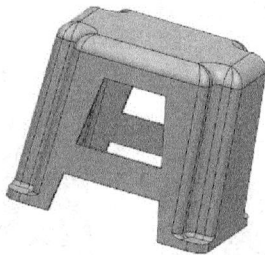

图 9-127　拉伸特征二

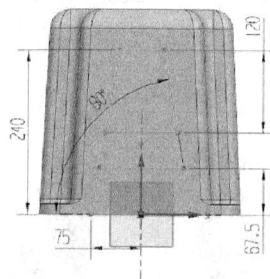

图 9-128　截面草图

(18) 选择 XC 基准轴为拉伸方向，在"极限"卷展栏中，选择"开始"和"结束"均为"贯通"，选择"布尔"为"求差"，采用系统默认的求差对象。拉伸特征三结果如

图 9-129 所示。

    (19) 使用"边倒圆"命令，选择如图 9-130 上图所示的 16 条边为"要倒圆的边"，进行倒角，半径为 15。完成边倒圆特征五如图 9-130 下图所示。

图 9-129　拉伸特征三

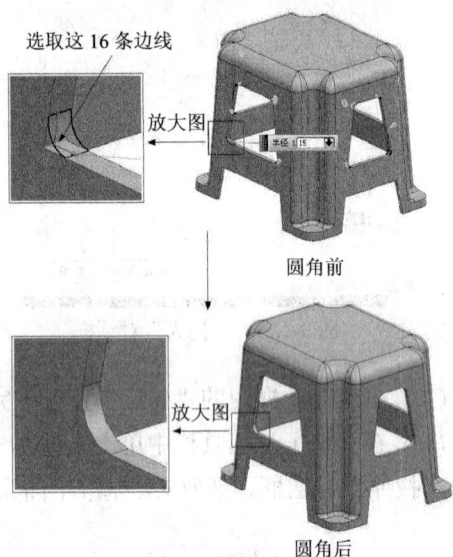

图 9-130　边倒圆特征五

    (20) 使用"边倒圆"命令，选择如图 9-131 上图所示的 16 条边为"要倒圆的边"，进行倒角，半径为 7.5。完成边倒圆特征六如图 9-131 下图所示。

    (21) 使用"边倒圆"命令，选择如图 9-132 上图所示的 4 条边线为"要倒圆的边"，进行倒角，半径为 4.5。完成边倒圆特征七如图 9-132 下图所示。

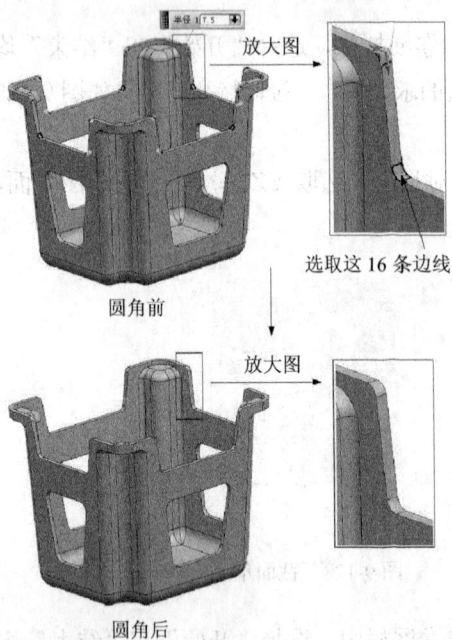

图 9-131　边倒圆特征六

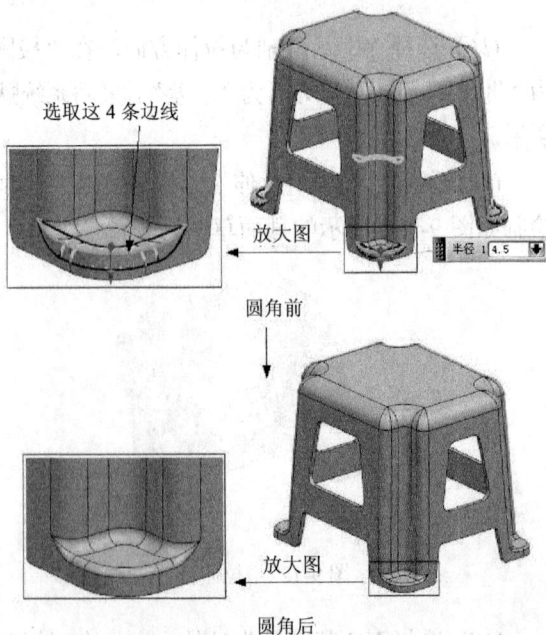

图 9-132　边倒圆特征七

(22) 在"特征"工具栏中单击▣按钮或选择"插入"｜"设计特征"｜"拉伸"命令，弹出"拉伸"对话框。选取如图 9-133 所示平面为草图平面。在绘制截面草图时，弹出如图 9-134 所示的"椭圆"对话框，设置大半径为 16.5，小半径为 12，角度为 135。绘制的截面草图如图 9-135 所示。

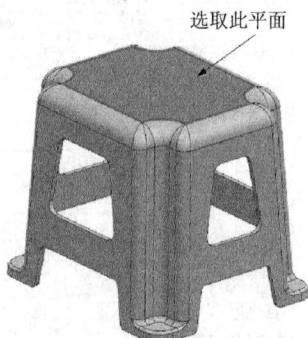

图 9-133 选择草图平面

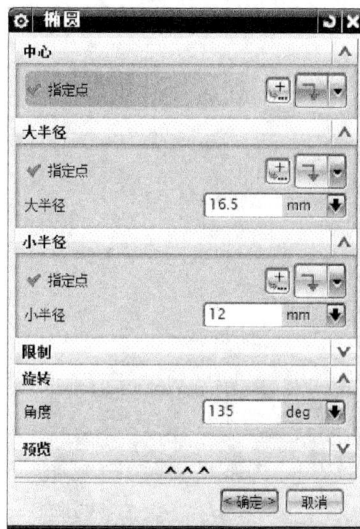

图 9-134 "椭圆"对话框

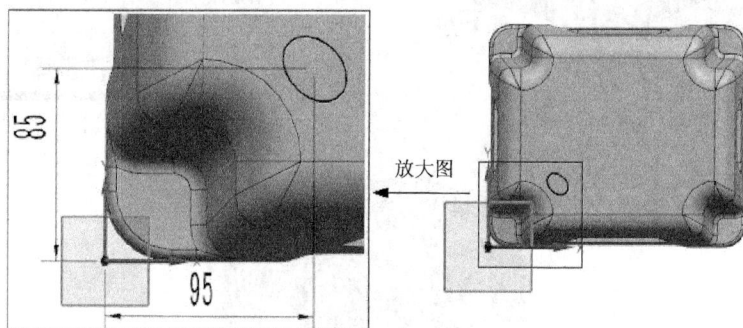

图 9-135 截面草图

(23) 选择 ZC 基准轴的负方向为拉伸方向；在"极限"卷展栏中选择"开始"为"值"，"距离"输入值 0；选择"结束"为"贯通"；选择"布尔"为"求差"，采用系统默认的求差对象。拉伸特征四结果如图 9-136 所示。

(24) 选择"插入"｜"关联复制"｜"阵列特征"命令，弹出如图 9-137 所示的"阵列特征"对话框。选取拉伸特征四(椭圆孔)为要形成图样的特征；阵列布局为线性。

(25) 在"方向 1"展卷栏中，单击▣按钮，选择 XC 为第一阵列方向，"间距"选择"数量和节距"，输入阵列"数量"为 5，阵列"节距"为 42。

(26) 在"方向 2"展卷栏中，选中"使用方向 2"复选框，然后单击▣按钮，选择 YC 为第二阵列方向，"间距"选择"数量和节距"，输入阵列"数量"为 4，阵列"节距"为 42。

(27) 单击对话框中的"确定"按钮，完成阵列的创建。至此，完成了凳子模型的设计，如图 9-138 所示。

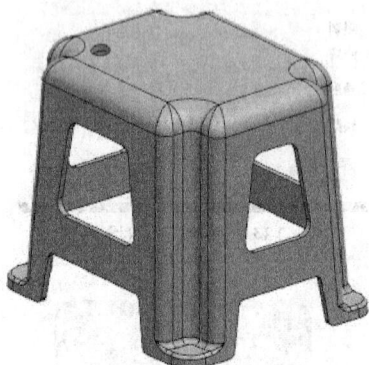

图 9-137 "阵列特征"对话框

图 9-136 拉伸特征四

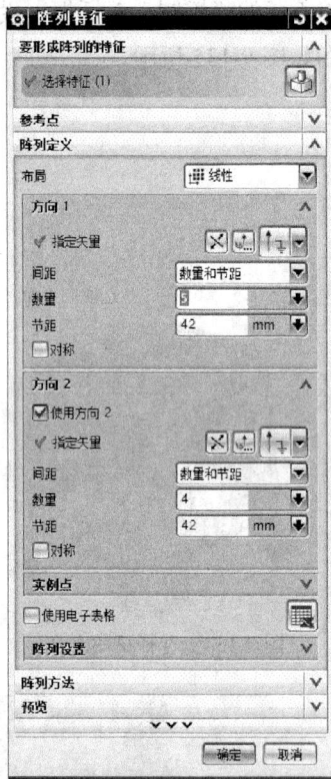

图 9-138 凳子的设计结果

9.5 卡钳装配

本节将带领读者一起进行一个卡钳装配实例。读者可以从指定网站下载并打开本实例对应的 NX 9 装配文件 zp.prt(zh5 文件夹中)就会看到一个已经做好的卡钳组合装配，如图 9-139 所示。

图 9-139　卡钳

操作步骤如下：

(1) 启动 NX 9 软件。

(2) 首先选择"文件"|"新建"命令，新建一个"建模"类型的.prt 部件文件，然后进入装配环境，使用添加已存在组件，有 5 个组件分别是连轴、手柄、卡钳、夹具和推杆。

(3) 在和 zp.prt 相同的目录下，会找到一个名为 tuigan.prt(推杆零件)，把它加入到装配环境，采用"绝对原点"方式，定位在点(0, 0, 0)。单击█按钮，对推杆施加一个约束，使用"固定"约束，结果如图 9-140 所示。

(4) 加入卡钳零件 kaqian.prt(卡钳 1)，采用"通过约束"方式，使用"接触对齐"约束，先选择卡钳中孔的中心线，然后选择推杆的中心线，如图 9-141 所示。

图 9-140　加入推杆　　　　　　　　　图 9-141　卡钳与推杆配合一

(5) 单击"应用"按钮后，继续施加第二个约束，使用"距离"约束，先选择推杆的端面，然后选择卡钳的孔面，设置距离为 180，如图 9-142 所示。

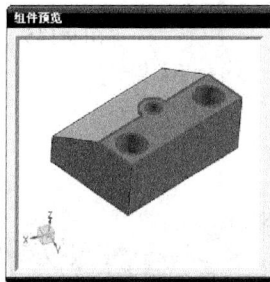

图 9-142　卡钳与推杆配合二

(6) 施加完约束以后，就完成了卡钳的添加装配，如图 9-143 所示。

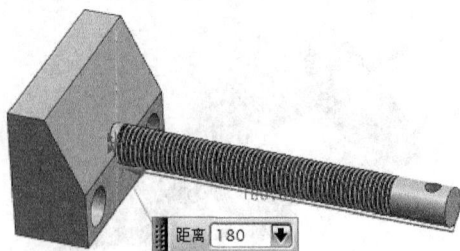

图 9-143　加入卡钳

(7) 加入夹具 jiaju .prt，采用"通过约束"方式，使用"距离"约束，先选择推杆的端面，然后选择夹具的孔面，设置距离为 100，如图 9-144 所示。

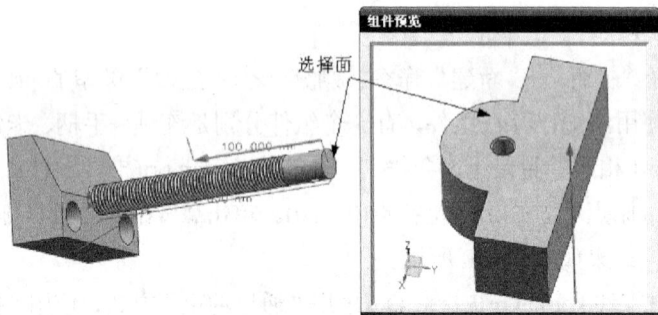

图 9-144　夹具与推杆配合一

(8) 单击"应用"按钮，继续施加第二个和第三个约束，使用"接触对齐"约束，先选择夹具孔的中心线，然后选择推杆的中心线，如图 9-145 和图 9-146 所示。

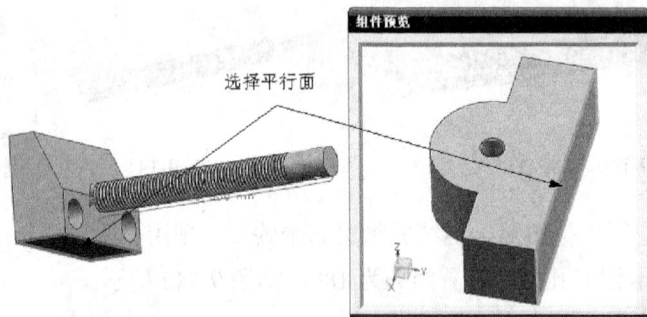

图 9-145　夹具与卡钳配合

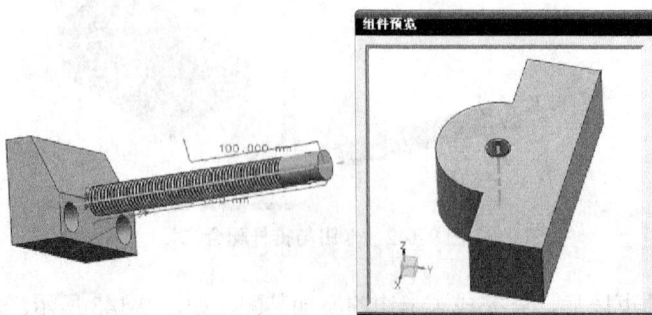

图 9-146　夹具与推杆配合二

(9) 施加完约束以后，就完成了夹具的装配，如图 9-147 所示。

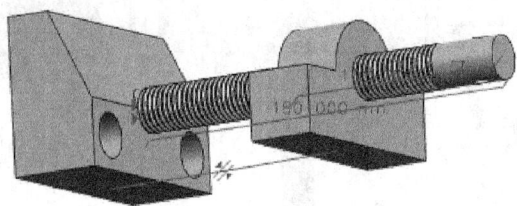

图 9-147　加入夹具

(10) 创建基准平面，如图 9-148 所示。

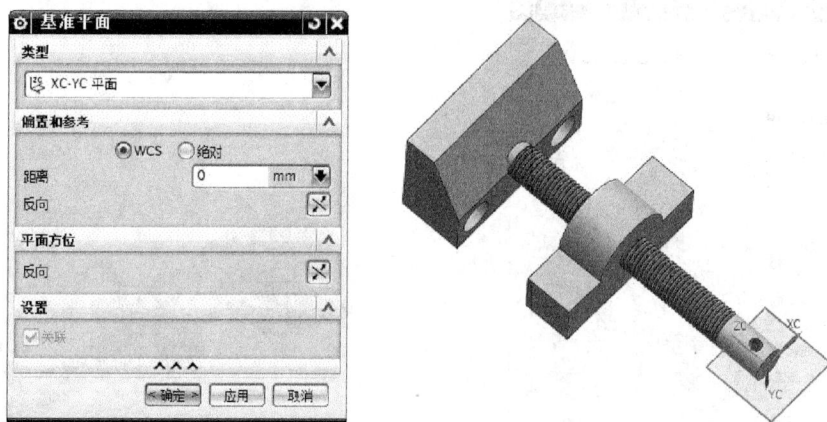

图 9-148　创建基准平面

(11) 加入手柄零件 shoubing .prt，采用"通过约束"方式，使用"接触对齐"约束，先选择手柄的中心线，然后选择推杆端孔的中心线，如图 9-149 所示。

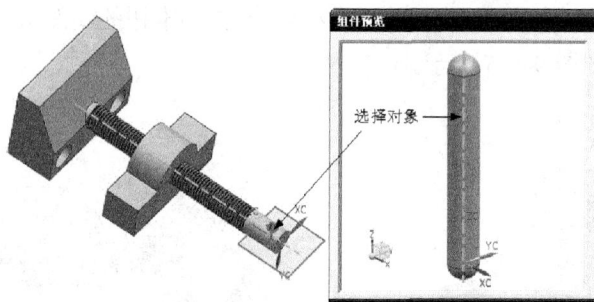

图 9-149　手柄与推杆配合

(12) 单击"应用"按钮后，继续施加第二个约束，使用"距离"约束，先选择手柄的边线，然后选择上述创建的基准平面，设置距离为 25，如图 9-150 所示。

(13) 施加完约束以后，就完成了手柄的装配，如图 9-151 所示。

(14) 单击 按钮后，弹出如图 9-152 所示的"装配约束"对话框，继续对已经加入的部件施加约束。使用"平行"约束，先选择夹具的底面，然后选择手柄的中心线，如图 9-153 所示。

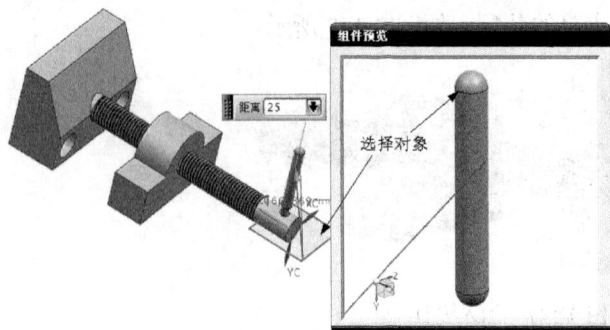

图 9-150　手柄与基准平面配合

图 9-151　加入手柄

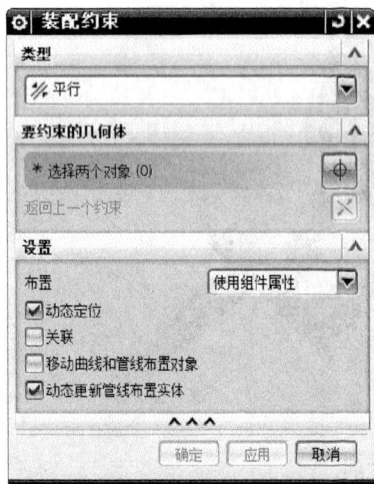

图 9-152　"装配约束"对话框

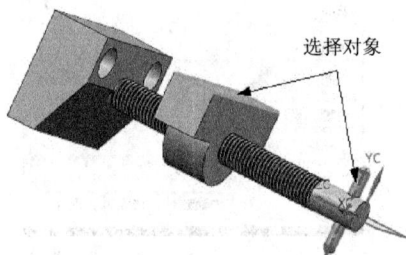

图 9-153　夹具与手柄配合

(15) 单击"应用"按钮，继续施加约束，仍使用"平行"约束，先选择夹具的底面，然后选择卡钳的底面，如图 9-154 所示。这样，夹具和卡钳的底面与手柄中轴就被施加了互相平行的约束，如图 9-155 所示。

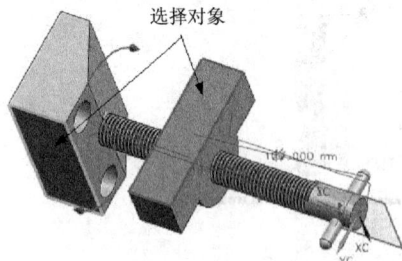

图 9-154　夹具与卡钳配合

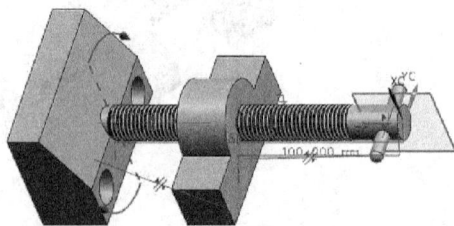

图 9-155　夹具和卡钳的底面与手柄平行

(16) 加入连轴零件 lianzhou .prt，采用"通过约束"方式，使用"接触对齐"约束，先选择连轴的中心线，然后选择卡钳定位孔的中心线，如图 9-156 所示。

(17) 单击"应用"按钮后，继续施加第二个约束，使用"距离"约束，先选择连轴的端面，然后选择卡钳的孔面，设置距离为 0，如图 9-157 所示。

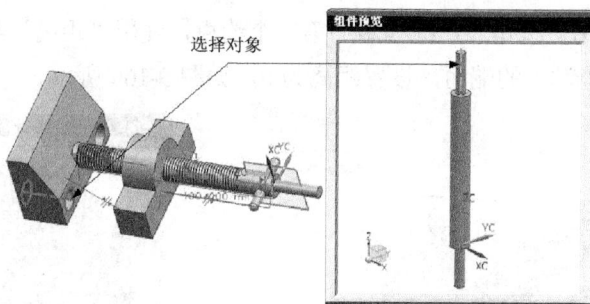

图 9-156　连轴与卡钳配合一

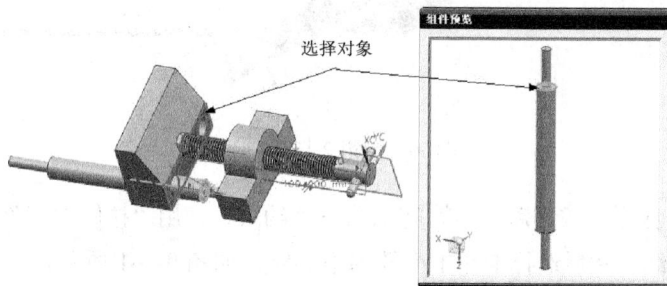

图 9-157　连轴与卡钳配合二

(18) 施加完约束以后，就完成了这个连轴的添加。然后用同样的方法，再次加入一个连轴，加入到另外一个孔中，如图 9-158 所示。

图 9-158　加入两个连轴

(19) 再加入一个卡钳零件 kaqian .prt(卡钳 2)，采用"通过约束"方式，使用"平行"约束，先选择卡钳 2 的底面，然后选择卡钳 1 的底面，如图 9-159 所示。如果不符合要求，可以使用"装配约束"对话框中的 按钮返回上一个约束，替换符合要求的方案，直到满意为止(因为在符合约束关系的情况下，可能有多种位置情况出现)。

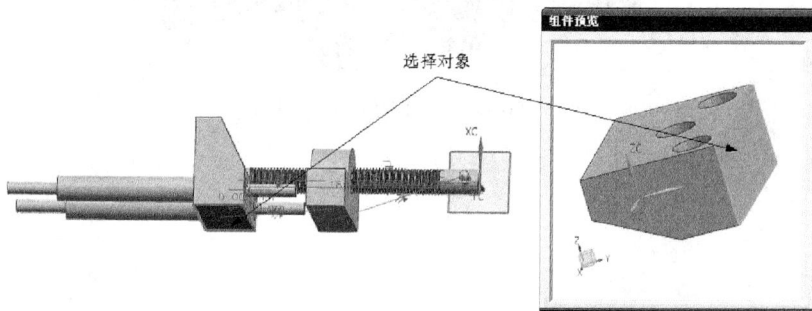

图 9-159　卡钳 2 与卡钳 1 配合一

(20) 单击"应用"按钮后,继续施加第二个约束,使用"距离"约束,先选择卡钳 2 的孔面,然后选择连轴 1 的端面,设置距离为 0,如图 9-160 所示。

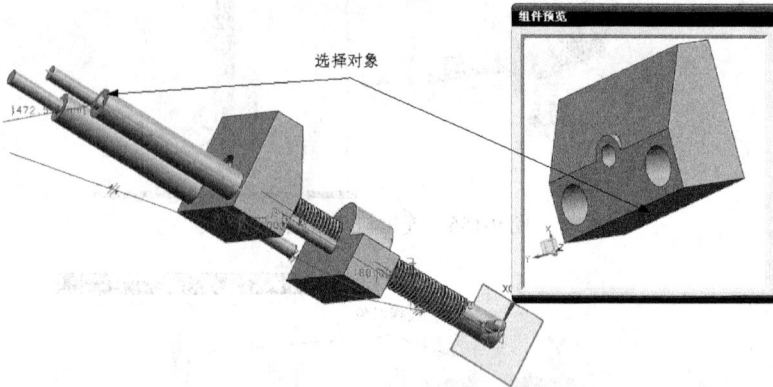

图 9-160 卡钳 2 与连轴 1 配合

(21) 单击"应用"按钮后,继续施加第三个约束,使用"接触对齐"约束,先选择卡钳 2 中孔的中心线,然后选择卡钳 1 中孔的中心线,如图 9-161 所示。

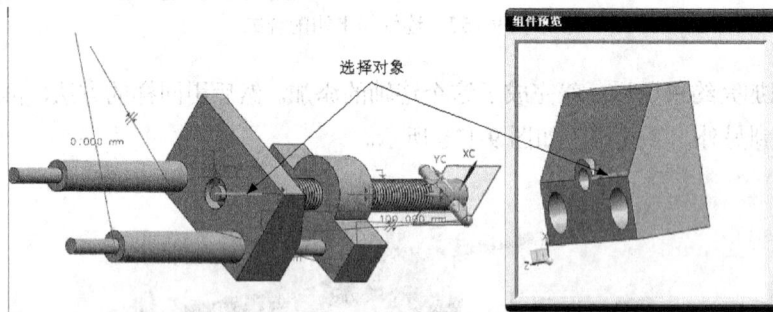

图 9-161 卡钳 2 与卡钳 1 配合二

(22) 施加完约束以后,就完成了卡钳的添加。这样,就最终完成了卡钳组合的整个装配。最终结果如图 9-162 所示。

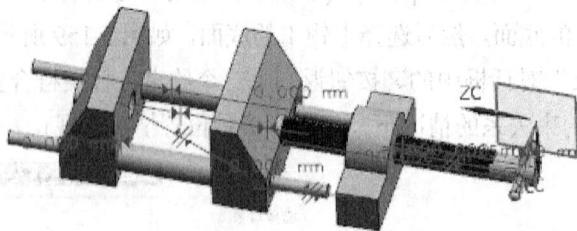

图 9-162 卡钳的装配结果

参考文献

[1] 洪如瑾. UG NX 6 CAD 快速入门指导[M]. 北京：清华大学出版社，2009

[2] 梁玲. UG NX 6 基础教程[M]. 北京：清华大学出版社，2009

[3] 云杰漫步科技 CAX 设计教研室. UG NX 7.0 中文版基础教程[M]. 北京：清华大学出版社，2011

[4] 展迪优. UG NX 7.0 快速入门教程[M]. 北京：机械工业出版社，2010

[5] 钟日铭. UG NX 7.5 完全自学手册[M]. 北京：机械工业出版社，2011

[6] 胡仁喜, 康士廷. UG NX 8.0 中文版标准实例教程[M]. 北京:机械工业出版社,2013

[7] 北京兆迪科技有限公司. UG NX 8.5 快速入门教程[M]. 北京：机械工业出版社，2013